항공산업기사 항공역학

과년도 출제문제 해설집

항공산업기사 검정연구회 편저

개정증보판
Fourth Edition

이 책의 특징

- 최종 마무리를 위한 핵심내용을 요약정리, 수록하였습니다.
- 중요한 문항마다 정확한 해설을 게재하였습니다.
- 과년도 항공산업기사 문제를 빠짐없이 수록하였습니다.

연경문화사

머리말

100년 전 라이트형제가 제작한 항공기와 현재 첨단 산업기술력으로 제작 된 항공기는 그 제작에서부터 활용에 이르기까지 전혀 다른 개념이 되었고, 멀지 않은 미래에는 더욱 다르게 변화할 것이 분명합니다.

또한, 50여 년의 길지 않은 우리나라 항공산업의 역사를 돌이켜 볼 때 항공기 제작 분야와 사용사업 분야에 있어 눈부신 발전을 보았다고 할 수 있으며 앞으로도 그 이상의 발전을 예상할 수 있습니다.

어떠한 분야도 그러하지만 현재까지의 항공산업 발전의 근간에는 항공기술인력의 양적, 질적 발전이 있었기에 가능하였으며 앞으로도 항공 기술인력의 개발만이 선진 항공기술국가의 대열에 설 수 있는 길일 것입니다.

우리나라 항공산업 발전을 위한 항공 기술인력 양성의 첫 번째는 가장 기초적이고 실무적인 항공관련 자격 취득자의 양적인 증가일 것입니다. 기초 항공 기술인력의 양적인 증가야말로 든든한 항공분야의 저변을 확대할 수 있으며, 이러한 견고한 바탕에서만이 질적으로도 우수한 인재의 양성도 가능할 것입니다.

기초 항공기술 인력을 양성하는 항공관련 학교 및 사설 교육기관은 항공산업의 저변 확대를 위해 많은 노력을 기울여 왔으며 기여해 왔습니다. 그러나 다양한 항공관련 도서의 개발과 보급은 다른 노력에 비해 큰 변화가 없는 것은 안타까운 일입니다. 항공분야를 접하며 어려움을 겪는 일 중 하나가 빈곤한 학습서이며, 시간이 흘러도 여전히 크게 변함이 없는 빈곤한 항공관련 도서 역시 항공산업의 발전을 저해하는 요소일 것입니다. 이에 비추어 다양한 항공관련 도서의 개발과 보급은 시급하고도 중요한 일로 항공관련 분야의 전문가들은 보다 많은 노력이 필요할 것입니다.

항공산업기사 자격 검정의 시행 이후 출제되었던 기출문제의 정리와 정확한 해설집을 발간하여 자격 취득을 준비하는 분들에게 도움이 되길 희망하며, 나가서는 국가 항공기술 인력의 양적인 증가에도 작게나마 도움이 되기를 바랍니다.

항공역학

Contents

핵심 내용 정리 • 7
1995년도 기능사1급 1회 • 41
1995년도 기능사1급 2회 • 44
1995년도 기능사1급 3회 • 47
1995년도 기능사1급 4회 • 50
1996년도 기능사1급 1회 • 53
1996년도 기능사1급 2회 • 56
1996년도 기능사1급 3회 • 59
1996년도 기능사1급 4회 • 62
1996년도 기능사1급 5회 • 65
1997년도 기능사1급 1회 • 68
1997년도 기능사1급 2회 • 71
1997년도 기능사1급 3회 • 74
1997년도 기능사1급 4회 • 77
1997년도 기능사1급 5회 • 80
1998년도 기능사1급 1회 • 82
1998년도 기능사1급 2회 • 84
1998년도 기능사1급 3회 • 86
1998년도 기능사1급 4회 • 88
1999년도 산업기사 1회 • 90
1999년도 산업기사 2회 • 93

1999년도 산업기사 3회 • 97
2000년도 산업기사 1회 • 100
2000년도 산업기사 2회 • 103
2000년도 산업기사 3회 • 106
2001년도 산업기사 1회 • 109
2001년도 산업기사 2회 • 112
2001년도 산업기사 3회 • 115
2002년도 산업기사 1회 • 118
2002년도 산업기사 2회 • 121
2002년도 산업기사 3회 • 124
2003년도 산업기사 1회 • 127
2003년도 산업기사 2회 • 131
2003년도 산업기사 3회 • 135
2004년도 산업기사 1회 • 139
2004년도 산업기사 2회 • 142
2004년도 산업기사 3회 • 146
2005년도 산업기사 1회 • 150
2005년도 산업기사 2회 • 153
2005년도 산업기사 3회 • 156
2006년도 산업기사 1회 • 159
2006년도 산업기사 2회 • 162

2006년도 산업기사 3회 • 165
2007년도 산업기사 1회 • 168
2007년도 산업기사 2회 • 171
2007년도 산업기사 4회 • 174
2008년도 산업기사 1회 • 177
2008년도 산업기사 2회 • 181
2008년도 산업기사 4회 • 185
2009년도 산업기사 1회 • 188
2009년도 산업기사 2회 • 191
2009년도 산업기사 4회 • 194
2010년도 산업기사 1회 • 198
2010년도 산업기사 2회 • 201
2010년도 산업기사 4회 • 204
2011년도 산업기사 1회 • 207
2011년도 산업기사 2회 • 210
2011년도 산업기사 4회 • 213
2012년도 산업기사 1회 • 217
2012년도 산업기사 2회 • 220
2012년도 산업기사 4회 • 223
2013년도 산업기사 1회 • 226
2013년도 산업기사 2회 • 229
2013년도 산업기사 4회 • 232

항공역학

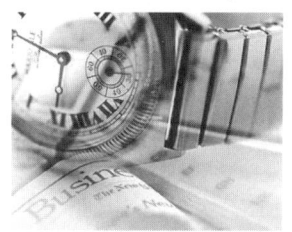

I. 대 기

■ 대기의 성질

※ 구성요소 : 질소 78%(78.09%), 산소 21%(20.95%), 기타 1%(아르곤 0.95%, 이산화탄소 0.03% 등)

가 대기권의 구조

(1) 대류권(기상권)
   (가) 기상 현상이 있다.
   (나) 고도가 증가할수록 온도, 압력, 밀도 감소 : 1km 상승시마다 6.5℃씩 낮아진다.
   (다) 대류권 계면 → 대류권과 성층권의 경계면으로 약 11km 정도.
   ※ 제트 기류(jet stream) : 대류권계면 부근에 존재하는 폭이 좁은 강풍대로서 일반적으로 길이는 수천 km, 폭은 수백 m, 두께는 수 km인 고층의 서풍이다. 그 풍속은 25m/sec~50m/sec 정도이다.
(2) 성층권(11~50km 정도) → 오존(O_3)층이 존재한다.
(3) 중간권(50~80km 정도) → 기온이 가장 낮다.
(4) 열권(약 80~300km 정도)
   (가) 전리층이 존재한다.
   (나) 위도가 높은 지방의 하늘에 극광 현상이 발생한다.
   ※ 전리층의 종류
      D층: 장파 반사 (50~90km)
      E층: 중파(저주파) 반사 (90~160km)
      F층: 단파(고주파) 반사 (160~600km)
(5) 극외권(300km 이상)

나 국제 표준 대기(I.S.A : International standard atmosphere)

(1) 공기는 건조 공기로서 이상 기체의 상태 방정식 $P = \rho \cdot R \cdot T$가 고도, 장소, 시간에 관계 없이 만족되어야 한다.
(2) 평균 해발 고도의 기압, 밀도, 중력 가속도, 및 온도는 다음과 같다.
   (가) 압력(pressure) : 760mmHg = 29.92inHg = 14.7psi = 1013.25mbar = 2116 lb/ft^2
      = 10332.3 kg/m^2
   (나) 밀도(density) : 0.002377lb · s^2/ft^4 = 0.12492 kgf · s^2/m^4

(다) 온도(temperature) : 15℃=288.16°K=59°F=519°R
(라) 중력가속도(gravity) : 9.8m/s²=32.2ft/sec²
(마) 음속 : 340.429m/s=1116.44ft/sec

※ 고도의 종류
① 기하학적인 고도
② 지구 포텐셜 고도

$$H = \frac{1}{9.81}\int_0^h gdh$$

(H : 지구포텐셜고도, g : 중력가속도, dh : 변화된 기하학적고도)

2 공기 흐름의 성질과 법칙

㉮ 공기의 흐름

(1) 압력과 유체 밀도의 변화에 따른 분류
 (가) 압축성 유체(M0.3 이상) : 유체의 밀도 변화를 고려해야 하는 유체.
 (나) 비압축성 유체(M0.3 이하)
(2) 시간 경과에 따른 흐름 상태 변화에 의한 분류
 (가) 정상 흐름 : 시간이 경과해도 공기의 밀도, 압력, 속도 등이 일정한 값을 유지.
 (나) 비정상 흐름
(3) 점성(viscosity)에 의한 분류
 (가) 이상 유체(완전 유체) : 점성을 고려하지 않은 유체의 흐름.
 (나) 실제 유체(점성 유체)

㉯ 연속의 법칙 → 질량보존의 법칙

(1) 압축성 흐름 : $\rho_1 A_1 V_1 = \rho_2 A_2 V_2 = $ 항상 일정
(2) 비압축성 흐름 : $A_1 V_1 = A_2 V_2 = $ 항상 일정

㉰ 베르누이 정리

(1) 정압(P : static pressure) : 운동 상태에 관계없이 항상 모든 방향으로 작용하는 유체의 압력.
(2) 동압(q : dynamic pressure) : 유체가 가진 속도에 의해 생기는 압력.
(3) 베르누이의 정리

$$P+q=P_t=일정 \quad P+\frac{1}{2}\rho V^2=P_t=일정 \quad (P_t \to 전압)$$

※비압축성 유체의 베르누이 방정식 : $\frac{1}{2}\rho V_1^2+P_1=\frac{1}{2}\rho V_2^2+P_2=P_t \to$ 일정

라 피토우관(Pitot Tube)

(1) 피토우관 : 베르누이 정리를 이용하여 유체의 속도를 측정하는 장치.
(2) U관 : 두 점 사이의 압력차를 측정 하는 장치(U형 마노미터).
(3) 다이어프램(Diaphram, 개방공함)과 전기적인 신호처리에 의해 항공기 속도 측정.
※ ① 피토우관을 이용한 항공계기 : 속도계-전압, 정압 모두 이용
　　　　　　　　　　　　　　고도계, 승강계-정압만 이용
　② 속도의 종류
　　IAS(지시대기속도) : 계기판에 지시되는 속도.
　　CAS(교정대기속도) : 위치오차를 수정한 속도.
　　EAS(등가대기속도) : 공기 밀도를 보정한 속도.
　　TAS(진대기속도) : 공기의 압축성을 고려한 속도.($TAS = EAS \cdot \sqrt{\frac{\rho_0}{\rho}}$)

마 압력계수(Cp)

$$Cp = \frac{P-P_o(정압)}{\frac{1}{2}\rho V_o^2(동압)} = 1 - \left(\frac{V}{V_o}\right)^2$$

※비압축성 유체는 정체점(stagnation point)에서의 속도 V=0이므로 C_p=1이고, 물체에서 멀리 떨어진 상류의 속도 $V=V_o$이므로 C_p=0이 된다.

3 공기의 점성 효과

가 점성 흐름

$$F = \mu S \frac{V}{h}$$

F : 평판에 작용한 힘, S : 평판의 넓이, V : 속도,
h : 평판과 벽면 사이의 높이, μ : 점성 계수

※점성은 온도에 따라 그 값이 변하고 점성계수를 밀도로 나눈 값을 동 점성 계수(v)라 함.

$\nu = \frac{\mu}{\rho}$ (단위 : cm²/sec, m²/sec 등)

나 레이놀즈수(층류와 난류를 구분하는 척도)

(1) 비행체에 작용하는 공기력
   (가) 동압으로 인한 관성력
   (나) 정압의 힘
   (다) 점성에 의한 마찰력

(2) 레이놀즈수(Reynolds number) : 층류와 난류를 구분하는 데 사용되는 기준으로 무차원의 수.

$$Re = \frac{관성력}{점성에\ 의한\ 마찰력} = \frac{\rho VL}{\mu} = \frac{VL}{\nu}$$

(L은 자유 흐름일 경우는 길이이며, 관 내부의 흐름일 경우는 지름이다.)
※ 치수 효과(scale effect) : 왕복기관 항공기에서는 비행고도가 그다지 높지 않으므로 레이놀즈수는 오로지 날개 코드 길이를 나타내는 기준으로 사용

   (가) 층류(laminar flow)
   (나) 난류(turbulent flow)
     • 층류는 난류에 비해 마찰력이 적다.
     • 층류는 인접하는 2개 층 사이에 혼합이 없고, 난류에서는 혼합이 있다.
       ※ ① 천이 및 천이점 : 레이놀즈수 2300까지는 층류 상태를 유지, 그 이상에서는 난류가 되는데 층류에서 난류로 변하는 현상을 천이라 하고, 천이 시작점을 천이점(transition point)이라 함.
       ② 임계 레이놀즈수(critical reynolds number) : 천이가 일어나는 레이놀즈수(천이 시작점에서의 레이놀즈수).

다 층류와 난류 경계층

※ 경계층(boundary layer) : 점성력이 작용하는 층(또는 점성의 영향이 중요시되는 물체 주위의 가장 얇은 층)으로서 층류 경계층보다 난류 경계층이 두꺼우며, 경계층의 두께는 레이놀즈수에 반비례한다.

(1) 층류에서 난류로 변하는 요인
   (가) 유속
   (나) 유체의 점성
   (다) 관의 지름
(2) 점성저층(층류저층) : 난류 경계층에는 벽면 가까운 곳에 층류 흐름과 유사한 흐름 형성.

라 흐름의 떨어짐(박리 현상, seperation)

(1) 역압력 구배가 형성되었을 때 발생.
  ※ 역압력 구배 : 날개골 뒤쪽으로 갈수록 흐름 속도가 감소하고 압력이 증가하여, 압력차에 의한 흐름의 역작용이 발생하는 것.
(2) 박리 현상에 의한 영향
  (가) 양력은 크게 감소하고 항력(압력 항력)은 크게 증가.
  (나) 층류에서는 쉽게 발생하며, 난류는 점성 마찰이 적고 압력에 잘 견디며, 큰 운동량을 갖기 때문에 잘 발생하지 않는다.
  (다) 방지법
   • 와류 발생 장치(vortex generator) : 흐름을 층류에서 난류로 바꾸어 줌.
   • 날개 윗면에 돌출부를 만들어 준다.
   • 날개 윗면을 거칠게 해준다.

마 항력계수

(1) 항력 계수(C_D) $C_D = \dfrac{D(\text{항력})}{\dfrac{1}{2}\rho V^2 S}$

(2) 압력항력(C_D 압력) : 유체의 흐름에 놓여 있는 물체의 전후 표면에 압력차가 발생하여 물체의 이동 방향과 반대 방향으로 물체에 미치는 힘(흐름의 떨어짐으로 인해 증가).
(3) 마찰항력(C_D 마찰) : 유체의 점성에 의해서 발생. 점성 계수와 속도 기울기에 따라 결정.
(4) 형상항력(C_{DP}) : 물체의 형상에 따라 결정되며, 압력항력과 마찰항력의 합.

$$C_{DP} = C_D\text{압력} + C_D\text{마찰}$$

4 공기의 압축성 효과

가 압축성의 흐름

물체의 속도가 빨라질수록 물체의 앞쪽으로 전파되는 소리의 교란파가 밀집되고, 그로 인해 압력상승 및 밀도가 증가되어 압축성이 형성됨. → 원추형의 파장형성

(1) 음속과 마하수(Mach number)
  (가) 0℃인 공기 중에서 음속 331.2m/s, 공기 온도가 t℃일 때 음속(a)

$$a = 331.2\sqrt{\dfrac{273+t}{273}}$$

※ 음속의 다른 공식 : $a = \sqrt{\dfrac{dp}{d\rho}} = \sqrt{\dfrac{\gamma p}{\rho}} = \sqrt{\gamma RT}$

(p : 압력, ρ : 밀도, γ : 비열비, R : 기체상수)

- 온도가 음속에 미치는 영향 : 온도가 증가할수록 음속은 빨라지고(비례하고) 마하수는 감소한다(반비례한다).
- 고도가 음속에 미치는 영향 : 고도가 증가할수록 비행 속도가 일정할 때 음속(C)은 감소하고, 마하수는 증가한다(고도가 증가할수록 온도가 감소하므로).

(나) 마하수(Mach Number) : 음속과 비행체의 속도의 비, 즉 공기의 압축성 효과를 나타내는 가장 중요한 요소.

$$Ma = \dfrac{V}{C}$$ V : 비행체의 속도, C : 음속

(2) 마하파(마하선) : 고요구역과 작용구역의 경계, 초음속 흐름에서 미소한 교란이 전파되는 면 또는 선.

다 충격파(Shock Wave)

공기 흐름의 급격한 변화로 인하여 압력, 밀도, 온도가 불연속적으로 급격히 증가하는 현상으로 이 불연속면을 충격파라 한다.

(1) 아음속 흐름의 특징 : 공기의 압축성 효과에 관계없이 공기 흐름의 통로가 좁아지면 속도는 증가하고 압력은 감소한다.
(2) 초음속 흐름의 특징(압축성 효과를 고려) : 공기의 압축성 효과에 의해서 공기흐름의 통로가 좁아지면 속도는 감소되고, 압력은 증가(공기 밀도, 압력, 온도의 변화가 발생).
(3) 팽창파(expansion wave) : 팽창선을 이루면서 압력과 밀도가 감소되고 속도는 증가되는 파를 말한다. 에너지 손실이 없고 항상 표면에 경사진다(통로가 넓어지는 곳에서 발생).

라 날개골 위의 초음속 흐름

(1) 충격파 : 압력과 밀도는 증가하고 속도는 감소.
  (가) 경사 충격파(oblique shock wave)
  (나) 수직 충격파(normal shock wave)
  (다) 충격 실속(shock Stall) : 충격파 뒤에는 급격한 압력발생이 작용하여 경계층 내에 있는 유체 입자가 표면에서 떨어져 나가 양력이 감소하고 항력(충격파에 의해 생기는 조파항력)이 증가하는 현상.
  (라) 충격파의 강도 : 충격파 전후의 압력차로 나타냄.
(2) 팽창파 : 압력과 밀도는 감소하고 속도는 증가(초음속 흐름에서만 발생).

라 충격파에 의한 항력

(1) 조파항력(wave drag) → 초음속에서만 발생
  (가) 초음속 흐름에서 날개표면에 발생한 충격파로 인하여 발생하는 항력.
  (나) 받음각, 캠버선의 모양, 길이에 대한 두께비에 따라 결정.
  (다) 조파항력을 최소화 하기 위해 앞전은 뾰족하게, 두께는 가능한 범위 내에서 얇게 해야 한다. 즉, 초음속기 날개인 다이어몬드형 날개골.
  ※ 임계 마하수(CMR : Critical Mach Number) : 항공기가 음속 가까이 비행하면 윗면의 공기 흐름은 먼저 음속(M=1)에 도달하여 충격파가 발생하고 항력이 커지는 현상 발생. 즉, 충격파가 발생했을 때의 비행 마하수.

II. 날 개

1 날개의 모양과 특성

가 날개골(Airfoil)의 명칭

(1) 앞전(leading edge) : 날개골 앞부분의 끝, 원호 또는 쐐기모양.
(2) 뒷전(trailing edge) : 날개골 뒷부분의 끝, 곡선모양 또는 직선모양.
(3) 시위선(chord line) : 앞전과 뒷전을 연결한 직선. 특성 길이의 기준으로 쓰임.
(4) 두께(thickness) : 시위선에서 수직으로 그었을 때 윗면과 아랫면 사이의 수직거리.
(5) 평균 캠버선(mean camber line) : 두께의 2등분점을 연결한 선(날개의 휘어진 정도를 나타냄).
(6) 캠버(camber) : 시위선에서 평균 캠버선까지의 거리로 시위선과의 비로 표시.
(7) 앞전 반지름 : 앞전에서 평균 camber 선상에 중심을 잡고 앞전 곡선에 내접하여 그린 원의 반지름(앞전 모양을 나타냄).
(8) 받음각 : (영각 : AOA → Angle of Attack)
  • 공기 흐름의 방향 (상대풍 : relative wind)과 날개골 시위선이 만드는 사이각.
  • 항공기 진행 방향과 시위선이 이루는 각.

나 날개골의 공력 특성

(1) 날개골에 작용하는 공기력 : $Fx = \rho VS \times V = \rho V^2 S$

※ 물체에 작용하는 공기력은 밀도와 속도의 제곱, 물체의 면적에 비례한다.

(2) 양력계수와 항력계수

$$L = C_L \frac{1}{2} \rho V^2 S \quad D = C_D \frac{1}{2} \rho V^2 S$$

※ 비례상수 C_L : 양력계수, C_D : 항력계수 → 무차원의 수

(3) 받음각과 CL, CD의 관계
   (가) 클라크(Clark) Y형 날개골 : 밑면과 시위선이 같은 선으로 되는 날개골.
   - 영양력(0양력) 받음각 : 양력이 0일 때의 받음각(CL=0), 무 양력 받음각.
   - 최대 양력 계수(CLmax) : CL이 최대일 때의 양력계수.
   - 실속각 : CLmax일 때의 받음각.
   - 실속(Stall) : 받음각이 실속각을 넘으면 양력계수는 급격히 감소하고 항력은 급격히 증가할 때의 현상(날개 윗면에서 공기의 떨어짐 현상이 발생하여 항공기는 수직으로 떨어진다).
   - 최소 항력 계수(CDmin) : CD가 최소일 때의 항력계수.

(4) 날개골의 모양에 따른 특성
   날개의 특성을 좌우하는 요소 : 두께, Camber, 앞전 반지름, 시위

압력 중심과 공기력 중심

(1) 압력 중심(C·P : Center of Pressure, 풍압중심)
   (가) 날개골에 작용하는 압력의 합력점.
   (나) 받음각이 클 때 : 압력 중심은 앞(앞전)으로 이동한다(시위의 1/4지점).
       받음각이 작을 때 : 압력 중심은 뒤(뒷전)로 이동(시위길이의 1/2 정도까지).
   (다) 항공기가 급강하 시 압력중심은 크게 뒤쪽으로 이동한다.

(2) 공기력 중심(A·C : Aerodynamic Center)
   (가) 속도가 일정한 경우 날개골의 받음각이 변화하여도 모멘트 값이 변하지 않는 점.
   (나) 공기력 모멘트   M=R×L

$$M = C_m \frac{1}{2} \rho V^2 S C$$

   R : 양력과 항력의 합력   L : 앞전에서 압력중심까지의 거리
   C_m : 공기력모멘트계수   C : 시위 길이

날개골(Airfoil)의 종류

(1) 날개골의 호칭
   (가) 날개골의 특징은 두께, 두께분포, Camber와 레이놀즈수로 결정한다.
   (나) NACA(National Advisory Committee for Aeronautics : 현재의 NASA)

- 4자 계열(최대 두께가 시위의 30% 정도에 위치)
  - (예) NACA 2 4 15
  - ※ 4자 계열은 주로 00XX, 24XX, 44XX로 표시. 00XX는 대칭익.
- 5자 계열(4자 계열을 개선)
  - (예) NACA 2 3 0 15
- 6자 계열(층류 날개골, Laminar flow Airfoil) : 고속기(천음속기)의 날개골.
  - (예) NACA 6 5 1 - 2 15
  - 가) 항력 버킷(drag bucket) : 어떤 양력계수 부근에서 항력계수가 갑자기 작아지는 부분.
  - 나) 6자 계열은 최대두께 위치를 중앙 부근에 위치시켜 설계양력계수 부근에서 항력계수가 작아지도록 하여 받음각이 작을 때 앞부분의 흐름이 층류를 유지하도록 한 것.
- 초음속 날개골(양력계수가 크지 못하다.)
  - (예) 1 S - (50)·(03) - (50)·(03)

(2) 고속기의 날개골

(가) 층류 날개골 : 날개 상단의 Camber를 감소시켜 층류를 유지함으로서 속도 증가 시 항력을 감소.

(나) 피키 날개골(Peaky Airfoil) : 충격파 발생으로 인한 항력 증가를 억제하기 위해 시위의 앞부분에 압력분포를 뾰족하게 만든 날개골.

(다) 초임계 날개골 : 1968년 NASA의 Richard T, Whitcomb이 개발한 것으로 앞전 반지름이 비교적 크고, 날개골의 윗면은 평평하며, 뒷전 부근에 캠버가 조금 있는 날개골로 초음속 영역을 넓혀 충격파 완화 및 항력증가 억제로 음속에 가깝게 한 날개골.

※ 초임계 날개골의 특징
① 같은 두께비에서 순항 마하수가 15% 증가.
② 동일 순항 마하수에서 항력의 증가 없이 두께비가 증가하여 날개구조의 두께를 줄일 수 있다.
③ 저속에서 양력이 증가하고, 후퇴각도 감소시킬 수 있다.

마 날개의 용어

(1) 날개면적(S) : 날개윗면의 투영면적(단, 동체나 기관 나셀에 의해 가려진 부분도 포함).
(2) 날개길이(b : span) : 날개 끝에서 날개 끝까지의 길이.
(3) 시위(C) : 앞전과 뒷전을 연결한 직선거리.
  ※ 공력 평균 시위(MAC : Mean Aerodynamic Chord) : 큰 날개의 항공 역학적 특성을

대표하는 시위를 말하며, 기하학적 평균 시위라고 함.
(4) 날개의 가로세로비(AR : Aspect Ratio, 종횡비) : 가로세로비가 클수록 날개 끝 와류와 유도속도가 작아 적은 받음각에서도 큰 양력을 발생.

$$AR = \frac{b}{c} = \frac{s}{c^2} = \frac{b^2}{s} \quad (s = bc)$$

(5) 테이퍼비(λ) : 날개뿌리시위(Cr)와 날개 끝 시위(Ct)의 비.

$$\lambda = \frac{Ct}{Cr} \quad Ct : 날개끝시위, \quad Cr : 날개뿌리시위$$

(6) 뒤젖힘각(sweepback angle) : 앞전에서 시위의 25% 되는 점을 연결한 직선과 가로축(Y)이 이루는 각.
(7) 쳐든각(상반각 : dihedral angle)과 쳐진각(하반각)
  (가) 쳐든각 : 수평선을 기준으로 위로 올라간 각.
  (나) 쳐진각 : 수평선을 기준으로 아래로 내려간 각.
(8) 붙임각(취부각 : incidence angle) : 기체의 세로축(X)과 시위선이 이루는 각.
(9) 기하학적 비틀림(wash out) : 날개 끝의 붙임각을 날개뿌리보다 작게 한 것.
  - 날개끝 실속(wing tip stall) 방지

바 날개의 모양

(1) 직사각형 날개 : 날개 평면 형상이 직사각형 모양.
  (가) 장점
    • 제작이 쉬워 소형 항공기에 사용.
    • 날개 끝 실속이 없다.
  (나) 단점 : 구조면에서 무리가 있다.
(2) 테이퍼 날개 : 날개 끝과 뿌리의 시위가 다른 날개로서 붙임 강도가 높다.
(3) 타원형 날개 : 날개 전체 형상이 타원형[유도항력=1(최소), 고른 양력발생].
  (가) 장점
    • 길이방향의 양력계수 분포가 일률적.
    • 유도 항력이 최소.
  (나) 단점
    • 제작이 어려움.
    • 옆놀이 시 날개 끝 실속발생.
(4) 앞젖힘 날개(전진익)
  (가) 날개 뿌리에서 끝까지 앞으로 젖혀진 형태.
  (나) 날개 끝 실속이 없다.
(5) 뒤젖힘 날개(후퇴익)

(가) 날개 뿌리에서 끝까지 뒤로 젖혀진 상태.
(나) 충격파의 발생지연.
(다) 고속시 저항감소.
(6) 삼각날개 : 뿌리 부분의 시위 길이를 길게 하여 날개의 면적을 증가시킨 것.
　(가) 장점
　　• 두께비가 작다(날개 시위 길이가 길어서).
　　• 임계 마하수가 높다(충격파 발생 지연).
　　• 구조면에서 뒤젖힘 날개보다 강하다.
　(나) 단점
　　• 최대 양력 계수가 적어 날개면적을 크게 해야 한다.
　　• 저속 시(이·착륙 시) 큰 받음각이 필요해 조종사의 시계가 나쁘다.
(7) 가변날개 : 비행 중에 뒤젖힘 각을 바꿀 수 있는 날개로 구조가 복잡하다.

싸 고속형 날개

(1) 뒤젖힘 날개
　(가) 장점
　　• 충격파 발생 지연으로 임계 마하수가 높다.
　　• 높은 받음각에서 실속 발생.
　　• 고속 시 저항 감소로 제트 여객기에 많이 사용.
　　• 방향 안정성이 좋다.
　(나) 단점
　　• 날개 끝 실속 발생.
　　• 양력계수가 적어 착륙속도를 크게 해야 한다.
　　• 날개 구조면에서 강도가 약하다(고속 시 공력탄성 때문에).
　　　※ 항력 발산 마하수(Mdiv : drag divergence mach number) : 날개골의 특성이 크게 달라지는 어떤 마하수로 이때 항력이 급증하므로, 비행기 속도를 증가시키려면 상당한 추력이 필요하다.
　　　※ 항력발산 마하수를 높이기 위하여
　　　　① 얇은 날개를 사용하여 표면에서의 속도증가 억제.
　　　　② 날개에 뒤젖힘 각을 준다.
　　　　③ 종횡비가 작은 날개 사용.
　　　　④ 경계층 제어.

(2) 삼각날개와 오지날개
   (가) 날개 주위의 시위가 길어서 날개의 두께를 크게 할 수 있기 때문에 공력탄성에 견딜 수 있는 충분한 강성을 가질 수 있다.
   (나) 저속시 큰 받음각으로 인해 실속을 야기시킴 → 항력계수 급증
   (다) 최대 양력계수가 적어서 이·착륙 속도가 커야 한다.
   (라) 종횡비가 작고 양력 기울기도 작으므로 받음각이 어느 단계에 오면 실속함.

2 날개의 공기력

가 날개의 양력

(1) 쿠타-쥬코프스키의 양력 이론(날개 주위의 순환 이론) : 물체 주위에 생기는 순환에 의해 와류가 발생하면 그 물체는 양력을 받게 되며, 이를 쿠타-쥬코프스키의 양력이라 함.
$$L = \rho \cdot V \cdot \Gamma \ (\Gamma:\text{순환 흐름의 세기}=2\pi rV)$$
※ Magnus effect(마그너스 효과) : 원통의 회전에 의해 생긴 순환이 선형 흐름과 조합될 경우 양력이 발생한다.

(2) 출발와류
(3) 속박와류
(4) 유도속도 : 날개 끝 와류들로 인해 주위의 공기가 날개 밑으로 움직이게 되며, 이때의 유속을 유도 속도라 한다(수평비행 시, 속박와류와 날개 끝 와류에 의해 발생).
(5) 내리흐름(빗 내리 바람 : Down Wash) : 속박 와류와 날개 끝 와류에 의한 유도항력(유도속도)으로 인하여 수평 비행 시, 꼬리 날개는 밑으로 흐르는 흐름을 받는다.

나 날개의 항력

(1) 유도항력(C_{Di} : Induced Drag)

$$\text{유도 항력}(D_i) = \frac{C_L}{\pi eAR} \times L = \frac{C_L}{\pi eAR} \times C_L \frac{1}{2}\rho V^2 S$$

$$C_{Di} = \frac{C_L^2}{\pi eAR} \text{ (일반날개)}, \quad \text{유도각 } \alpha_1 = \frac{C_L}{\pi AR} \text{ (rad)} \quad ☞ \ 1\text{rad} = 57.296°$$

※ ① e : 스팬 효율계수 : (타원날개 : e = 1, 그 밖의 날개 : e < 1)
  ② Winglet : 저속용 날개에 사용되는 유도 항력 감소 장치의 하나로, 이 장치는 유도 항력을 감소시켜 양항비를 25% 정도 증가시키는 효과가 있고, 날개 바깥쪽으로 빗 내리 흐름을 유도하기 때문에 날개 외향의 실속을 막아주게 된다.
(2) 형상 항력(C_{DP} : profile drag)

형상항력=마찰항력+압력항력 → $C_{DP}=C_D$마찰$+C_D$압력
- (3) 조파항력(wave drag)
- (4) 유해항력 : 항공기에서 양력에 관계하지 않고 비행을 방해하는 모든 항력을 통틀어 유해항력이라 한다(즉, 유도 항력을 제외한 모든 항력).
  ※ 아음속기 : 형상항력, 유도항력, 초음속기 : 형상항력, 유도항력, 조파항력

대 날개의 실속성

비행기가 고도를 유지할 수 없는 상태. 즉, 실속각(최대 받음각)을 벗어났을 때 양력은 크게 감소하고 항력이 크게 증가하며 항공기가 수직 강하하는 상태.
※ 갑작스런 실속 : 종횡비가 큰 날개꼴, 고속기, 레이놀즈수가 작은 날개꼴
  완만한 실속 : 종횡비가 작은 날개꼴, 저속기, 레이놀즈수가 큰 날개꼴

- (1) 직사각형 날개 : 받음각을 크게 할수록 실속 영역은 날개 뿌리에서 끝으로 발전.
- (2) 테이퍼형 날개 : 직사각형 날개와는 반대로 실속이 날개 끝에서부터 발생.
- (3) 타원형 날개 : 날개길이 전체에 걸쳐 실속이 균일하게 발생, 실속으로부터의 회복이 늦다.
- (4) 뒤젖힘 날개 : 실속이 날개 끝으로부터 발생.
- (5) 날개 끝 실속(익단실속) 방지법
  - (가) 날개의 테이퍼비를 너무 작게 하지 않는다.
  - (나) 앞 내림(wash out)을 준다(기하학적인 비틀림).
  - (다) 경계층을 제어한다.
  - (라) 슬롯을 설치한다.
  - (마) 날개끝 부분의 두께비, 앞전 반지름, Camber 등이 큰 날개꼴을 사용한다(날개 뿌리보다 날개 끝의 실속각을 크게 한 것 → 공력적 비틀림).
  - (바) 날개 앞전을 dog teeth 형태로 만든다.
  - (사) 날개 윗면에 stall fence를 설치한다.

3 날개의 공력보조장치

가 고양력 장치(HLD : High Lift Device)

플랩(flap), 슬롯(slot) 등을 사용하여 최대 양력계수인 C_{Lmax}를 크게 하는 장치.

$$W = L = \frac{1}{2}\rho V^2 S \qquad Lmax = C_{Lmax}\frac{1}{2}\rho V_s^2 S$$

※ L=W일 때 C_L의 값은 C_{LMAX}이다. C_{LMAX}일 때의 항공기 속도를 실속속도(V_S), 최소속도(V_{min}) 또는 착륙속도라 한다.

$$Vs(V_{\min}) = \sqrt{\frac{2W}{C_{Lmax}\rho S}}$$

(1) 플랩(flap)

  (가) 뒷전 플랩(trailing edge Flap)
   • 단순 플랩(plain Flap)
   • 분할 플랩(split Flap)
   • 잽 플랩(zap Flap)
   • 간격플랩 (slotted flap)
   • 이중간격 플랩(double slotted flap)
   • 파울러 플랩(fowler flap) : 최대 양력계수가 가장 큰 플랩.
   • 블로우 플랩(blow flap)
   • 블로우 제트(blow jet)

  (나) 앞전 플랩(leading edge Flap)
   • 슬롯과 슬랫(slot & slat)
   • 크루거 플랩
   • 드루프 앞전

(2) 경계층 제어장치 : 받음각이 클 때 흐름의 떨어짐을 직접 방지하는 장치.
  (가) 불어날림 방식(blowing type)
  (나) 빨아들임 방식(suction type)

나 고항력 장치(HDD : Hihg Drag Device)

(1) 에어 브레이크(air brake)
(2) 공중 스포일러(air spoiler) : 비행중 사용.
  (가) 좌우 날개에 대칭적으로 사용할 때(에어브레이크의 역할).
  (나) 보조날개(aileron)와 연동하여 비대칭 적으로 사용 시 → 보조 날개의 역할을 보조하는 기능.
(3) 지상 스포일러(ground spoiler)
  (가) 착륙 접지 후 항력 증가 및 타이어의 지면 마찰 증가로 착륙 거리 단축.
  (나) 전체 스포일러가(지상 및 공중) 모두 작동.
(4) 역추진 장치(thrust reverser) : 제트 항공기에서 배기가스의 흐름을 역류시켜 추력의 방향을 반대로 바꾸는 장치.
(5) 드래그 슈트(drag chute)

III. 비행 성능

1 항력과 동력

㉮ 비행기에 작용하는 공기력

(1) 큰 날개와 꼬리 날개에 작용하는 공기력 : 양력과 항력
(2) 비행 중에 작용하는 항력의 종류
 (가) 형상 항력 : 압력항력+마찰항력(점성항력)
 (나) 유도 항력 : 내리흐름(down wash)에 의한 유도속도에 의해 발생하는 항력으로 종횡비가 클수록 유도항력은 작아진다(비행중인 항공기에는 필요불가결하게 생기는 항력).
 (다) 조파 항력 : 초음속 흐름에서 충격파에 의해 발생.
 (라) 유해 항력 : 양력에 관계하지 않고 비행을 방해 하는 모든 항력.
 (마) 냉각 항력
 (바) 간섭 항력
 (사) 램(ram) 항력

㉯ 필요 마력(Pr & HPr)

항력에 의해서 소비되는 마력. 즉, 비행기가 항력을 이겨서 전진하는데 필요한 마력이며 항력이 작을수록 필요마력이 적게 든다(항력×속도).

 ※ 1PS=75kg.m/s, 1HP=550 ft·lb/sec

$$\Pr = \frac{DV}{75} \rightarrow D = C_D \frac{1}{2} \rho V^2 S \text{이므로} \Pr = \frac{1}{150} C_D \rho V^3 S$$

 ※ 필요 마력은 항공기 속도의 세제곱에 비례한다.

㉰ 이용 마력(Pa & HPa)

(1) 프로펠러 항공기

 이용마력 : $P_a = BHP \times \eta_p$

 ($\because \eta_p$ (프로펠러 효율) $= \dfrac{출력}{입력} = \dfrac{이용마력}{제동마력} \rightarrow$ 이용마력 $(Pa) =$ 제동마력 $(BHP) \times \eta_p$)

 이용마력이 마력과 속도에 대한 그래프에서 곡선으로 나타난다.

(2) 제트 항공기

$Pa = \dfrac{T \cdot V}{75}$ (T : 비행기의 이용추력, V : 비행기의 속도)

이용마력의 곡선이 직선으로 표시된다.

라 여유마력(Pe : 잉여마력) → 상승마력

이용마력과 필요마력의 차 → 여유마력 = 이용마 - 필요마력

2 일반 성능

가 수평 비행

(1) 등속 수평비행

T=D(비행방향에 대하여) → $T = D = C_D \dfrac{1}{2} \rho V^2 S$

W=L(수직방향에 대하여) → $W = L = C_L \dfrac{1}{2} \rho V^2 S$

∴ $T = W \cdot \dfrac{C_D}{C_L} = W \cdot \dfrac{1}{양항비}$

T=D, L>W → 전진 상승 비행   W<L → 전진 하강 비행
L=W, T>D → 가속 전진 비행   T<D → 감속 전진 비행

나 상승비행

(1) 상승률(R·C : Rate of Climb) : 비행속도의 수직성분

$T = W\sin\theta + D$, $L = W\cos\theta$

R·C=V$\sin\theta$ (상승각과 속도를 알 때)

$Pa = \dfrac{TV}{75} = \dfrac{W \cdot V\sin\theta}{75} + \dfrac{DV}{75}$ $Pa = \dfrac{W(R \cdot C)}{75} + Pr$,

$RC = \dfrac{75(Pa - Pr)}{W}$, $RC = \dfrac{(T-D)V}{W}$ (추력과 항력 및 속도를 알 때)

(2) 상승한계(ceiling) 및 상승시간

  (가) 절대상승한계(0m/s) : 이용마력과 필요마력이 같아져 상승률이 '0'이 될 때의 고도.
  (나) 실용상승한계(0.5m/s) : 상승률이 0.5m/s되는 고도(절대상승 한계의 80~90%).
  (다) 운용상승한계(2.5m/s) : 비행기가 실제로 운영할 수 있는 고도.

다 하강비행

(1) 활공 비행

(가) 활공비행 : 공중에서 기관이 없거나, 기관의 고장으로 정지된 상태에서의 비행.

$L - W\cos\theta = 0$, $W\sin\theta - D = 0$

$\dfrac{\sin\theta}{\cos\theta} = \dfrac{D}{L}$ 또는 $\tan\theta = \dfrac{C_D}{C_L} = \dfrac{1}{\text{양항비}} = \dfrac{\text{고도}}{\text{수평활공거리}}$

(나) 활공각 θ는 양항비 $\left(\dfrac{C_L}{C_D}\right)$에 반비례 한다.

- 장거리 활공을 하려면 활공각 θ은 작아야 한다(양항비를 크게 하려는 조건).
- 활공각 θ가 작으려면 양항비는 커야 한다.
- 양항비를 크게 하려면 항력(C_D)은 작아야 한다.
- 항력을 작게 하려면 기체를 유선형으로 하여 형상항력을 적게 하고 종횡비를 크게 하여 유도항력을 적게 한다.

(2) 급강하(diving)

(가) 급강하 시 활공각 θ는 90°, 양력은 0이다(L=0).

(나) 종극속도(terminal velocity)

$W = D = C_D \dfrac{1}{2}\rho V^2 S$, 급강하 속도 $V_T = \sqrt{\dfrac{2W}{\rho s C_D}}$

라 이륙과 착륙

(1) 이륙(Take-off)

(가) 이륙속도 : 안전을 고려하여 실속 속도의 1.2배(1.2Vs)

(나) 이륙거리 = 지상 활주거리 + 상승거리(수평거리)

$S = \dfrac{W}{2g}\dfrac{V^2}{(T-F-D)}$

- 상승거리 : 비행기가 안전한 비행 상태의 고도까지의 거리.
- 장애물 고도
  가) 왕복 비행기(propeller 기) : 15m(50ft)
  나) 제트 비행기 : 10.7m(35ft)

(다) 이륙 활주거리를 짧게 하기 위한 조건

- 비행기의 무게를 가볍게 한다.
- 추력을 크게 한다(가속도 증가).
- 항력이 적은 자세로 이륙한다.

- 맞바람(정풍)을 맞으면서 이륙한다(바람의 속도만큼 비행기 속도증가).
- 고양력 장치를 사용한다.

(2) 착륙(Landing)

(가) 착륙속도 : 활주로 위 15m 높이에서 진입속도 1.3Vs로 강하.

(나) 착륙거리 : 착륙 진입거리 + 지상 활주거리(착륙활주거리)

$$S = \frac{W}{2g} \cdot \frac{V^2}{(D + \mu W)}$$

- 착륙 진입거리 : 장애물 고도에서 바퀴가 지면에 접지 할 때까지의 거리.
- 진입(approach) : 비행장에 착륙하기 위해 직선 강하하는 상태.

(다) 착륙거리를 짧게 하기 위한 조건
- 비행기의 착륙무게를 가볍게 한다(진입 중에).
- 작은 실속속도로 착륙한다.
- 활주 중 마찰을 크게 하기 위해 Spoiler 등 고항력 장치를 사용하여 양력을 줄이고, 항력을 증가시켜 비행기의 무게를 크게 해 착륙거리를 짧게 한다.

마 순항(Cruising) : 상승과 하강 구간을 제외한 비행 구간

(1) 경제속도(최량 경제속도) : 필요 마력이 최소인 상태로 비행할 때의 속도(연료 소비가 최소인 상태로 비행).

(2) 순항속도 : 경제속도는 실용상 너무 느려 경제속도보다 조금 빠른 속도로 비행.

(가) 장거리 순항방식 : 연료를 소비하는데 따라 비행기의 무게가 작아지므로 기관 출력을 줄여서 비행기 속도를 일정하게 유지하여 비행하는 방식.

(나) 고속 순항방식 : 기관의 출력을 일정하게 하여 연료소비에 따른 비행기의 무게가 감소하여 순항속도가 증가하는 방식.

(다) 항속거리 : 비행기가 출발할 때 탑재한 연료를 다 사용 할 때까지의 거리.

$$R = Vt, \quad t = \frac{B}{C \cdot P}$$

R : 항속거리, V : 순항속도, t : 항속시간, B : 연료탑재량,
P : 기관의 출력, C : 1시간당 소모연료량을 마력당으로 표시

$$R = \frac{540\eta}{C} \cdot \frac{C_L}{C_D} \cdot \frac{W_1 - W_2}{W_1 + W_2}, \quad t = \frac{W_1 - W_2}{BHP \times C}$$

(라) 항속거리를 최대로 하는 받음각 → 이때의 속도를 경제속도라 함.

1) Propeller 기 : $\left(\dfrac{C_L}{C_D}\right)_{max}$ 2) Jet 기 : $\left(\dfrac{C_L^{\frac{1}{2}}}{C_D}\right)_{max}$

※ 항속시간을 최대로 하는 조건

① Propeller 기 : $\left(\dfrac{C_L^{\frac{3}{2}}}{C_D}\right)_{max}$ ② Jet 기 : $\left(\dfrac{C_L}{C_D}\right)_{max}$

3 특수 성능

㉮ 실속성능

(1) 실속이 일어나면 Buffet 현상 발생, 승강키 효율 감소 → 기수내림 현상 발생.
   ※ Buffet : 박리에 의한 후류가 날개나 꼬리 날개를 진동시켜 발생하는 현상으로서 실속이 일어나는 징조임을 나타낸다.
(2) 실속의 종류
   (가) 부분 실속
   (나) 정상 실속
   (다) 완전 실속

㉯ 스핀(Spin) 비행

(1) 자전 현상
   (가) 스핀 : 자동회전(auto rotation)과 수직강하가 조합된 비행.
   (나) 자전 : 받음각이 실속각보다 큰 경우 날개 한쪽 끝에 교란이 발생하면 날개는 회전을 시작하여 회전속도가 점점 빨라져 결국에는 일정 회전수로 계속 회전하는 현상.
(2) 정상스핀
   (가) 수직스핀
   (나) 수평스핀
   ※ 300m 이하의 고도에서는 스핀 운동을 금한다.

4 기동 성능

가 선회비행(Turning)

(1) 정상 선회(coordinate turn) : 수평면 내에서 일정한 선회지름으로 원 운동하는 비행.

$$Lsin\phi = \frac{W}{g}\frac{V^2}{R}, \ Lcos\phi = W$$

$$\therefore \tan\phi = \frac{V^2}{gR}, \ R = \frac{V^2}{g\tan\phi}$$

※ ① 항공기 선회 반경에 영향을 주는 요인.
비행기 속도와 경사각, 선회반경을 작게 하기 위해 속도를 적게 하고 경사각을 크게 하며 받음각을 크게 하여 양력을 크게 해 고도의 떨어짐을 방지한다. 도움날개로 경사를 주고, 방향키로 방향을 일정하게 유지하여 선회비행을 함.
② 선회시의 미끄러짐 종류
 · 구심력 < 원심력 : Skid
 · 구심력 > 원심력 : Slip

(2) 선회 속도

 (가) 수평비행 시, $W = L = C_L \frac{1}{2}\rho V^2 S$, 선회비행 시 $W = L\cos\theta = C_L \frac{1}{2}\rho V_t^2 S\cos\theta$

 $V_t^2 \cos\theta = V^2$ ∴ 선회속도 $Vt = \frac{V}{\sqrt{\cos\theta}}$

 (나) 선회 시 수평 비행의 실속속도 $Vts = \frac{Vs}{\sqrt{\cos\theta}}$,
 따라서 선회 시에는 비행 속도가 수평 비행 시보다 커야 한다.

(3) 선회 중에 하중배수

 (가) 수평비행시의 하중배수 $n = \frac{L}{W} = 1$

 (나) 선회각 θ로 선회시의 하중배수 $n = \frac{1}{\cos\theta}$

나 비행하중

(1) 하중배수(load factor)

$$n = 1 + \frac{관성력}{비행기무게} = 1 + \frac{가속도(\alpha)}{g} \Rightarrow 가속도로 인해 발생하는 하중계수$$

※ 돌풍시의 하중 배수 : $n = 1 + \Delta n = 1 + \dfrac{\rho K U V a}{\dfrac{2W}{S}}$

(ρ : 밀도, K : 반응 계수, U : 돌풍 속도, V : 항공기 속도, a : $\dfrac{\Delta C_L}{\Delta \alpha}$, $\dfrac{W}{S}$: 날개 하중)

(2) 안전계수(safety factor)
   (가) 제한 하중(limit load) : 비행 중에 생길 수 있는 최대하중.
   (나) 종극 중량(ultimate load) : 비행기에 발생하는 예기치 못한 과도한 하중을 말하며 비행기는 최소한 3초간의 하중을 견딜 수 있어야 한다.

   종극하중 = 제한하중 × 안전계수

(3) V-n 선도 : 항공기의 속도(V)와 하중계수(n)와의 관계를 직교좌표로 그린 그래프로 비행기의 안전한 운용범위를 나타낸다. → 구조강도상의 보장.
   (가) VA : 설계 운용 속도, $V_A = \sqrt{n} \cdot V_s$
   (나) VC : 설계 순항 속도
   (다) VD : 설계 급강하 속도

IV. 비행기의 안정과 조종

1 조종면 이론

가 힌지 모멘트(Hinge moment)와 조종력

(1) 조종면을 조작하기 위한 조종력은 힌지 모멘트의 크기에 관계된다.
   Fe = K·He (Fe : 조종력, K : 기계적 이득 상수, He : 힌지 모멘트)
(2) 힌지 모멘트는 힌지 모멘트 계수(Ch), 동압(q), 조종면의 크기에 비례한다.
   $H = C_h \cdot \dfrac{1}{2} \rho V^2 S \cdot \bar{c} = C_h \cdot q \cdot b \cdot \bar{c}^2$, $C_h = \dfrac{H}{q \cdot b \cdot \bar{c}^2}$
(3) 고속, 대형 항공기는 조종력이 커야 하므로 공력 평형장치 및 탭(tab)을 이용하여 조종력을 경감시킨다.

나 공력 평형 장치

(1) 앞전 밸런스(leading edge balance)
(2) 혼 밸런스(horn balance)

- 비보호혼(un-shield horn)
- 보호 혼(shield horn)
(3) 내부 밸런스(internal balance)
(4) 프리즈 밸런스(frise balance) - 도움날개에 많이 사용.
연동되는 도움날개에서 발생하는 hinge moment가 서로 상쇄 되도록 한 것.

다 탭(tab)

(1) 목적 : 조종면의 뒷전 부분의 압력 분포를 변화시키는 역할을 함으로써 hinge moment에 큰 변화 발생.
(2) 역할 : 큰 받음각에서 Camber 증가 → 조종면의 효율 증가
(3) 종류
　(가) 트림 탭(trim tab)
　　조종사가 비행 중에 발생할 수 있는 불평형 상태를 tab에 의해 교정함으로서 조종력을 "0"으로, 즉 안정성을 해치지 않고 비행자세의 오차 수정.
　(나) 평형 탭(balance tab)
　　조종면이 움직이는 방향과 반대 방향으로 움직이도록 기계적으로 연결시킨 것으로 탭에 작용한 공력에 의해 조종력 경감.
　(다) 서보 탭(serbo tab) → 조종 탭(control tab)이라고도 함.
　　조종석의 조종 장치와 직접 연결되어 tab만을 작동시켜 조종면이 움직이도록 설계.
　(라) 스프링 탭(spring tab)
　　horn과 조종면 사이에 스프링을 설치하여 조종력을 배가시킨 장치.

2 안정과 조종

가 정적 안정

(1) 안정성(stability) : 비행기가 수평비행 중에 돌풍 등의 교란을 받을 경우, 비행기 자체의 힘에 의해 원래의 자세로 돌아가려는 성질.
(2) 정적 안정 : 평형 상태로부터 다시 평형 상태로 되돌아가려는 초기의 경향(성질)을 말함.
　(가) 평형상태(trim) : 물체에 작용하는 모든 힘의 합과 키놀이, 옆놀이, 빗놀이 모멘트의 합이 각각 "0"일 때(가속도가 없고, 정상비행 상태)
　(나) 정적 불안정(음(-)의 정적안정)
　(다) 정적 중립

나 동적 안정(Dynamic Stability)

시간이 경과함에 따른 운동의 변화를 나타낸 것으로 평형상태에서 이탈 후 시간이 경과함에 따라 운동의 진폭(진동)이 감소하여 원래의 평형상태로 되돌아가려는 경우.
※ 동적 안정이면, 정적 안정이다.

다 비행기의 기준축

(1) 기체 축(동체 축)
  (가) 세로축(종축, X축, longitudinal axis)
    비행기의 전후축(추력과 평행한 축) → 옆놀이 모멘트(rolling)
  (나) 가로축(횡축, Y축, lateral axis)
    비행기의 좌우축(항공기 대칭면에 수직한 축) → 키놀이 모멘트(pitching)
  (다) 수직축(상하축, Z축, vertical axis)
    비행기의 상하축(X·Y 평면에 수직한 축) → 빗놀이 모멘트(yawing)

(2) 3축 운동
  • X축 : 세로축 운동, 옆놀이 모멘트(rolling), 가로안정 → 도움날개 → 조종간 좌우 조작
  • Y축 : 가로축 운동, 키놀이 모멘트(pitching), 세로안정 → 승강키 → 조종간 전후 조작
  • Z축 : 수직축 운동, 빗놀이 모멘트(yawing), 방향안정 → 방향키 → pedal의 전후 조작

라 조종계통

(1) 주 조종계통 : 도움날개(aileron), 승강키(elevator), 방향키(rudder)를 작동시키는 기구.
(2) 부 조종계통 : 플랩(flap), 스포일러(spoiler), 탭(tap) 등을 작동시키는 기구.
(3) 주 조종면 (1차 조종면, primary control surface)
  (가) 도움날개(aileron)
    • 조종간을 좌측 또는 우측으로 움직여 비행기를 좌우로 경사지게 한다.
    • 세로축 운동을 하며 가로 조종에 사용한다. → rolling moment
    • 좌우의 도움날개의 올림과 내림의 각도가 다르게 (올림 각은 크고 내림 각은 작게) 작용함. → differential control
    • 올림과 내림의 작동범위가 서로 다른 차동 도움날개를 사용한다(도움날개의 유도항력의 크기가 다르기 때문).
  (나) 승강키(elevator) : 수평 꼬리 날개 뒤쪽에 위치
    • 가로축 운동으로(Y축) 세로 조종에 사용. → pitching moment

- 조종간을 앞으로 밀거나 잡아당겨 비행기를 상승 및 하강시킨다.
(다) 방향키(rudder) : 수직 꼬리 날개 뒤쪽에 위치한다.
- 수직축 운동으로 (Z축) 방향 조종에 사용한다. → 빗놀이 운동(yawing moment)
- 조종석의 pedal을 발로차서 비행기의 방향을 좌우로 전환시킨다.

3 세로 안정 및 조종

개 정적 세로 안정

(1) 정적 세로 안정
 (가) 비행기 받음각과 가로축(Y축)을 기준으로 하여 상하 운동.
    즉, 키놀이 모멘트 (pitching moment)에 의한 안정이다.
 (나) 양력계수(C_L)와 키놀이 모멘트 계수(Cm) 곡선에서 음(-)의 기울기로 나타난다.
    ※ 키놀이 모멘트
     $M = Cm \cdot q \cdot S \cdot \bar{c}$
     (M : 무게 중심에 관한 키놀이 모멘트, 기수를 드는 방향이 (+)방향이다.
     q : 동압, S : 날개 면적, Cm : 키놀이 모멘트 계수, $\bar{c}$: 평균공력시위(MAC))

(2) 비행기의 세로안정을 좋게 하는 방법
 (가) 무게 중심이 날개의 공기역학적 중심보다 앞에 위치 할 것.
 (나) 날개가 무게 중심보다 높은 위치에 있을 것(high wing).
 (다) 꼬리 날개의 면적을 크게 하던지 시위를 크게 할 것.
 (라) 꼬리 날개의 효율을 크게 할 것. → 작게 조종하고 조종 효율은 큰 것.
    ※ 날개와 꼬리날개에 의한 무게 중심 주위의 모멘트
     Mc·g = Mc·g wing + Mc·g tail
     Mc·g : 무게 중심 주위의 모멘트
     Mc·g wing : 날개만에 의한 키놀이 모멘트
     Mc·g tail : 수평꼬리 날개에 의한 키놀이 모멘트

나 세로조종

비행기의 안정성이 가장 좋을 때를 비행기 조종성의 최저 한계 조건으로 설정.
(1) 기동조종조건
(2) 이륙조종조건
(3) 착륙조종조건

다 동적 세로 안정

외부의 영향(교란)을 받은 비행기의 시간에 따른 진폭 변위에 관한 것.

(1) 장주기 운동
    (가) 주기가 매우 긴 진동 운동으로 20~100초 사이의 값이다.
    (나) 키놀이 자세, 고도와 비행 속도는 변하나 수직 방향의 가속도와 받음각은 변하지 않는다.

(2) 단주기 운동
    (가) 키놀이 진동이며, 짧은 주기 운동으로 0.5~5초 사이이다.
    (나) 키놀이 자세, 고도와 비행 속도는 변하지 않고 수직 방향의 가속도와 받음각은 급격히 변한다.
    (다) 동적 세로 안정의 운동 중에서 가장 중요하다.
    (라) 단주기 운동이 발생하면 조종간을 자유로 하여 필요한 감쇠를 한다.

(3) 승강키 자유운동
    (가) 승강키를 자유로 했을 때 발생하는 아주 짧은 주기의 진동으로 0.3~1.5초 사이이다.
    (나) hinge선에 대한 승강키 flapping 운동이며 큰 감쇠를 갖는다.

4 가로 안정 및 조종

가 정적 가로 안정

(1) 수평 비행 상태로부터 가로 방향으로의 공기력은 옆미끄럼을 유발시켜 수평비행상태로 복귀시키는 옆놀이 모멘트(rolling moment)를 발생시킨다. 옆놀이 모멘트 계수가 음(-)의 값을 가질 때 가로 안정이 있다.

(2) 가로 안정에 기여
  • 날개의 상반각 효과(dihedral effect)
  • 날개의 뒤젖힘각 효과(sweepback effect)
  ※ 옆놀이 모멘트
    $R = Cr \cdot q \cdot S \cdot b$
    (R : 옆놀이 모멘트, 오른쪽이 (+)방향이다.
    q : 동압, S : 날개 면적, Cr : 옆놀이 모멘트 계수, b : 날개 길이)

나 동적 가로 안정

(1) 방향 불안정(directional divergence) → 허용불가.
   초기의 작은 옆미끄럼에 대한 반응이 옆미끄럼을 증가시키려는 경향이 있을 때 발생한다.
(2) 나선 불안정(spiral divergence) : 정적 방향 안정이 쳐든각 효과보다 클 때 나타난다.
(3) 가로 방향 불안정(dutch-roll)
   - 가로 진동과 방향 진동이 결합된 것.
   - 쳐든각 효과가 정적 방향 안정보다 클 때 발생.
   - 동적으로는 안정하지만 진동하는 성질 때문에 발생한다.

5 방향 안정 및 조종

가 방향 안정

(1) 정의 : 정적 방향 안정은 비행기를 평형 상태로 되돌리려는 경향의 빗놀이 모멘트를 발생시킨다.
   ※ 빗놀이 모멘트
   $N = C_n \cdot q \cdot S \cdot b$
   (N : 빗놀이 모멘트, 오른쪽 회전이 (+) 방향이다. q : 동압, S : 날개 면적, C_n : 빗놀이 모멘트 계수, b : 날개 길이)

(2) 도살핀(dorsal fin)
   수직꼬리날개가 실속하는 큰 옆미끄럼 각에서 방향 안정을 증가시킨다.
   (가) 큰 옆미끄럼 각에서 동체의 안정성 증가.
   (나) 수직 꼬리 날개의 유효 종횡비를 감소시켜 실속각 증가.

나 방향 조종

(1) 방향 조종은 방향키에 의해 수행된다.
(2) 방향키 부유각(rudder float angle) : 방향키를 자유로 했을 때 공기력에 의하여 방향키가 자유로이 변위되는 각.
   ※ 방향 안정성을 위해 후퇴각(뒤젖힘각)을 주면 옆미끄럼에 대한 안정성이 좋아지므로 방향안정성이 좋아진다.

6 현대의 조종계통

가 기계적인 조종계통 → 아음속기에 사용

(1) 소형기에 적합한 장치.
(2) Cable, pulley, Drum, push-pull Rod 등 기계적 장치에 의해 조종력 전달.
(3) 속도가 빠른 대형 아음속기 : 공력 평형 장치, tab, spring 등을 사용하여 조종력 경감.

나 배력 장치(유압 장치)를 이용한 조종계통

(1) 기계적인 조종계통과 작동기를 동시에 사용한다.
(2) 조종력에 고정된 비율의 배력비를 공급하는 유압 작동기 필요.
(3) 고속에서 조종력을 감소시킬 수 있다.

7 고속기의 비행 불안정

가 세로 불안정

(1) 턱 언더(tuck under)
　(가) 기수가 내려가는 경향과 조종력의 역작용 현상을 턱 언더라 한다.
　　• 발생원인 : 비행 속도가 임계 마하수를 넘으면 풍압중심의 위치가 뒤로 이동하여 기수를 내려가게 하는 모멘트가 증가하고 꼬리날개의 받음각도 증가하여 기수는 내려가게 된다.
　　• 마하 트리머(mach Trimmer), 피치 트림 보상기(pitch trim compensator)를 설치하여 자동적으로 턱 언더 현상을 수정.

(2) 피치 업(pitch-up)
　(가) 하강비행 시 조종간을 당기면 기수가 올라가서 회복할 수 없는 상태.
　(나) 피치 업의 발생원인
　　• 뒤젖힘 날개의 날개 끝 실속.
　　• 뒤젖힘 날개의 비틀림.
　　• 풍압중심이 앞으로 이동.
　　• 승강키 효율의 감소.

(3) 디프 실속(deep stall)
   (가) 수평 꼬리날개가 높은 위치에 있을 때, T형 꼬리날개를 가지는 비행기에서 발생.
   (나) 수평 꼬리날개의 deep stall 방지법
   - 실속 트리거 장치를 설치한다.
   - 동체 위쪽에 기관을 설치하는 경우 날개 윗면에 stall fence를 붙이거나 날개 밑면에 Vortilon를 붙인다.
   - 동체 부근 날개 앞전에 stall strip 또는 spin strip을 부착하여 먼저 동체 부근의 날개 쪽에서 흐름의 떨어짐을 발생시켜 날개 끝 부분의 실속이 늦어지게 함으로써 aileron이 충분한 기능을 발휘하게 할 것.

나 가로 불안정.

(1) 날개 드롭(wing drop)
   (가) 비행기가 천음속 영역에 도달하면 한쪽 날개가 실속을 일으켜서 갑자기 양력을 상실하여 급격한 옆놀이를 일으키는 현상.
   (나) 도움날개의 효율이 떨어져 회복이 어렵다.
   (다) 두꺼운 날개를 가진 비행기가 천음속으로 비행 시 발생.

(2) 옆놀이 커플링(roll coupling)
   (가) 큰 각속도가 받음각을 가지게 되면 큰 관성 커플링을 일으켜 받음각과 옆미끄럼각을 계속 증가시켜서 발산할 때의 현상.
   (나) 커플링(상호효과) : 한 축에 교란을 줄때 다른 축 주위에도 교란이 생기는 현상.
   (다) 공력 커플링(aerodynamic coupling)
   - 옆놀이 운동 시 → 옆놀이와 빗놀이 모멘트 발생.
   - 방향키, 옆미끄럼 조작시 → 빗놀이와 옆놀이 운동 발생.
   (라) 관성 커플링(inertia coupling)
   기체축이 기류축에 경사지게 되면 기류축에 대한 옆놀이 운동과 원심력에 의해 키놀이 모멘트 발생 → 관성 coupling
   ※ 옆놀이 커플링을 줄이는 방법
      ① 방향 안정성을 증가시킨다.
      ② 쳐든각 효과를 감소시킨다.
      ③ 정상 비행에서 기류 축과의 경사를 최대로 감소.
      ④ 불필요한 공력 커플링 감소.
      ⑤ 옆놀이 운동 시의 옆놀이율이나 기간, 받음각 등을 제한.
   ※ 최근 초음속기에서는 수직꼬리날개의 면적 증대나 벤트럴 핀(ventral fin)을 붙여서 고속 비행 시, aileron이나 rudder의 변위각을 자동으로 제한.

V. 회전익 항공기의 비행 원리

1 헬리콥터 각 부의 명칭 및 용어

㉮ 주회전 날개

(1) 구성 : 여러 개의 깃(blade)과 허브(hub)로 구성.
(2) Flapping 운동 : 수평축에 대한 회전날개 깃(rotor blade)이 주기적으로 상하로 움직이는 운동(flapping hinge, 수평 힌지).
(3) Lead-Lag 운동 : 회전축을 중심으로 회전면 안에서 blade가 전후로 움직이는 운동(lead-lag hinge, 수직 힌지) - 코리올리 효과(Coriolis effect)
 • 회전 원판(rotor disk) : 회전날개의 회전면 → 깃끝 경로면
 • 코닝각(coning angle) : 회전면과 원추 모서리가 이루는 각 → 원추각[원심력(centrifugal force)과 양력의 합력에 의해 발생]
 • 받음각(angle of attack) : 회전면과 헬리콥터의 진행 방향이 이루는 각.
(4) Feathering 운동 : pitch각(깃각)을 변화시키는 운동.
 • 전진 → 작은 pitch각, 후퇴 → 큰 pitch각

㉯ 꼬리 회전 날개 : 주회전 날개에서 발생한 토크를 상쇄, 방향 조종에 사용.

2 헬리콥터의 회전 날개

㉮ 회전날개의 지름 : 성능에 필요한 최소한의 회전날개로 설계.
㉯ 깃 끝 속도(blade tip speed) : 제한범위 최고 225m/s
㉰ 깃의 면적 : 비행 성능에 따라 절충된 최적의 받음각을 갖는 면적으로 설계.
㉱ 깃의 수 : 비행 성능을 고려한 깃의 수(무게와 비용, 정지 비행성능 고려).
㉲ 깃의 비틀림각 : 성능에 따른 절충된 비틀림각 유지.
㉳ 깃 끝 모양 : 압축효과와 소음, 비틀림을 고려한 모양으로 설계.
㉴ 깃 테이퍼 : 일정한 받음각을 갖도록 바깥쪽 절반에 Taper를 준다.
㉵ 깃뿌리의 길이

(1) 짧은 깃뿌리 : 전진 깃의 항력 감소.
(2) 긴 깃뿌리 : 후퇴 시 깃의 항력 감소.
㉜ 회전 방향 : 어느 쪽이든 상관없음.
㉝ 회전 날개 허브
 (1) 가벼운 무게와 작은 항력.
 (2) 적은 비용과 긴 수명.
 (3) 적은 부품수와 정비 용이성.
 (4) 적절한 조종력 등.
㉞ 깃 단면 : 전진 및 후퇴 시에 요구되는 깃의 절충 형태.

3 헬리콥터의 공기역학

㉮ 정지비행(Hovering) : 일정고도를 유지하며 공중에 정지상태로 떠 있는 상태.

(1) 헬리콥터 무게와 같은 크기의 회전날개의 추력.
(2) 반작용 → 추력과 크기는 같고 방향이 반대인 힘 → Hovering의 조건
(3) 추력(운동량 이론) : 단위 시간당 운동량의 변화와 같다. 즉, 단위 시간당 회전면을 통과하는 공기의 질량은 공기 밀도(ρ), 회전면의 면적(πr^2), 유도 속도(V_1)에 비례함.

$T = (\rho \cdot A \cdot V_1) \Delta V$ △V : 전체 속도의 변화량

회전면 상부에 멀리 떨어진 유속 V_0는 0이므로 $V_2 - V_0 = V_2$

$T = 2\rho \cdot A \cdot V_1^2$ $V_1 = \sqrt{\dfrac{T}{2\rho A}}$

(4) 회전면의 하중(Disk Load) $D \cdot L = \dfrac{\text{헬리콥터 무게}}{\text{회전면의 면적}} = \dfrac{W}{\pi r^2}$

현 운용 헬기의 원판 하중(회전면 하중)은 보통 12~60kg/m² 정도.

(5) 마력하중(Horse power Loading) : 헬리콥터 전체의 무게를 마력으로 나눈 값.

마력하중 $= \dfrac{W}{HP} = \dfrac{W}{75kg \cdot m/s}$

㉯ 전진 비행

방위각 90°에서 회전속도와 전진속도가 같은 방향으로 합쳐져서 양력이 최대.
방위각 270°에서 회전속도와 전진속도가 서로 반대방향이 되어 양력이 최소.

[다] Flapping

(1) flapping hinge 장착에 따른 장점
- 기준 축을 기울이지 않고 회전면을 기울일 수 있다.
- blade의 뿌리 부분에 발생되는 굽힘력 상쇄.
- 자유로운 flapping으로 돌풍에 의한 영향제거.

(2) 단점
기하학적인 불평형(회전날개가 주기적으로 회전하면서 생기는 항력과 관성력에 기인) 발생.

[라] Lead-Lag Hinge Damper(항력 힌지 감쇄기)

rotor 회전시의 불균일한 힘으로 인한 기하학적인 불평형과 Lead-Lag Hinge Bearing에 발생되는 원심력으로 회전면 내에 발생되는 진동을 감소.

[마] 자동 회전(Auto Rotation)

동력 발생 장치의 고장 시, rotor를 분리해서 원래 방향대로 계속 양력을 만들면서 활공하는 것으로 자동회전을 시키는 부분은 대략 blade의 25~75% 부분에 해당되고, 이때 blade 폭과 같은 크기의 낙하산을 매단 것 같은 효과를 갖는다.

※ ① Freewheel Clutch : autorotation 시, 회전 날개만 회전할 수 있도록 엔진과 회전 날개를 분리시키는 장치.
  ② Centrifugal Clutch(원심 클러치) : 왕복 기관 시동 시, 기관에 부하가 걸리지 않도록 하는 것으로 기관의 회전수가 낮을 때에는 기관의 회전력이 동력전달장치에 전달되지 않도록 한다.

[바] 지면효과(Ground Effect)

헬리콥터가 지면에 가깝게 접근하게 되면 정지비행 때의 후류가 지면에 영향을 줌으로써 회전날개 회전면 아래의 공기압력이 대기압보다 증가되어 양력증가의 효과를 주는 것.

※ 회전날개 회전면의 고도가 회전날개 반지름 정도에 있을 때 추력 증가는 5~10% 정도가 되며 그와 같은 지면 효과로 인하여 같은 기관의 출력으로 많은 무게를 지탱할 수 있다.

[사] 수평최대속도의 제한

(1) 제1원인 : 후퇴하는 깃의 날개 끝 실속.
(2) 제2원인 : 후퇴하는 깃뿌리의 역풍범위.
(3) 제3원인 : 전진하는 깃 끝의 마하수 영향.

4 헬리콥터의 안정과 조종

가 헬리콥터의 균형과 조종

(1) 세로균형 : 주기적 피치 제어레버와 동시 피치 제어레버 사용.
  - 주기적 피치 제어(cyclic pitch control)
  - 동시 피치 제어(collective pitch control)

(2) 가로 및 방향균형 : 주기적 피치 제어 레버와 pedal을 사용하여 가로방향에 대한 변수 조절.
  - 단일 회전 날개 헬기 : pedal 작동 시, tail rotor의 pitch를 조절하여 방향 조종.
  - 직렬식 회전 날개 헬기 : pedal 작동 시, rotor blade의 pitch만 변화시켜 방향 조종.

(3) 헬리콥터의 조종
  (가) 수직방향 조종 : Collective Pitch Control Lever → 상승 및 하강 → Throttle과 연동으로 작동.
    ※ 추력의 상승 하강에 따른 torque 상쇄를 위하여 pedal을 회전 방향의 반대 방향으로 작동시켜 상쇄시켜야 함.
  (나) 수평방향 조종 : Cyclic Pitch Control Lever → 전진 및 후진, 측진 등 조종간의 위치에 따라 회전면을 기울여 원하는 방향으로 조종.
  (다) 좌·우 방향조종 : pedal을 작동시켜 tail rotor의 pitch를 조종함으로써 원하는 방향으로 조종.
    ※ swash plate(경사판) : 비행기의 조종면(control surface) 역할을 하는 장치로 주회전날개 아래에 한 쌍(회전 경사판, 고정 경사판)으로 되어 있으며, 조종간을 움직이면 경사판이 움직여 원하는 방향으로 조종할 수 있다.

과년도 출제문제

1995년도 기능사 1급 1회 항공역학

1. 비행기가 수평비행중 상승하려면 어떤 상태로 비행하여야 하는가?

㉮ Pa=Pr ㉯ Pa>Pr
㉰ Pa<Pr ㉱ Pa≤Pr

● 상승하려면 상승률(R.C)이 0 이상이어야 한다.
R.C = $\frac{75(Pa-Pr)}{W}$ > 0,
즉 Pa(이용마력)>Pr(필요마력)
여유(잉여)마력(Pe) : 이용마력과 필요마력과의 차, Pe>0일 때도 상승 또는 가속상태

2. 다음 중 트림(trim) 상태란 무엇을 의미하는가?

㉮ 피치조종 하강한다.
㉯ 피치조종 상승한다.
㉰ 피치조종 모멘트를 "1"로 한다.
㉱ 피치조종 모멘트를 "0"으로 한다.

● 트림 상태란 항공기 무게중심 주위의 키놀이모멘트 총합이 0인 상태, 또는 모멘트계수값이 0인 상태를 의미하며 균형 상태를 의미한다.

3. 다음중 캠버(camber)를 나타내는 것은?

㉮ 시위선에서 평균캠버선까지의 거리
㉯ upper camber와 lower camber 사이의 거리
㉰ 날개의 윗면과 아랫면 사이의 거리
㉱ 앞전에서 최대캠버선까지의 거리

● • 시위선(chord line) : 앞전과 뒷전을 연결한 직선
• 평균캠버선(mean camber line) : 두께의 이등분점을 연결한 선

4. 초음속 비행기에서 비행기 날개(wing)에 수직충격파가 생기면 충격파 뒤의 현상은?

㉮ 양력 증가   ㉯ 속도 감소
㉰ 압력이 일정 ㉱ 저항 감소

● • 수직충격파 또는 경사충격파 통과후 → 압력, 밀도, 온도 증가, 단 속도는 감소한다
• 팽창파가 발생하였다면 → 압력, 밀도, 온도 감소, 단 속도는 증가한다.

5. 천이 현상이란 무엇인가?

㉮ 충격파의 발생
㉯ 난류에서 층류로 변화하는 현상
㉰ 층류에서 난류로 변화하는 현상
㉱ 난류에서 와류로 변화하는 현상

● 경계층은 흐름중에 놓인 물체의 앞전에서는 층류경계층, 그리고 뒤이어 난류경계층이 형성된다. 층류에서 난류로의 변화 과정을 천이(transition)라고 하며, 천이시의 레이놀즈수를 임계레이놀즈수(critical Reynolds number)라고 한다.

6. 다음 중 잘못된 것은?

㉮ yawing - elevator
㉯ pitching - elevator
㉰ yawing - rudder
㉱ rolling - aileron

● 항공기의 3축 주위의 운동

구 분	운동	조종면
세로축(X축)	키놀이(pitching)	승강키(elevator)
가로축(Y축)	옆놀이(rolling)	도움날개(aileron)
수직축(Z축)	빗놀이(yawing)	방향키(rudder)

7. 경계층에서 박리가 일어나는 경우는?

㉮ 역압력구배가 형성될 때
㉯ 경계층이 정지할 경우
㉰ 음속에 도달했을 경우
㉱ 수로의 단면이 감소하였을 때

▶ 박리(seperation)는 흐름의 역압력구배에 의해 발생한다. 즉 날개표면 위의 압력형성이 흐름 방향을 반대하는 쪽으로 형성된 것으로, 흐름의 떨어짐이 생기면 흐름의 운동에너지가 감소하며, 항력이 증가하고, 양력이 감소한다.

8. 항공기 무게 2,000kg, 공기밀도 1/8k · s²/m⁴, 날개면적 30m², 항공기 실속속도 120 km/h일 때 최대양력계수는?

㉮ 0.89   ㉯ 0.84
㉰ 0.96   ㉱ 1.34

▶ $L = W = \frac{1}{2}\rho V_s^2 S C_{Lmax}$ 에서
$C_{Lmax} = \frac{2 \times 2,000}{1/8\,(120/3.6)^2\,30}$
$(120 km/h = 120 * \frac{1,000}{3,600} m/\sec = 33.3 m/\sec)$

9. 다음 탭(Tap)중에서 조종사의 조종력을 "0"으로 맞추어 주는 것은 무엇인가?

㉮ 서보탭   ㉯ 스프링탭
㉰ 밸런스탭 ㉱ 트림탭

▶ • 트림탭 : 조종면의 힌지모멘트를 감소시켜 조종사의 조종력을 0으로 조정해주는 역할
• 서보탭 : 조종석의 조종장치와 직접 연결되어 탭만 작동시켜 조종면을 움직이도록 설계

• 평형탭(balance tab) : 조종면이 움직이는 방향과 반대 방향으로 움직일 수 있도록 기계적으로 연결되어 조종력 경감
• 스프링탭 : 혼과 조종면 사이에 스프링을 설치하여 스프링의 장력으로써 조종력 조절

10. 활공기가 고도 2,000m 상공에서 양항비가 30인 상태로 활공한다면 도달할 수 있는 수평활공거리는 얼마인가?

㉮ 20,000   ㉯ 40,000
㉰ 60,000   ㉱ 80,000

▶ $\tan\theta = \frac{고도}{수평활공거리} = \frac{1}{양항비}$ 에서
$\tan\theta = \frac{2000}{수평활공거리} = \frac{1}{30}$

11. 스팬 길이가 길어질 때의 설명중 옳은 것은?

㉮ 유도항력이 작아진다.
㉯ 유도항력이 커진다.
㉰ 내리흐름이 증가한다.
㉱ 유도항력계수와는 상관이 없다.

▶ 스팬의 길이가 커지면 가로세로비가 증가하게 된다. 한편, 유도항력은 $D_i = \frac{1}{2}\rho V^2 S C_{di}$, $C_{di} = \frac{C_L^2}{\pi e AR}$ 이므로 가로세로비가 커지면 유도항력은 작아진다.

12. 다음 중에서 받음각이란 무엇인가?

㉮ 기체축과 상대풍이 이루는 각
㉯ 가로축과 시위선이 이루는 각
㉰ 상대풍과 항공기 진행방향과의 각
㉱ 시위선과 상대풍이 이루는 각

▶ • 받음각(영각-angle of attack) : 항공기 진행 방향(상대풍)과 시위선이 이루는 각
• 붙임각(취부각-angle of incidence) : 항공기 세로축과 시위선이 이루는 각

13. 다음 공기력 중심에 대한 설명 중 맞는 것은?

㉮ 받음각과 상관없다.
㉯ 받음각이 크면 앞으로 이동한다.
㉰ 받음각이 작으면 뒤로 이동한다.
㉱ 변화하지 않는다.

● 공기력 중심 (A.C)
시위선상의 어떤 한 점에서는 모멘트값이 받음각 변화에 무관하게 항상 일정한 값을 보이는 지점이 있다. 일반적으로 공기력 중심은 시위 25%C 지점에 존재한다.

14. 다음 중 압력중심(C.P)에 관한 것 중 틀린 것은?

㉮ 압력중심은 압력이 작용하는 합력점이다.
㉯ 압력중심은 변하지 않는다.
㉰ 받음각을 증가시키면 압력중심은 전방으로 이동한다.
㉱ 받음각을 감소시키면 압력중심은 후방으로 이동한다.

● 풍압중심=압력중심 (C.P)
날개 상·하면에 분포하는 압력의 대표지점이다. 받음각의 변화에 따라 이 위치는 변한다. 받음각 증가시 압력중심은 전방으로 이동하며, 감소시 압력중심은 후방으로 이동한다.

15. 항공기의 무게가 2,000kg이고 100km/h의 속도로 정상 선회를 하였을 때 양력은 얼마인가? (선회각 30°, 양력계수 0.866)

㉮ 4,390   ㉯ 4,309
㉰ 2,309   ㉱ 5,309

● $L = \dfrac{W}{\cos \Phi}$, Φ = 선회각, $L = \dfrac{2,000}{\cos 30°}$

1. ㉯	2. ㉱	3. ㉮	4. ㉯	5. ㉰
6. ㉮	7. ㉮	8. ㉰	9. ㉱	10. ㉰
11. ㉮	12. ㉰	13. ㉮	14. ㉯	15. ㉰

1995년도 기능사 1급 2회 항공역학

1. 총중량 5,000kg, 선회속도가 360km/h인 비행기가 60°로 정상 선회할 때 하중 배수는?

㉮ 1 ㉯ 1.5
㉰ 2 ㉱ 2.5

● $n = \dfrac{1}{\cos\phi}$

2. 다음 중에서 고양력 장치는 무엇인가?

㉮ Slot
㉯ Nacelle
㉰ Aileron
㉱ Vortex Generator

● • 앞전 고양력장치 : 크루거 플랩, 드루프앞전, 슬롯
• 뒷전 고양력장치 : 단순플랩, 스플릿플랩, 파울러플랩, 이중 슬롯 플랩
• Vortex generator : 날개나 동체 상부에 설치되어 있는 작은 금속날개꼴로서 난류흐름을 형성시켜 박리를 지연

3. 등속 수평 비행 중의 비행기에 걸리는 하중배수는?

㉮ 0g ㉯ 1g
㉰ 0.5g ㉱ 1.7g

● n=L/W이며 수평 비행 조건은 L=W이므로 n=1

4. 다음 중에서 camber를 변화시키지 않고 양력을 증가시키는 것은 무엇인가?

㉮ movable slat ㉯ leading edge flap
㉰ slot ㉱ trailing edge flap

● 슬롯은 날개의 상면과 하면에 공기흐름이 통할 수 있도록 설치된 구멍(hole)이다. 뒷전 상면에 하면으로부터 흐름이 공급되어 에너지를 공급하므로 캠버에는 변화가 없다.

5. 유체흐름에서 유사 흐름(similar flow)이란 무엇인가?

㉮ 기하학적으로 흡사한 물체에 있어서 서로 다른 유체의 흐름이 기하학적으로 유사한 유선을 가지는 운동
㉯ 아음속 흐름과 천음속 흐름의 유사 흐름
㉰ 관성력과 점성력의 비에 비례하는 흐름
㉱ 점성력과 관성력의 비에 반비례하는 흐름

6. NACA 4512 날개골에서 "4"가 의미하는 것은?

㉮ 두께 4%
㉯ 캠버의 위치 40%
㉰ 최대 캠버 4%
㉱ 캠버의 크기 4%

● 4자 계열의 의미
4: 최대캠버의 크기 시위의 4%
5: 최대캠버의 위치가 시위의 50% 지점.
12: 최대두께의 크기가 시위의 12%

7. 감항류별 "T" 여객기의 설계제한 하중배수는?

㉮ 6 ㉯ 1
㉰ 2.5 ㉱ 7

● 감항류별 하중배수 분류 : A - 6, U - 4.4, N - 2.25~3.8, T - 2.5

8. 항공기가 수평선과 날개의 chord line이 20°를 유지한 채 상승비행을 하고 있다. 상승각 υ =17°라면 이때 받음각은?

㉮ 20° ㉯ 17°
㉰ 23° ㉱ 3°

● 수평선과 시위선이 이루는 각이 20°, 수평선과 항공기 진행방향이 이루는 각 17°
항공기 진행방향과 시위선이 이루는 각은 20°-17°= 3°

9. 다음 중 임계 레이놀즈수를 옳게 설명한 것은?

㉮ 난류에서 층류로 변할 때의 레이놀즈수
㉯ 층류에서 난류로 변할 때의 속도
㉰ 층류에서 난류로 변할 때의 레이놀즈수
㉱ 난류에서 층류로 변할 때의 속도

10. 중량이 5000kg, 날개 면적이 60m²인 비행기가 해면상을 속도 100km/h로 비행하고 있을 때 양력 계수는 얼마인가?

㉮ 1.2 ㉯ 1.73
㉰ 3.14 ㉱ 3.62

● 양력 계수에 대해 정리하면
$C_L = \dfrac{2 \times 5,000}{0.1249(100/3.6)^2 60}$
(단, 해발 고도에서의 밀도는 $0.1249 \text{kgf} \cdot s^2/m^4$ 이다)

11. 중량이 2,000kg인 비행기가 선회 비행시, 선회각이 40°이고 속도가 150km/h일 때 선회 반지름 R은?

㉮ 271 ㉯ 245
㉰ 211 ㉱ 200

● $R = \dfrac{V^2}{g \tan \theta} = \dfrac{(150/3.6)^2}{9.8 \times \tan 40°}$

12. 다음 대기권의 구조 중 열권에 대한 바른 설명이 아닌 것은 무엇인가?

㉮ 중간권 위에 있다.
㉯ 각분자, 원자는 지상에서 발사된 탄환과 같이 궤적운동을 한다.
㉰ 극광, 유성이 길게 밝은 빛의 꼬리를 남긴다.
㉱ 전리층이 있다.

● ・대류권 : 기상 현상이 있고 1km 상승시마다 온도가 6.5℃씩 낮아짐
・성층권 : 고도변화에 따라 기온의 변화가 없고 오존층 존재
・중간권 : 대기권 중에서 온도가 가장 낮음
・열권 : 전리층이 있고 극광 현상이 나타남
・극외권 : 원자와 분자수는 무척 희박하여 탄환궤적운동을 하며 경우에 따라 우주 밖으로 이탈하기도 한다.

13. 다음 중 항공기에서 상반각(쳐든각)을 주는 이유는?

㉮ 저항을 작게 한다.
㉯ 선회성을 좋게 한다.
㉰ 익단 실속을 방지한다.
㉱ 옆미끄럼(side slip)을 방지한다.

● 상반각(쳐든각-dihedral effect)은 가로 안정에 있어 가장 중요한 요소로서 옆미끄럼에 대한 안

정한 옆놀이 모멘트를 발생시킨다.

14. 가로 세로비에 대한 설명 중 옳은 것은?

㉮ 가로세로비가 커지면 유도항력이 커진다.
㉯ 가로세로비가 커지면 유도항력이 작아진다.
㉰ 가로세로비가 크면 양항비가 작아진다.
㉱ 가로세로비가 크면 횡안정이 나빠진다.

▶ 가로세로비(AR)가 커지면 유도항력
($D_i = \frac{1}{2} \rho V^2 S C_{di}$, $C_{di} = \frac{C_L^2}{\pi e AR}$)은 작아지고 양항비($C_L/C_d$)가 커진다.

15. 착륙시 Propeller 항공기의 장애물 고도는?

㉮ 11m ㉯ 15m
㉰ 25m ㉱ 30m

▶ proller 항공기 장애물 고도: 15m(50ft)
jet 항공기 장애물 고도: 10.7m(35ft)

1. ㉰	2. ㉮	3. ㉯	4. ㉰	5. ㉰
6. ㉰	7. ㉰	8. ㉱	9. ㉰	10. ㉯
11. ㉰	12. ㉯	13. ㉱	14. ㉯	15. ㉯

1995년도 기능사 1급 3회 항공역학

1. 다음은 항공기의 익단 실속 방지책에 대한 설명이다. 틀린 것은 무엇인가?

㉮ 테이퍼를 크게 한다.
㉯ 날개끝의 앞전에 슬롯을 설치한다.
㉰ 날개끝의 붙임각을 작게 비틀어 준다.
㉱ 캠버가 클수록 같은 양력계수 변화에 따라 이동량이 크다.

▶ 항공기는 익단실속(wing tip stall)이 지연될수록 좋다. 테이퍼가 크면(테이퍼비가 작다 예 삼각 날개)실속이 날개끝에서부터 일어난다.
㉰의 설명 : 기하학적 비틀림(wash out)

2. 다음 중 날개골에서 영각(Angle of Attack)이란 무엇인가?

㉮ 비행기 기축선과 시위선이 이루는 각
㉯ 비행기 진행방향과 시위선이 이루는 각
㉰ 상반각과 취부각의 차
㉱ 후퇴각과 취부각의 차

3. 다음 중 착륙시 활주거리를 짧게 하기 위한 조건 중 옳지 않은 것은?

㉮ W/S가 작을수록 짧다.
㉯ 착륙속도 V_L의 제곱에 비례하므로 V_L이 작은 쪽이 짧다.
㉰ 공기밀도가 작은 쪽이 길다.
㉱ 착륙속도 V_L에 반비례하므로 V_L이 작은 쪽이 짧다.

▶ 활주거리는 착륙속도의 제곱에 비례함

착륙활주거리 $= \dfrac{W V_L^2}{2g} \dfrac{1}{(D+\mu W)}$

착륙속도 $V_L = 1.3 V_s = 1.3 \sqrt{\left(\dfrac{2W}{\rho S C_{Lmax}}\right)}$

4. 받음각이 일정할 때, 양력은 고도가 변하면(증가하면) 어떻게 되는가?

㉮ 감소한다.
㉯ 증가한다.
㉰ 변화가 없다.
㉱ 증가하다 감소한다.

▶ 자세의 변화가 없다면 고도가 증가할수록 밀도가 감소하므로 양력은 감소된다.

5. 활공기가 1,000m 상공에서 활공시, 수평활공거리가 2,000m일 때 활공비는?

㉮ 1   ㉯ 2
㉰ 3   ㉱ 4

▶ 활공비 $= \dfrac{활공거리}{고도} = \dfrac{2,000}{1,000}$

6. 잽 플랩에 대한 설명으로 맞는 것은?

㉮ 날개의 면적을 크게 한다.
㉯ 익형의 캠버를 증가시킨다.
㉰ 날개면적은 크게 하며 익형의 캠버를 증가시킨다.
㉱ 익면적은 감소시키고 익형의 반지름을 증가시킨다.

● 잽 플랩은 스플릿 플랩이 뒤로 나오면서 내려지도록 한 형상이므로 캠버의 변화와 함께 면적 증가의 효과도 있다.

7. 다음 중 마하수 0.75 이하의 흐름을 무엇이라 하는가?

㉮ 천음속 ㉯ 아음속
㉰ 초음속 ㉱ 극초음속

● M<0.3 비압축성흐름. 아음속
0.3<M<0.75 압축성흐름. 아음속(subsonic)
0.75<M<1.2 압축성흐름. 천음속(transonic)
1.2<M<5.0 압축성흐름. 초음속(supersonic)
5.0<M 압축성흐름. 극초음속(hypersonic)

8. 다음 중 베르누이 정리에서 압력과 속도와의 관계는?

㉮ 정압이 커지면 속도도 커진다.
㉯ 정압이 커지면 속도는 감소한다.
㉰ 정압이 커지면 속도는 일정하다.
㉱ 정압이 감소하면 동압도 감소한다.

● 베르누이 식 : 정압과 동압의 합은 항상 일정하다.
$P_t = P + \frac{1}{2}\rho V^2 =$ 일정

9. 무게가 2,000kg인 항공기가 경사각 30°, 속도 150km/h로 정상 선회할 때 양력은 얼마인가?

㉮ 2,309kg ㉯ 1,154kg
㉰ 1,000kg ㉱ 1,732kg

● $L = W/\cos\theta = 2,000/\cos 30$

10. 항공기의 무게가 2,500kg, 밀도가 0.125 kg·s²/m⁴이고, 날개의 면적이 20m², 최대 양력계수가 1.8일 때 실속속도 V_S는 얼마인가?

㉮ 44m/s ㉯ 120km/h
㉰ 150km/h ㉱ 33.3km/h

● $V_s = \sqrt{\dfrac{2W}{\rho S C_{Lmax}}} = \sqrt{\dfrac{2 \times 2,500}{0.125 \times 20 \times 1.8}}$
$= 33.3 \text{m/s}$ (km/h로 단위환산 필요)

11. 결빙이 초래하는 현상이 아닌 것은?

㉮ 항력감소, 양력증가
㉯ 출력감소, 항력증가
㉰ 항력증가, 양력감소
㉱ 양력감소, 출력감소

● 결빙의 초래 : 형상적으로 항력증가, 양력의 감소

12. 항공기 시위길이가 2m, 속도가 300km/h이고 공기의 동점성계수가 0.15m²/sec일 때 레이놀즈 수는 얼마인가?

㉮ 1,111 ㉯ 4,000
㉰ 2×10^7 ㉱ 20×10^7

● $R_e = \dfrac{\rho VC}{\mu} = \dfrac{VC}{\nu} = \dfrac{(300/3.6) * 2}{0.15}$

13. NACA 2415 에어포일에서 "2"의 의미는?

㉮ 최대 캠버의 위치가 리딩에이지에서 20%에 위치한다.
㉯ 최대 두께가 코드의 2%이다.
㉰ 최대 캠버가 코드의 2%이다.
㉱ 최대 두께의 위치가 리딩에이지에서 20%에 위치한다.

14. 다음 중 유해항력에 속하지 않는 것은?

㉠ 간섭항력　　㉡ 유도항력
㉢ 형상항력　　㉣ 조파항력

● 유도항력은 양력발생에 관련한 항력이다. 항력 중 유도항력을 제외한 모든 항력은 유해항력이다. 유해항력의 종류 - 간섭항력, 냉각항력, 조파항력, 형상항력, 램 항력.

15. 다음 공기역학에 관련된 식에서 틀린 것은?

㉠ $L = \frac{1}{2}\rho V^2 C_L S$　　㉡ $AR = b^2/S$
㉢ $V_S = 2W/\rho C_L S$　　㉣ $Re = \rho V L/\mu$

● 실속속도는 $V_s = \sqrt{\left(\dfrac{2W}{\rho S C_{Lmax}}\right)}$

1. ㉠	2. ㉡	3. ㉣	4. ㉠	5. ㉡
6. ㉢	7. ㉡	8. ㉡	9. ㉠	10. ㉡
11. ㉠	12. ㉠	13. ㉢	14. ㉡	15. ㉢

1995년도 기능사 1급  항공역학

1. 최대출력 800마력으로 비행하는 항공기의 프로펠러 효율이 80%일 때 이 항공기의 이용마력은 얼마인가?

㉮ 640ps ㉯ 700ps
㉰ 800ps ㉱ 880ps

● 이용마력 $P_a = \dfrac{TV}{75} = BHP \times \eta$

2. 200mph의 속도로 비행하는 항공기의 항력이 100lbs일 때 이 항공기가 300mph의 속도로 비행하면 항력은?

㉮ 230lbs ㉯ 240lbs
㉰ 225lbs ㉱ 245lbs

● $D = C_d \dfrac{1}{2}\rho S V^2$ 이므로

$100 = C_d \dfrac{1}{2}\rho S * 200^2$ 에서

$C_d \dfrac{1}{2}\rho S = 100/200^2$

$D = C_d \dfrac{1}{2}\rho S * 300^2 = 100/200^2 * 300^2$

3. 다음 중에서 후퇴 날개의 단점은 무엇인가?

㉮ 높은 임계마하수를 가질 수 있다.
㉯ 항력발산 마하수를 크게 할 수 있다.
㉰ 경계층이 날개쪽으로 향하여 스팬 방향으로 진행하므로 팁(tip)의 전연에 경계층 분산을 발생하게 한다.
㉱ 비행기의 세로 안정성이 좋다.

● 후퇴(sweepback) 날개는 날개끝의 실속특성이 좋지 못한 단점을 가지고 있다.
• 임계마하수: 날개골 표면 임의의 점에서의 마하수가 1이 되는 자유흐름의 마하수
• 항력발산마하수: 임계마하수보다 조금 큰 마하수로서 날개의 항력이 갑자기 증가하기 시작할 때의 마하수

4. 어떤 비행기가 수평 최대 속도의 0.8배로, 음속의 1.2배로 날고 있다. 이 때 이 비행기의 마하수는 얼마 인가?

㉮ 0.4 ㉯ 0.8
㉰ 1.2 ㉱ 2.0

● 마하수 = $\dfrac{물체의\ 속도}{음속} = \dfrac{1.2 * 음속}{음속}$

5. 다음은 층류와 난류를 설명한 것이다. 잘못된 것은?

㉮ 층류는 난류에 비해서 마찰력이 작다.
㉯ 층류는 난류에 비해서 마찰력이 크다.
㉰ 층류에서는 인접하는 2개의 층 사이에 혼합이 없고 난류에서는 혼합이 있다.
㉱ 층류에서 난류로 변화하는 현상을 천이라고 한다.

● 난류 경계층은 표면과의 마찰항력이 크다.

6. 다음 에어포일의 요구조건 중 옳은 것은?

㉮ 항력계수가 클 것
㉯ 양력계수가 클 것
㉰ 모멘트 계수가 클 것

㉻ 실속각이 작을 것

7. 자전과 수직강하가 조합된 것을 무엇이라고 하는가?

㉮ 스핀   ㉯ 실속
㉰ 천이   ㉱ 급강하

● 스핀에는 수직 스핀과 수평 스핀이 있다.

8. 다음 중에서 날개골에 대한 바른 설명은?

㉮ 뒷전의 모양을 둥근 원호나 뾰족한 쐐기형으로 한다.
㉯ 평균캠버선은 날개골의 휘어진 모양이다.
㉰ 앞전의 모양은 뾰족한 직선모양이다.
㉱ 윗면과 아랫면을 연결한 선을 시위선이라 한다.

● 날개골(airfoil)의 앞전은 둥근 원호나 쐐기형으로 되어 있고 뒷전은 뾰족한 모양을 이루어 날개골이 유선형이 되도록 한다.

9. 받음각이 변할 때 피칭모멘트가 변하지 않는 상태는?

㉮ 동적 중립   ㉯ 정적 불균형
㉰ 동적 불균형   ㉱ 정적 중립

● • 정적 중립: 양력계수의 값이 변하더라도(받음각이 변하더라도) 키놀이 모멘트 계수의 값이 0으로 일정
• 정적 세로 안정: 양력 계수와 키놀이 모멘트 계수 곡선이 음(−)의 기울기를 가지며, 양력계수값이 증가하면 키놀이 모멘트 계수는 감소한다.

10. 다음 공기력 중심(A.C)에 대한 설명 중 맞는 것은?

㉮ 최대캠버의 위치이다.
㉯ 영각의 변동에 따라 전진한다.
㉰ 공력평균시위의 25% 지점이다.
㉱ 캠버가 클수록 같은 양력계수 변화에 따라 이동량이 크다.

11. 다음은 날개 끝 실속을 방지하는 방법에 대한 설명이다. 틀린 것은?

㉮ 테이퍼를 크게 한다.
㉯ 날개 끝의 붙임각을 작게 비틀어 준다.
㉰ 날개 끝의 앞전에 슬롯을 설치한다.
㉱ 날개 뿌리의 앞전에 실속 스트립을 설치한다.

● 날개끝 실속을 줄이려면 테이퍼비가 큰 날개(테이퍼가 작은 날개)여야 한다. 테이퍼비가 큰 날개일수록 뿌리부터 실속하는 경향을 가지고 있다.

12. 다음 중에서 종극 속도란 무엇인가?

㉮ 최대 상승률이 얻어지는 속도
㉯ 최대비행 속도
㉰ 추력과 항력이 같아지는 속도
㉱ 수직 강하시 최대속도

● 비행기가 수직강하를 시작할 때 점차 속도가 증가되다 어떤 속도 이상이 되면 더 이상 증가 없이 일정속도를 유지한다. 이것을 종극속도(terminal velocity)라 한다.
이것은 항력과 무게가 같아지는 조건에서 발생한다.
$W = D$, $V_T = \sqrt{\dfrac{2W}{\rho S C_d}}$ V_T : 종극속도

13. 다음 중에서 실용상승 한계란?

㉮ 상승률이 0m/s가 되는 고도
㉯ 상승률이 5m/s가 되는 고도
㉰ 상승률이 2.5m/s가 되는 고도
㉱ 상승률이 0.5m/s가 되는 고도

● • 절대상승한계 : 상승률이 0m/s가 되는 고도
  • 실용상승한계 : 상승률이 0.5m/s (100fpm-feet per minute)가 되는 고도
  • 운용상승한계 : 상승률이 2.5m/s(500fpm)가 되는 고도

14. 360km/h의 속도로 비행하는 항공기의 시위 길이가 2.5m이고 동점성 계수가 0.14cm²/s 일 때 레이놀즈수는 얼마인가?

㉮ 1.79×10^9　　㉯ 1.55×10^9
㉰ 1.79×10^7　　㉱ 1.55×10^7

● $R_e = \dfrac{VC}{\nu} = \dfrac{(360/3.6) \times 100 * 2.5 \times 100}{0.14}$,
(길이단위를 모두 cm로 통일)

15. 다음 중에서 설계하중이란 무엇인가?

㉮ 제한하중 × 안전계수
㉯ 제한하중 ÷ 안전계수
㉰ 제한하중 + 안전계수
㉱ 제한하중 − 안전계수

● 설계하중 = 극한하중 = 최대인장하중 = 종극하중
　　＝제한하중 × 안전계수
기체의 모든 부분은 극한하중에 최소한 3초 동안은 파괴되지 않도록 설계해야 한다.

1. ㉮	2. ㉰	3. ㉰	4. ㉰	5. ㉯
6. ㉯	7. ㉮	8. ㉯	9. ㉱	10. ㉰
11. ㉮	12. ㉱	13. ㉱	14. ㉰	15. ㉮

1996년도 기능사 1급 1회 항공역학

1. 다음 중에서 대기권의 구조는?

㉮ 대류권 - 성층권 - 전리층 - 외기권
㉯ 성층권 - 대류권 - 전리층 - 외기권
㉰ 전리층 - 성층권 - 대류권 - 외기권
㉱ 대류권 - 전리층 - 외기권 - 성층권

● 대기권은 대류권 - 성층권(오존층) - 중간권 - 열권(전리층) - 극외권으로 구성된다.

2. 항공기 무게가 3,000kg, 양력 계수가 0.5, 공기 밀도가 0.2kgf · sec²/m⁴, 비행 속도가 100km/h, 날개 면적이 40m²일 때 양력을 구하여라.

㉮ 1,543kg   ㉯ 3,086kg
㉰ 771kg   ㉱ 3,000kg

● $L = C_L \frac{1}{2} \rho V^2 S = 0.5 \times \frac{1}{2} \times 0.2 \times (\frac{100}{3.6})^2 \times 40$

3. 비행기에 상반각을 주는 이유는 무엇인가?

㉮ 저항을 적게 한다.
㉯ 익단실속을 방지한다.
㉰ 선회성을 좋게 한다.
㉱ 횡슬립(Slip)을 방지한다.

● 날개의 쳐든각(dihedral effect)은 가로 안정에 있어 가장 중요한 요소로 날개의 옆미끄럼(slip)에 대한 안정한 옆놀이 모멘트를 발생시킨다.

4. 다음 주익의 양력에 대한 설명중 옳은 것은?

㉮ 주익에 작용되는 공기역학적인 힘이 기축에 대하여 수직상하의 분력성분으로 한다.
㉯ 주익에 작용하는 공기역학적인 힘이 공기흐름에 대한 상하방향 분력성분으로 한다.
㉰ 양력은 영각이 큰 것이 작은 것보다 크다.
㉱ 양력은 수평선과 수직이다.

5. 비행기의 옆놀이(Rolling)는 어느 것에 의해 조종되는가?

㉮ 승강타   ㉯ 방향키
㉰ 도움 날개   ㉱ 수직안정판

6. 다음 유도 항력에 대한 설명 중 맞는 것은 무엇인가?

㉮ 양력 계수의 자승에 비례한다
㉯ 종횡비에 비례한다
㉰ 가로세로비에 비례한다
㉱ 비행기 속도의 자승에 반비례한다

● 유도항력계수 $C_{Di} = \frac{C_L^2}{\pi e AR}$ 이므로 양력계수의 자승에 비례한다.

7. 비행시 프로펠러기에 대한 최대항속거리의 받음각은?

㉮ C_L/C_D 가 최대인 받음각
㉯ C_D/C_L 가 최대인 받음각
㉰ $C_L/C_D^{\frac{1}{2}}$ 가 최대인 받음각
㉱ $C_L^{\frac{1}{2}}/C_D$ 가 최대인 받음각

● 프로펠러기 : $(\frac{C_L}{C_D})_{max}$, 제트기 : $(\frac{C_L^{\frac{1}{2}}}{C_D})_{max}$

8. 다음 중에서 잉여마력과 가장 관계있는 것은?

㉮ 최대 수평 속도
㉯ 최소 수평 속도
㉰ 침하율
㉱ 상승률(rate of climb)

● 여유(잉여)마력(Pe) : 이용마력과 필요마력의 차
상승률 $R.C = \frac{75(P_a - P_r)}{W} = \frac{75P_e}{W}$

9. 이상 기체에서 압력이 2배, 체적이 3배로 증가했을 경우 온도는 어떻게 되는가?

㉮ 변함이 없다   ㉯ 1.5배 증가
㉰ 6배 증가   ㉱ 8배 증가

● 이상 기체의 상태 방정식 (R은 기체상수)
PV = RT
∴ $T' = \frac{P'V'}{R} = \frac{2P*3V}{R} = 6T$

10. 다음 설명 중 맞는 것은?

㉮ 속박 와류는 양력을 발생시킨다.
㉯ 날개 윗면이 정압(+), 아랫면이 부압(−)이다.
㉰ 내리흐름은 날개 윗면에 발생하는 현상
㉱ 출발 와류는 날개 앞전에 생긴다

● 날개에 출발와류(starting vortex)가 형성되고 나면 날개 주위에도 이것과 크기가 같고 방향이 반대인 속박 와류(bound vortex)가 만들어지고 이 순환흐름에 의해 쿠타-쥬코브스키의 양력이 발생된다.

11. 다음 중에서 음파의 속도를 나타내는 공식이 아닌 것은?

㉮ $\sqrt{\frac{\kappa p}{\rho}}$ ㉯ $\sqrt{\frac{\delta p}{\delta \rho}}$

㉰ $\sqrt{\frac{\rho}{\kappa p}}$ ㉱ $\sqrt{\kappa g RT}$

● 음파속도의 관계식 :
$V_a = \sqrt{\gamma g RT} = \sqrt{\frac{\gamma P}{\rho}}, \frac{\gamma P}{\rho} = \frac{dP}{\rho}$
(γ:비열비, g:중력가속도, R:기체상수, T:온도, P:압력, ρ:밀도)

12. 대기압에 대한 설명 중 틀린 것은?

㉮ 대기압은 공기의 무게이다.
㉯ 위도 45°에서 온도 15℃ 일 때 1기압이라 한다.
㉰ 지상에서 수은주 높이 760mmHg가 1기압이다.
㉱ 14.7psi가 1기압, 29.92inHg가 1기압이다.

● 대기압은 온도가 0℃일 때를 1기압이라 한다.

13. 다음 중 받음각이 0일 때 양력계수가 "0"이 되는 날개는 무엇인가?

㉮ 대칭 날개   ㉯ 캠버가 큰 날개
㉰ 두꺼운 날개   ㉱ 얇은 날개

● 대칭날개는 받음각이 0°일 때 캠버가 '0'이므로 양력계수도 "0"이 된다.

14. 고도가 증가함에 따라서 대기는 어떻게 변화하는가?

㉮ 온도 증가, 압력과 밀도 감소
㉯ 압력 증가, 온도와 밀도 감소
㉰ 압력, 밀도, 온도 증가
㉱ 압력, 밀도, 온도 감소

▶ 고도가 증가하면 압력, 밀도, 온도, 음속 모두 감소한다.

15. 다음은 날개의 충격파 특성을 설명한 것이다. 틀린 것은?

㉮ 음속 이상일 때 발생한다.
㉯ 충격파 후방의 공기흐름 속도는 급격히 감소한다.
㉰ 충격파를 지나온 공기입자의 밀도는 증가한다.
㉱ 충격파를 지나온 공기입자의 압력은 감소한다.

▶ 충격파의 강도는 충격파의 앞쪽과 뒤쪽의 압력차를 의미하며, 충격파를 지나온 공기입자의 속도는 감소하고 압력은 증가한다.

1. ㉮	2. ㉮	3. ㉱	4. ㉯	5. ㉰
6. ㉮	7. ㉮	8. ㉱	9. ㉯	10. ㉮
11. ㉰	12. ㉯	13. ㉮	14. ㉱	15. ㉱

1996년도 기능사 1급 2회 항공역학

1. 항공기 무게가 6,000kgf, 날개 면적이 40 m², 밀도가 1/2kgf·sec²/m⁴이고, C_{Lmax}이 1.5일 때, V_{min}은 얼마인가?

㉮ 30m/s ㉯ 20m/s
㉰ 18m/s ㉱ 15m/s

● $V_{min} = \sqrt{\dfrac{2W}{\rho S C_{Lmax}}}$

2. 등속도 수평비행이라 함은 어떠한 비행인가?

㉮ 일정한 가속도로 수평비행하는 것을 말한다.
㉯ 속도가 시간에 따라 일정하게 증가하면서 수평비행 함을 말한다.
㉰ 일정한 속도로 수평비행 함을 말한다.
㉱ 필요마력이 일정하게 되는 수평비행

3. 프로펠러 항공기가 항속거리를 최대로 하기 위한 조건은?

㉮ $C_L/C_D^{\frac{1}{2}}$이 최대가 되는 받음각을 취한다.
㉯ 양항비가 최소가 되는 받음각을 취한다.
㉰ 양항비가 최대가 되는 받음각을 취한다.
㉱ $C_L^{\frac{1}{2}}/C_D$가 최소가 되는 받음각을 취한다.

● 제트기 : $\left(\dfrac{C_L^{1/2}}{C_D}\right)_{max}$

4. 스팬의 길이가 39ft, 시위의 길이가 6ft인 Rectangular Wing에서, 양력계수가 0.8일 때, 유도각은?

㉮ 1.5 ㉯ 2.2
㉰ 3.0 ㉱ 3.9

● $AR = b/c = 39/6 = 6.5$
$\alpha = \dfrac{C_L}{\pi AR} = \dfrac{0.8}{\pi * 6.5} = 0.039\,rad$
$= 0.039 \times 57.3 \ (1rad = 57.3°)$

5. 무게 1,000kg, 선회각 30°, 속도 100km/h일 때, 양력은 얼마인가? (단, cos30°= 0.866)

㉮ 1,155 ㉯ 1,509
㉰ 1,532 ㉱ 1,259

● $L = \dfrac{W}{\cos\theta}$

6. 최대 양력 계수가 큰 날개 단면을 갖는 항공기의 설명으로 맞는 것은?

㉮ 착륙속도 감소, 이륙속도 증가
㉯ 착륙속도 증가, 이륙속도 감소
㉰ 이·착륙 속도 모두 증가
㉱ 이·착륙 속도 모두 감소

● $V_{min} = \sqrt{\dfrac{2W}{\rho S C_{Lmax}}}$

7. 비행중인 항공기의 항력이 추력보다 클 때의 비행상태로 옳은 것은?

㉮ 상승한다.
㉯ 등속도 비행한다.
㉰ 감속 전진 운동한다.
㉱ 가속 전진 운동한다.

▶ $F = ma = \dfrac{W}{g}a = T - D$,
$a = \dfrac{g(T-D)}{W} < 0$ ∴ $T < D$

8. 항공기가 상승하려면 다음 중 어느 조건이 만족되어야 하는가?

㉮ 필요마력이 최소한 이용마력보다는 커야 한다.
㉯ 필요마력과 이용마력이 같아야 한다.
㉰ 필요마력이 이용마력보다 적어야 한다.
㉱ 이용마력과 필요마력의 합이 그 비행기의 중력에다 속도를 곱한 값과 같아야 한다.

▶ 상승조건 $R.C > 0$, 상승률 $R.C = \dfrac{75(P_a - P_r)}{W}$

9. 연동되는 도움날개에서 발생하는 힌지모멘트가 서로 상쇄되도록 조종력을 경감하는 장치는?

㉮ Horn balance
㉯ Leading edge balance
㉰ Frise balance
㉱ Internal balance

▶ • 앞전 밸런스(Leading edge balance) : 조종면의 앞전을 길게 하여 조종력 경감
 • 혼 밸런스 (Horn balance) : 밸런스 역할을 하는 조종면을 플랩의 일부분에 집중시킴
 • 내부 밸런스 (Internal balance) : 플랩의 앞전이 밀폐, 압력차를 이용

10. 다음 유체의 흐름 중 층류 경계층과 난류 경계층의 비교이다. 옳지 않은 것은?

㉮ 난류 경계층의 두께는 층류층의 두께보다 크다.
㉯ 층류 경계층에서의 표면 저항력은 난류 경계층보다 크고 압력 항력은 적다.
㉰ 임계 레이놀즈수란 층류에서 난류로 변하는 천이 현상이 일어나는 레이놀즈수를 말한다.
㉱ 난류 경계층의 속도 구배는 층류 경계층보다 크다.

▶ 층류 경계층에서의 표면 저항력은 난류 경계층보다 작고, 흐름의 떨어짐 현상은 쉽게 일어난다.

11. 비행기의 무게가 2,000kg이고 날개면적이 10m²이다. 해발 고도에서의 실속속도가 80 km/h인 비행기의 최대양력계수(C_{Lmax})는 얼마인가? (단, 밀도가 0.125kg-sec²/m⁴)

㉮ 6.5   ㉯ 5.5
㉰ 4.4   ㉱ 5.8

▶ $C_{Lmax} = \dfrac{2W}{\rho V_{Ss}^2}$

12. 다음은 양항 극곡선의 그래프이다. ③번은 무슨 플랩인가?

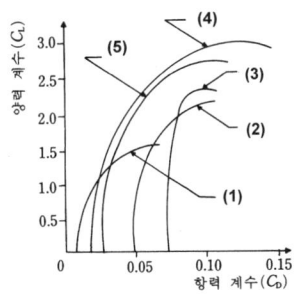

㉮ 슬롯　　㉯ 스플릿
㉰ 파울러　　㉱ 단순

▶ (1) : 기본단면, (2) : 플레인
　(4) : 파울러, (5) : 슬롯

13. Angle of Attack 이란?

㉮ 기축선과 Chord와의 각
㉯ 진행 방향과 Chord와의 각
㉰ Wind의 중심선과 Chord와의 각
㉱ 취부각과 붙임각의 차이

14. 선회(Turn) 비행시 외측으로 Slip 하는 이유는?

㉮ 경사각이 작고 구심력이 원심력보다 클 때
㉯ 경사각이 크고 구심력이 원심력보다 클 때
㉰ 경사각이 작고 원심력이 구심력보다 클 때
㉱ 경사각은 크고 원심력이 구심력보다 클 때

▶ 원심력($\frac{WV^2}{gR}$) > 구심력($L\sin\phi$)

15. Drag chute의 설명으로 틀린 것은?

㉮ 취급이 간단해 왕복엔진을 장착한 항공기에 사용
㉯ 비행중 spin이 되었을 때 회복에 사용
㉰ 강한 옆바람이 불면 방향이 바뀔 위험이 있다.
㉱ 속도를 줄인다.

▶ 고항력 장치에는 에어브레이크, 지상 스포일러, 역추력 장치, 제동 낙하산(Drag chute) 등이 있으며 드래그 슈트는 일부 제트기에만 장비되어 있음

1. ㉯	2. ㉰	3. ㉰	4. ㉯	5. ㉮
6. ㉱	7. ㉰	8. ㉰	9. ㉰	10. ㉯
11. ㉮	12. ㉯	13. ㉯	14. ㉱	15. ㉮

1996년도 기능사 1급  3회 항공역학

1. 다음은 국제표준대기를 설명한 것이다. 잘못 설명된 것은?

㉮ 760mmHg ㉯ 14.7psi
㉰ 15℃ ㉱ 32.92inHg

▶ ※ 국제표준대기(ISA)의 조건
① 건조공기로서 이상기체 상태방정식을 고도, 장소, 시간에 관계없이 만족할 것.
$P = \rho \cdot R \cdot T$
② 표준해면고도의 기압, 밀도, 중력가속도, 온도의 특정값
$\rho_0 = 1.225 kg/m^3 = 0.125 kgf \cdot s^2/m^4$
$t_0 = 15℃ = 288.16K$
$P_0 = 760mmHg = 101.3KPa = 29.92inHg$
$= 14.7psi$
$g_0 = 9.8066 m/s^2$
③ 고도 11.5km까지는 기온이 일정한 비율(6.5℃/km)로 감소하고, 그 이상의 고도에서는 -56.5℃로 일정

2. 다음 중에서 마하수를 구하는 공식으로 옳은 것은?

㉮ 음속/물체의 속도
㉯ 물체의 속도/음속
㉰ (음속/물체의 속도)^2
㉱ (물체의 속도/음속)^2

▶ $M_a = \dfrac{V}{C} \Rightarrow C = \sqrt{\gamma g RT}$
$(\gamma = 1.4, \ R = 287 m^2/s^2 \cdot K)$

3. 베르누이 방정식에 대한 설명 중 옳은 것은?

㉮ 정압과 동압의 합은 일정하다.
㉯ 동압은 속도에 비례
㉰ 정압은 유체가 갖는 속도로 인해 속도의 방향으로 나타나는 압력이다.
㉱ 유체의 속도가 증가하면 정압도 증가한다.

▶ $P(\text{정압}) + \dfrac{1}{2}\rho V^2(\text{동압}) = \text{전압} = \text{일정}$

4. 다음 중에서 익면하중이란 무엇인가?

㉮ 항공기 날개의 단위면적당 항력
㉯ 항공기 날개의 단위면적당 추력
㉰ 항공기 날개의 단위면적당 총중량
㉱ 항공기 날개에 걸리는 양력

▶ 익면하중(날개하중) $= \dfrac{W}{S}$

5. 비행기 무게가 150kg이고, 날개면적이 2.5m²인 비행기가 최대 양력 계수 1.56일 때 최소속도를 구하면? (단, 밀도는 0.125kg-sec²/m⁴이다.)

㉮ 89.3km/h ㉯ 115.2km/h
㉰ 128.9km/h ㉱ 156.5km/h

▶ $V_{min} = \sqrt{\dfrac{2W}{\rho S C_{Lmax}}} = 24.8 m/s = 24.8 * \dfrac{3,600}{1,000}$

6. 영각(Angle of Attack)이 커지면 풍압 중심은?

㉮ 뒤쪽으로 이동   ㉯ 정지하고 있음
㉰ 앞쪽으로 이동   ㉱ 위 다 틀린다.

7. 다음 중 가로안정에 영향을 미치지 않는 것은 무엇인가?

㉮ 수평꼬리날개   ㉯ 수직꼬리날개
㉰ 주익의 상반각   ㉱ 주익의 후퇴각

● ㉮는 세로안정성에 영향을 준다.

8. 다음 중 절대상승한도란?

㉮ 상승율이 0m/s가 되는 고도
㉯ 상승율이 0.5cm/s가 되는 고도
㉰ 상승율이 5m/s가 되는 고도
㉱ 상승율이 0.5m/s가 되는 고도

● 실용상승한계 : 0.5m/s, 운용상승한계 : 2.5m/s

9. 큰 날개의 쳐든각을 주는 이유는?

㉮ 익단실속 방지   ㉯ 옆미끄럼 방지
㉰ 선회 성능 향상   ㉱ 저항 감소

10. 무게가 4,500kg, 반경이 300m, 속도가 400km/h일 때 원심력은?

㉮ 18,900kg   ㉯ 19,500kg
㉰ 23,500kg   ㉱ 26,000kg

● $C.F = \dfrac{WV^2}{gR}$

11. 항공기가 기관이 정지한 상태에서 수직강하하고 있을 때 도달할 수 있는 최대속도를 종극속도라 한다. 종극속도는 어떠한 상태의 속도를 말하는가?

㉮ 항공기 총중량과 항공기에 발생되는 양력이 같은 경우
㉯ 항공기 총중량과 항공기에 발생되는 양력이 없는 경우 항력이 같아지는 속도
㉰ 항공기 양력의 수평분력과 항력의 수직분력이 같은 경우
㉱ 항공기 양력과 항력이 같은 경우

● V_D : 비행기가 수평상태로부터 급강하로 들어갈 때, 속도가 증가하여 그 속도 이상으로 증가하지 않는 종극의 최대 속도.

12. 무게중심(C.G)의 정의로 틀린 것은?

㉮ 항공기의 무게중심은 항공기가 설계될 때에 정해진다.
㉯ 항공기는 정해진 무게중심의 위치에 대해 이동가능한 범위 내에서 비행해야 한다.
㉰ 대수리 후에는 반드시 무게중심의 위치를 측정해야 한다.
㉱ 무게중심은 가능한 허용한계 내의 뒤에 있어야 이륙시 조종성능이 좋다.

● 무게중심의 위치는 공력중심의 위치보다 전방에 그리고 하방에 위치해야 안정성이 좋아진다.

13. Span이 10m, 면적이 20m²일 때, 가로세로비는?

㉮ 0.5   ㉯ 2
㉰ 4   ㉱ 5

● $A.R = \dfrac{b}{c} = \dfrac{b^2}{S} = \dfrac{S}{c^2}$

14. NACA 23015의 날개골에서 최대 캠버의 위치는?

㉮ 15%   ㉯ 20%
㉰ 23%   ㉱ 30%

● 2 : 최대캠버의 크기가 시위의 2%
  3 : 최대캠버의 위치가 시위의 15%
  0 : 평균캠버선이 뒤쪽 반이 직선(1 : 곡선)
  15 : 최대의 두께가 시위의 15%

15. 다음 중 이륙 거리는 무엇인가?

㉮ 15m 고도에 도달하기까지의 지상 수평 거리
㉯ 주륜이 땅에서 떠올라 가는 지점까지의 지상 수평거리
㉰ 양력이 최대가 되는 거리
㉱ 항력이 최대가 되는 거리

● 이륙거리=지상활주거리+장애물고도까지 이륙하는데 소요되는 상승 거리
  <장애물고도> · 프로펠러기 : 15m(50ft)
              · 제트기 : 10.7m(35ft)

1. ㉱	2. ㉯	3. ㉮	4. ㉰	5. ㉮
6. ㉰	7. ㉮	8. ㉮	9. ㉯	10. ㉮
11. ㉯	12. ㉱	13. ㉱	14. ㉮	15. ㉮

1996년도 기능사 1급 4회 항공역학

1. 다음 중에서 1기압이란?

㉮ 29.92inHg, 14.7psi, 1,014mmbar
㉯ 29.92inHg, 14.8psi, 1,013mmbar
㉰ 29.92inHg, 14.7psi, 1,013mmbar
㉱ 29.92inHg, 14.9psi, 1,014mmbar

● $P_0 = 760mmHg = 101.3KPa$
  $= 29.92inHG = 14.7psi$

2. 천음속 구간에서의 마하수는?

㉮ M=0.5 ㉯ M=1.0
㉰ M=2.0 ㉱ M=5.0

3. 점성의 영향을 무시하고 흐름을 해석한 경우는?

㉮ 압축성 유체 ㉯ 정상 흐름
㉰ 실제 유체   ㉱ 이상 유체

● ① 압축성 유체 : 다른 성질의 변화에 대하여 유체의 밀도 변화를 고려해야 하는 유체
② 비압축성 유체 : 밀도 변화가 아주 작아서 무시될 수 있는 유체
③ 정상흐름 : 유체에 가하는 압력을 시간의 경과에도 일정하게 유지되는 흐름
④ 비정상흐름 : 시간의 경과에 따라 주어진 한 점에서의 밀도, 속도, 압력 등이 시간에 따라 변하는 흐름
⑤ 점성흐름(실제유체) : 점성의 영향을 고려해야하는 실제 흐름
⑥ 비점성흐름(이상유체) : 점성을 고려하지 않은 이상유체 흐름

4. 다음 중에서 천이를 좌우하는 요소와 관계가 먼 것은?

㉮ 초기흐름 내의 난류 존재 여부
㉯ 레이놀즈수의 크기
㉰ 표면 상태
㉱ 경계층의 유무

● 경계층 : 점성의 영향이 뚜렷한 벽 가까운 구역의 가상적인 층

5. 항공기 날개가 양력이 발생하기 때문에 나타나는 항력은?

㉮ 유도 항력 ㉯ 압력 항력
㉰ 마찰 항력 ㉱ 형상 항력

● 항력=유해항력+유도항력=(형상+조파)항력+유도항력={(압력+마찰)+조파}항력+유도항력

6. 항공기 날개 설계시 두께는 시위에 비해 어느 정도로 하는 것이 가장 적당한가?

㉮ 시위의 5%   ㉯ 시위의 8%
㉰ 시위의 12% ㉱ 시위의 20%

7. 뒤젖힘 날개의 장점은?

㉮ 충격파의 발생 지연
㉯ 익단 실속 방지
㉰ 구조적 안전으로 초음속기에 적합
㉱ 유도 항력을 무시 할 수 있다

뒷젖힘 날개는 날개 끝에서 실속현상이 먼저 일어나므로 실속특성이 좋지 않으나, 정적 가로안정에 큰 기여를 하며 임계마하수를 증가시킨다.

8. 해발고도(ρ_0=0.125kg-s²/m⁴)에서 실속속도 V_S=100km/h인 비행기의 고도 2,200m(ρ=0.1kg-s²/m⁴)상공에서의 실속 속도 V_S를 구하면 몇 km/h인가?

㉮ 100km/h   ㉯ 112km/h
㉰ 134km/h   ㉱ 220km/h

● $W = C_L \frac{1}{2} \rho V^2 S = C_L \frac{1}{2} \rho_0 [V_0]^2 S$,
$\rho V^2 = \rho_0 [V_0]^2$
$V = V_o \sqrt{\frac{\rho_o}{\rho}} = 100 \sqrt{\frac{0.125}{0.1}}$

9. 다음 중에서 대칭인 날개골은 무엇인가?

㉮ NACA 0022   ㉯ NACA 22022
㉰ NACA 2412   ㉱ CLARK Y

● CLARK Y : 저속비행기에 많이 사용되는 성능이 좋은 날개골로서 밑면이 직선으로 되어있다.

10. 무게가 3,000kg인 항공기가 경사각이 30°, 속도 150km/h로 정상선회를 하고 있을 때, 선회 반지름은 몇 m인가?

㉮ 306.8m   ㉯ 346.4m
㉰ 1,500m   ㉱ 1,732m

● $R = \frac{V^2}{g \tan \theta}$

11. 날개의 종횡비가 비행특성에 미치는 영향으로 틀린 것은?

㉮ 종횡비가 클수록 양력 발생이 많다.
㉯ 종횡비가 클수록 유도항력이 감소한다.
㉰ 큰 종횡비는 활공기류에 많이 사용한다.
㉱ 양항비와는 관계 없다.

● 종횡비=가로세로비(AR)

12. 양항비가 15인 활공기가 고도 500m에서 활공할 때 수평 활공거리는 얼마인가?

㉮ 500m   ㉯ 7,500m
㉰ 10,000m   ㉱ 15,000m

● $\tan \theta = \frac{1}{양항비} = \frac{H}{s}$
∴ $S = h \times 양항비 = 15 \times 500$

13. 쳐든각은 어느 축의 안정과 관련되는가?

㉮ 수직축
㉯ 가로축
㉰ 세로축
㉱ 상반각은 안정성과 관계없고 양력과 관계된다

● 가로안정-세로축

14. 최근 항공기의 비행성능을 좋게 하기 위하여 날개 끝부분에 Winglet을 장착하는데 이의 주목적은 무엇인가?

㉮ 양력 증가   ㉯ 유도항력 감소
㉰ 마찰항력 감소 ㉱ 실속 방지

● 날개끝에서는 날개 상하면에 생기는 압력차이로 날개 아랫면에서 윗면으로 향해 공기흐름(up wash)이 생겨 유도 받음각을 감소시켜 양력이 감소되나, 윙넷을 설치하여 유도 항력을 감소시켜 실질적으로 종횡비를 크게 한 것과 같은 효과를 준다.

15. 그림의 에어포일 설명 중 틀린 것은?

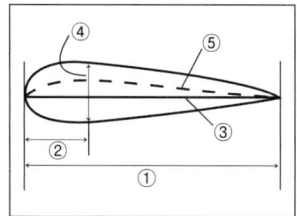

㉮ ① 시위길이
㉯ ② 최대캠버위치
㉰ ③ 평균캠버선
㉱ ④ 두께

● ③ - 시위선, ⑤ - 평균캠버선

1. ㉰	2. ㉯	3. ㉱	4. ㉱	5. ㉮
6. ㉰	7. ㉮	8. ㉯	9. ㉮	10. ㉮
11. ㉱	12. ㉯	13. ㉰	14. ㉯	15. ㉰

1996년도 기능사 1급 5회 항공역학

1. 평균 공력 시위(M.A.C)란?

㉮ 날개의 특성을 대표하는 시위
㉯ 날개의 끝 시위
㉰ 날개의 뿌리 시위
㉱ 날개의 중앙에 위치한 시위

● Mean Aerodynamic Chord

2. 형상항력은 다음 중 어떠한 항력은 의미하는가?

㉮ 압력항력과 표면 마찰항력이다.
㉯ 압력항력과 유도항력이다.
㉰ 표면 마찰항력과 유도항력이다.
㉱ 유해항력과 유도항력이다.

● 항력의 종류
1. 유도항력: 날개에서는 윗면의 압력이 작고 아랫면의 압력이 커서 양력이 발생하지만 날개끝에서는 이러한 압력차에 의해 와류가 발생되며 이 와류에 의해 발생하는 항력
2. 유해항력
 가. 형상항력-물체의 모양에 따라 크기가 달라짐
  ① 압력항력: 흐름이 물체 표면에서 떨어져 하류쪽으로 와류를 발생시키기 때문에 생기는 항력
  ② 마찰항력: 물체 표면과 유체사이에서 발생하는 점성 마찰에 의한 항력
 나. 간섭항력: 날개, 동체 및 랜딩기어 등의 동체 각 구성품을 지나는 흐름이 서로 간섭을 일으켜서 발생
 다. 조파항력: 초음속시 날개표면에 충격파가 발생하고 충격파 뒤에 흐름의 떨어짐 현상이 생겨 항력 발생

3. 에어포일 형상중 앞전과 뒷전을 연결한 직선은?
㉮ 두께   ㉯ 캠버
㉰ 시위   ㉱ 윗면

● 캠버 : 시위와 평균캠버선과의 거리

4. 층류 날개골의 특징 중 맞는 것은?

㉮ 앞전 반경이 크다.
㉯ C_{Lmax}이 크다.
㉰ 최저 부(-)압점을 후퇴시켜 천이점을 늦춘다.
㉱ 최대 두께가 가능한 앞쪽에 위치.

● 고속기 날개골의 종류
① 층류 날개골 : 얇고 캠버가 적으며 최대 날개 두께의 위치가 날개 코드 중앙부에 위치하여, 날개 표면의 흐름을 층류경계층으로 만들어 마찰 저항을 감소시키며 충격파의 발생을 지연
② 피키 날개골 : 층류 날개골보다 앞전 반경이 조금 크고 그 후 날개 뒷면의 변화를 적게 하여 시위앞부분에서의 압력 분포를 뾰족하게 함
③ 초임계 날개골 : 앞전 반경이 비교적 크고 날개 윗면이 평평하지만 뒷전 가까이는 얇은 동시에 곡률을 가져 그 형상 특성에 의해 충격파는 날개 전방부에서 발생하고 약함

5. 다음 설명 중 맞는 것은?

$$\text{NACA} \quad \underset{③}{2} \quad \underset{②}{2} \quad \underset{①}{10}$$
(위에 ④)

㉮ ① 최대 캠버가 시위의 10%
㉯ ② 최대 캠버의 위치가 뒷전에서 20%에 위치
㉰ ③ 최대 캠버가 최대 두께의 20%에 위치
㉱ ④ NACA 4자 계열 날개로 호칭

6. 충격파의 영향이라고 볼 수 없는 것은?

㉮ 조파항력   ㉯ 경계층 박리
㉰ 마찰항력   ㉱ 충격실속

7. 경계층의 박리현상을 잘 설명한 것은?

㉮ 층류가 난류로 변하는 현상
㉯ 레이놀즈수가 작을 때 일어난다
㉰ 흐름 속에 진동이 있는 현상
㉱ 물체표면의 경계층이 표면에서 떨어져 나가는 현상

▶ ㉮는 천이 현상

8. 유체 흐름을 쉽게 해석하기 위하여 이상 유체(Ideal Fluid)를 설정한다. 다음 중 이상 유체의 전제 조건으로 알맞은 것은?

㉮ 밀도 변화가 없다.
㉯ 온도 변화가 없다.
㉰ 흐름속도가 일정하다.
㉱ 점성의 영향을 무시한다.

▶ ㉮는 비압축성 유체

9. 음속에 대한 설명중 올바른 것은?

㉮ 음속은 고도가 증가할수록 빨라진다.
㉯ 음속은 온도가 증가할수록 빨라진다.
㉰ 음속은 밀도가 증가할수록 빨라진다.
㉱ 음속은 밀도가 증가할수록 느려진다.

▶ $C(음속) = C_0\sqrt{\dfrac{273+t}{273}}$
($C_0 = 331.2 \text{m/s}$, T = 온도(℃))

10. 무게가 2,000kg인 비행기가 5,000m 상공($\rho=0.075$)에서 급강하할 때 $C_D=0.030$이고, W/S = 274kg/m²일 때 이 때의 급강하속도는?

㉮ 108m/s   ㉯ 117m/s
㉰ 493.5m/s   ㉱ 937.4m/s

▶ $W = D = C_d \dfrac{1}{2}\rho V^2 S$, $V_D = \sqrt{\dfrac{2W}{C_D S \rho}}$

11. 항공기가 이륙시 엘리베이터의 조작은?

㉮ 중립 위치에서 아래로 내린다.
㉯ 중립 위치에서 위로 올린다.
㉰ 중립 위치에서 고정시킨다.
㉱ 중립 위치에서 아래로 내린 후 다시 위로 올린다.

12. 어떤 비행기가 230km/h로 비행하고 있다. 이 비행기의 상승률이 8m/s라고 하면 이 비행기의 상승각은 얼마로 볼 수 있는가?

㉮ 4.8°   ㉯ 5.2°
㉰ 7.2°   ㉱ 9.4°

▶ R.C = $V\sin\theta$,
$\sin\theta = \dfrac{R.C}{V} = \dfrac{8}{(230 \div 3.6)} = 0.125$,
$\theta = \sin^{-1} 0.125$

13. 다음은 압력중심에 관한 설명이다. 옳지 못한 것은?

㉮ 날개의 압력이 작용하는 합력점이다.
㉯ 압력중심까지의 거리와 시위선과의 비 (%)로 나타낸다.
㉰ 보통의 날개에서 받음각이 커지면 압력 중심은 뒤로 이동한다.
㉱ 압력 중심의 이동이 크면 비행기의 안 정성이 좋지 않다.

● 보통의 날개에서 받음각이 커지면 압력중심은 앞으로 이동한다.

14. 비행기의 실속에 대한 설명 중 틀린 것은?

㉮ 비행기의 고도를 유지할 수 없는 상태
㉯ 받음각이 실속각보다 클 때
㉰ 초음속 비행기일수록 실속 특성이 좋다.
㉱ 테이퍼 날개는 날개익단부터 실속이 일어난다.

● 초음속 비행기는 대부분 뒤젖힘각을 가지고 있기 때문에 날개 끝부분에서 실속이 먼저 발생하므로 실속특성이 좋지 않다.

15. 다음 그림은 수송기의 V-n 선도에 관한 것이다. A와 D의 연결선은 무엇을 말하는가?

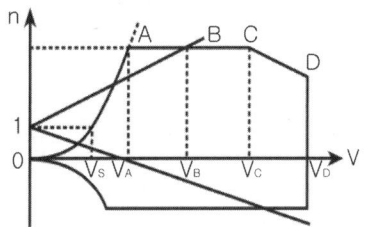

㉮ 양력계수
㉯ 돌풍하중배수
㉰ 설계상 주어진 하중배수
㉱ 설계순항속도

● V_A : 설계 기동 속도
V_B : 설계 운용 돌풍 속도
V_C : 설계 순항 속도
V_D : 설계 급강하 속도

1. ㉮	2. ㉮	3. ㉰	4. ㉰	5. ㉱
6. ㉰	7. ㉱	8. ㉱	9. ㉯	10. ㉰
11. ㉯	12. ㉰	13. ㉰	14. ㉰	15. ㉰

1997년도 기능사 1급 1회 항공역학

1. 다음 중 에어포일 호칭법으로 틀린 것은?

㉮ NACA 4자 ㉯ NACA 5자
㉰ NACA 400계열 ㉱ CLARK Y

2. 다음 중 날개 윗면을 돌출시켜 간섭항력을 일으키고 양력을 감소시키는 장치는 어느 것인가?

㉮ Flap ㉯ Slot
㉰ Spoiler ㉱ 경계층 제어장치

● Spoiler
① 공중 스포일러 : 좌우 대칭으로 펼치면 에어브레이크 역할, 보조날개와 연동으로 비대칭으로 펼치면 보조 날개의 역할을 보조
② 지상 스포일러 : 착륙 접지후 펼쳐서 양력을 감소시켜 바퀴 브레이크의 효과를 높이고 항력을 증가시킴

3. 날개의 공기력에 관한 설명중에서 가장 올바른 것은?

㉮ 날개에 양력이 발생하는 것은 날개 윗면에서는 유속이 느리고, 아래에선 유속이 빠르기 때문이다.
㉯ 물체 주위에 와류가 생기면 그 물체는 양력을 받게 되는데, 이러한 양력을 쿠타-쥬코스키 양력이라 한다.
㉰ 날개를 지나는 흐름은 윗면은 정(+)압이고, 아랫면은 부(-)압이다.
㉱ 출발와류와 속박와류의 중심축은 흐름 방향에 평행한다.

● 선형흐름+순환흐름=양력 발생(쿠타-쥬코스키 양력)

4. 항공기 기수를 우측으로 선회할 경우 관련 Moment가 맞는 것은?

㉮ 음(-)의 롤링 모멘트
㉯ 양(+)의 요잉 모멘트
㉰ 양(+)의 피칭 모멘트
㉱ 제로 롤링 모멘트

● • 기수가 상하로 움직임 : 키놀이(pitching) 모멘트-기수가 상승시 (+)모멘트
• 기수가 좌우로 움직임 : 빗놀이(yawing) 모멘트-기수가 우측으로 향할 때 (+) 모멘트
• 기체축을 중심으로 회전 : 옆놀이(rolling) 모멘트-기체가 우측으로 회전시 (+) 모멘트

5. 항공기의 정적안정성이 작아지면 조종성과 평형을 유지시키려는 힘의 변화는 어떻게 되겠는가?

㉮ 조종성은 감소하고, 평형은 쉬워진다.
㉯ 조종성은 증가하고, 평형은 어려워진다.
㉰ 조종성은 증가하고, 평형은 쉬워진다.
㉱ 조종성은 감소하고, 평형은 어려워진다.

● 안정성과 조종성은 서로 반대의 성격을 지님.

6. 다음 중 쳐든각 효과를 주는 목적으로 가장 적당한 것은?

㉮ 유도 저항 감소 ㉯ 익단 실속 방지
㉰ 선회 성능 향상 ㉱ 옆미끄럼 방지

7. 날개 두께의 이등분점을 연결한 선을 무엇이라고 하는가?

   ㉮ 앞전 반지름   ㉯ 평균 캠버선
   ㉰ 캠버   ㉱ 시위선

   • 앞전 반지름: 앞전 곡선에 내접하도록 그린 원의 반지름
   • 캠버: 시위선에서 평균캠버선까지의 길이
   • 시위: 앞전과 뒷전을 연결한 직선.

8. 항공기 중량이 1,500kg이고, 공기밀도는 0.125 kg-sec^2/m^4, 날개면적이 40m^2, C_{Lmax}이 1.5일 때 이 항공기의 착륙속도는 얼마인가? (단, 착륙속도는 실속속도의 1.2배이다.)

   ㉮ 12m/s   ㉯ 16m/s
   ㉰ 20m/s   ㉱ 24m/s

   $V_S = \sqrt{\dfrac{2W}{C_{Lmax}S\rho}}$, 착륙속도=1.2×$V_S$

9. 비행중인 항공기의 항력이 추력보다 클 때의 비행 상태로 옳은 것은?

   ㉮ 상승한다.
   ㉯ 등속도 비행한다.
   ㉰ 감속 전진한다.
   ㉱ 가속 전진 운동한다.

   T>D : 가속비행
   T=D : 등속비행
   T<D : 감속비행

10. 항공기가 수평비행을 하다가 급강하하면 급강하 속도는 어떻게 되는가? (단, 추력은 없다)

    ㉮ 계속 증가한다.
    ㉯ 처음에는 감소하다 증가한다.
    ㉰ 처음에는 증가하다 감소한다.
    ㉱ 처음에는 증가하다 어느 점이 되면 일정하다.

11. 대기의 설명으로 잘못된 것은?

    ㉮ 대기 속에서 양력과 추력을 얻을 수 있다.
    ㉯ 대기의 성분은 시간과 장소에 따라 변한다.
    ㉰ 고도가 증가함에 따라 대기의 성분이 변한다.
    ㉱ 대기의 성분비가 일정한 곳을 균질권, 일정하지 않은 곳을 비균질권이라 한다.

    고도 80Km까지는 균질권, 그 이상은 비균질권임

12. 비행속도를 Va(ft/s), 진추력을 Fn(lb)이라고 할 때, 추력 마력 THP를 구하는 식으로 옳은 것은?

    ㉮ $THP = Fn \times \dfrac{Va}{75}$
    ㉯ $THP = Fn \times \dfrac{Va}{550}$
    ㉰ $THP = Fn \times \dfrac{75}{Va}$
    ㉱ $THP = Fn \times \dfrac{75}{Va}$

    마력=추력×속도
    1PS(마력)=75kg·m/sec,
    1HP(마력)=550ft·lb/sec

13. 양력은 증가하고 항력은 감소하는 에어포일의 명칭은?

    ㉮ 피키 에어포일(Peaky Airfoil)
    ㉯ 층류 에어포일(Laminar Flow airfoil)
    ㉰ 뭉크 에어포일(Munk airfoil)

㉣ 클라크 와이(Clark Y)

● 클라크 와이형 날개골은 밑면이 직선인 날개골이다.

14. 연속 방정식 $\rho_1 A_1 V_1 = \rho_2 A_2 V_2$의 설명으로 틀린 것은?

㉮ $\rho_1 = \rho_2$일 때 비압축성이다.
㉯ A와 V는 반비례 관계이다.
㉰ AV는 Constant이다.
㉱ 에너지 보존 법칙으로 설명할 수 있다.

● 연속 방정식은 질량 보존의 법칙으로 설명할 수 있다.

15. 밀도가 0.1kg-s²/m⁴이고, 비행기 속도가 100m/s이면 동압은 얼마인가?

㉮ 100kg/m² ㉯ 500kg/m²
㉰ 1,000kg/m² ㉱ 1,500kg/m²

● $q = \frac{1}{2}\rho V^2$

1. ㉰	2. ㉰	3. ㉯	4. ㉯	5. ㉯
6. ㉱	7. ㉯	8. ㉰	9. ㉰	10. ㉱
11. ㉰	12. ㉯	13. ㉯	14. ㉱	15. ㉯

1997년도 기능사 1급 2회 항공역학

1. 밸런스 역할을 하는 조종면을 그림과 같이 플랩의 일부분에 집중시키는 조종력 경감장치의 명칭은?

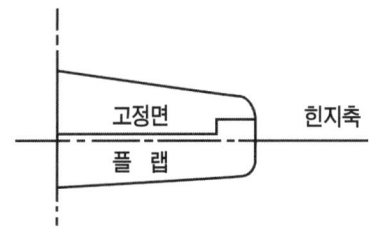

㉮ 앞전 밸런스 ㉯ 혼 밸런스
㉰ 내부 밸런스 ㉱ 프리즈 밸런스

2. 다음 중에서 비행기 수직꼬리날개의 역할은 무엇인가?

㉮ 키놀이 진동 감쇄
㉯ 빗놀이 진동 감쇄
㉰ 옆놀이 진동 감쇄
㉱ 모두 맞다

● 수직꼬리날개는 방향안정에 일차적인 영향을 주며 가로안정에도 중요한 영향을 준다.

3. TAPER WING에서 TIP STALL이 발생하기 쉽다. 이 때의 방지책은 무엇인가?

㉮ SLAT을 TIP 부근에 사용
㉯ 테이퍼를 크게 한다.
㉰ 상반각을 준다.
㉱ WING TIP쪽의 받음각이 WING ROOT 쪽의 받음각보다 크게 한다.

● 날개끝 실속 방지법
① 테이퍼를 크지 않게 한다.
② 기하학적 비틀림을 준다.
  (wash out - 날개뿌리에서 끝으로 감에 따라 받음각이 작아지도록 날개에 앞내림을 줌)
③ 날개끝 부분에 실속 특성이 좋은 날개골(두께비, 앞전 반지름, 캠버가 큰 날개골)을 사용한다.-공력적 비틀림
④ 날개 뿌리에 실속판인 스트립(strip)을 붙인다.
⑤ 날개끝 부분에 슬롯(slot)을 설치한다.

4. 비행기 항력을 결정하는 것 중 가장 큰 비중을 차지하는 요소는?

㉮ 밀도   ㉯ 면적
㉰ 속도   ㉱ 압력

5. 다음 4자계열 날개의 설명중 틀린 것은? (NACA 2412)

㉮ 최대 캠버가 시위의 2%
㉯ 최대 두께가 시위의 12%
㉰ 앞의 두 자리가 00인 경우 대칭인 날개골을 말한다.
㉱ 최대 캠버의 위치가 앞전으로부터 시위의 4%에 있다.

6. 날개골 설계의 주요점은?

㉮ C_{Lmax}가 크고 C_{Dmin}이 작도록 한다.
㉯ 항력을 적게 한다.
㉰ 두께를 얇게 한다.

㉣ 캠버를 크게 한다.

7. 비행기의 저속성능을 높이기 위해 스플릿 플랩을 사용하였다. 이 때의 상태로 바른 것은?

㉮ 양력, 항력 감소
㉯ 양력감소, 항력 증가
㉰ 양력, 항력 증가
㉣ 양력 증가, 항력 감소

● 스플릿 플랩은 평균 캠버선의 곡률을 증가시켜 줌으로서 C_{Lmax}를 크게 해 주고 항력을 증가시켜준다

8. 직사각형 날개의 가로세로비(AR)로 틀린것은?

㉮ $\dfrac{b}{c}$ ㉯ $\dfrac{b^2}{s}$
㉰ $\dfrac{s}{c^2}$ ㉣ $\dfrac{c^2}{s}$

9. 주어진 한점에서의 유체흐름상 정상흐름과 비정상 흐름을 좌우하는 요소와 관계없는 것은?

㉮ 점성   ㉯ 속도
㉰ 밀도   ㉣ 압력

● 점성은 이상유체(비점성흐름)와 실제유체(점성흐름)를 구별하는 요소이다.

10. 고도 2,300m에서 비행기가 825km/h로 비행할 때 마하수는?

(단, 음속 $C = C_0 \sqrt{\dfrac{(273+t)}{273}}$, C_0=330m/s)

㉮ 0.7   ㉯ 1.6
㉰ 2.5   ㉣ 3.0

● ① 고도 2,300m에서의 온도
$t = 15 - (6.5 \times 2.3) = 0.05$

② 고도 2,300m에서의 음속
$C = 330 \sqrt{\dfrac{(273+0.05)}{273}} = 330$

③ 고도 2300m에서의 마하수
$M = \dfrac{825 \div 3.6}{330}$

11. 국제표준대기(ISA) 기준과 관계가 먼 것은?

㉮ 상태방정식 만족
㉯ 해발고도 밀도는 0.12492kgs²/m⁴
㉰ 고도 상승에 관계없이 온도 -56.5℃ 유지
㉣ 항공기의 설계운용에 기준이 되는 대기 상태

● 고도 11Km까지는 1Km당 -6.5℃씩 감소하고, 그 이상은 -56.5℃로 일정

12. 무게가 3,200kg인 비행기가 경사각 30인 정상선회 비행을 할 때 이 비행기의 원심력은?

㉮ 18.47kg   ㉯ 184.7kg
㉰ 1,847kg   ㉣ 18,470kg

● $\tan\phi = \dfrac{\text{원심력}}{W}$, 원심력 = $W \cdot \tan\phi$

13. 비행기가 동안정성이 (+)인 비행 상태를 옳게 설명한 것은?

㉮ 진동 증가
㉯ 진동 감소
㉰ 진동이 일정하게 유지된다.
㉣ 감소하다가 증가한다.

● ① 정적안정 : 원래의 평형상태로 되돌아가려는 비행기의 초기 경향
② 동적안정 : 시간이 지남에 따라 운동의 진폭이 감소되는 것

14. 다음 중 옆놀이 안정과 관계없는 것은?

㉮ 큰날개의 쳐든각
㉯ 큰날개의 후퇴각
㉰ 수평꼬리날개
㉱ 수직꼬리날개

● 옆놀이 안정(가로안정)에 영향을 주는 요소; 쳐든각, 후퇴각, 수직꼬리날개

15. 최대 양력계수를 넘은 받음각에서는 갑자기 양력이 감소하는 원인으로 가장 적절한 것은?

㉮ 유도항력의 갑작스런 증가
㉯ 공기의 박리
㉰ 마찰의 증가
㉱ 층류에서 난류로 천이

● 실속(stall) : 실속각 이상에서는 박리 현상(seperation)에 의해 양력 감소, (압력)항력 증가

1. ㉯	2. ㉯	3. ㉮	4. ㉰	5. ㉱
6. ㉮	7. ㉰	8. ㉱	9. ㉮	10. ㉮
11. ㉰	12. ㉰	13. ㉯	14. ㉰	15. ㉯

1997년도 기능사 1급 3회 항공역학

1. 다음 그래프를 보고 설명한 것 중 부적절한 것을 고르시오.

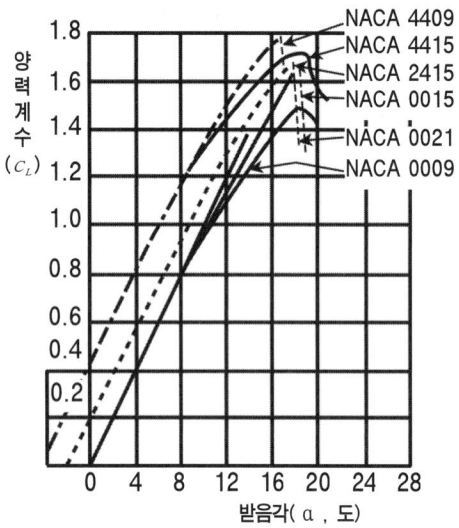

㉮ α가 커질수록 C_L이 최대값까지 증가한다.
㉯ 날개골의 두께는 적절해야 한다.
㉰ 최대 캠버가 클수록 C_L이 증가
㉱ α_S를 넘으면 C_L은 급격히 감소

● 이 그래프는 각 날개골의 받음각과 양력계수와의 관계를 나타낸 것이다.

2. 뒤젖힘(sweep back) 날개를 가진 항공기의 날개 앞전에서의 수직방향 흐름속도 V_2는?

㉮ $V_2 = V \cdot \tan\lambda$ ㉯ $V_2 = V \cdot \cos\lambda$
㉰ $V_2 = V \cdot \sin\lambda$ ㉱ $V_2 = \dfrac{V}{\cos\lambda}$

● 뒤젖힘 날개에서 수직방향 흐름속도: $V_2 = V \cdot \cos\lambda$
V_2(날개 시위방향 속도)가 V(비행속도)보다 작기 때문에 뒤젖힘 날개는 임계마하수를 증가시킬 수 있다.

3. 수직꼬리날개가 실속하는 큰 미끄럼각에서도 방향안정성을 유지하기 위한 효과적인 장치는?

㉮ 윙렛   ㉯ 도살핀
㉰ 서보 탭   ㉱ 파울러 플랩

● • 윙렛: 날개 끝에 유도항력을 줄이는 장치
• 서보탭: 조종력 경감장치로서 조종장치와 직접 연결
• 파울러 플랩: 플랩 중 가장 효율이 좋음.

4. 다음 중 날개 실속을 방지하기 위한 노력이 아닌 것은?

㉮ slot 설치
㉯ fense 설치
㉰ 경계층을 제어한다.
㉱ 받음각을 크게 한다.

● 받음각이 실속각 이상이면 실속 현상이 발생

5. 항공기 무게가 5,000kgf, 날개 면적이 50 m², 밀도가 1/8kgf-sec²/m⁴이고, C_{Lmax}이 1.56일 때, V_{min}은 얼마인가?

㉮ 0.32m/s   ㉯ 1.32m/s
㉰ 13.2m/s   ㉱ 32m/s

6. 상반각에 대한 설명 중 옳은 것은?
㉮ 저항을 작게 해준다.
㉯ 선회성능을 좋게 해준다.
㉰ 익단실속을 방지해 준다.
㉱ 횡활(side slip)을 방지

7. 32.2LBS의 공기를 200ft/sec² 로 가속하는 데 필요한 힘은?
㉮ 20LBS ㉯ 200LBS
㉰ 400LBS ㉱ 800LBS

▶ $F = ma = \dfrac{W}{g}\Delta V = \dfrac{W}{g}(V_2 - V_1)$
$= \dfrac{32.2}{32.2}(200-0)$
($g = 9.8 \, m/sec^2 = 32.2 \, ft/sec^2$)

8. 대기권에서 T=T₀−0.0065H으로 계산할 수 있다. 다음 설명 중 틀린 것은?
㉮ $T_0 = 15\,℃$
㉯ 고도변화에 따라 온도가 균일적으로 변화한다.
㉰ 대기권 어디서나 적용된다.
㉱ 지표 1km 상승시 온도가 6.5℃씩 감소

▶ 대기권은 대류권, 성층권, 중간권, 열권, 극외권으로 구분할 수 있으며 위 공식은 대류권에서만 적용된다.

9. 다음 중 양력발생을 설명할 수 있는 원리는?
㉮ 파스칼의 원리
㉯ 작용, 반작용의 법칙
㉰ 연속방정식, 베르누이 정리
㉱ 가속도의 법칙

▶ • 파스칼의 원리 : 유압을 이용한 기기의 기본 원리로서 밀폐된 용기 안에 가득 채운 유체에 가한 압력은 모든 방향에 대하여 동일하게 전달된다.
• 작용, 반작용의 법칙 : 뉴튼의 제3법칙 - 가스 터빈 기관의 기본 법칙
• 가속도의 법칙 : 뉴튼의 제2법칙 - 가스 터빈 기관의 기본 법칙

10. 비행기의 날개 윗면에서 천이 현상이 일어난다. 그 현상은 다음 중 어느 것인가?
㉮ 표면에서 공기가 떨어져 나가는 현상
㉯ 층류에서 난류로 변하는 현상
㉰ 정상류에서 비정상류로 바뀌는 현상
㉱ 풍압중심이 이동하는 현상

▶ ㉮는 박리(separation)현상

11. 베르누이의 방정식은?
㉮ $\rho VA =$ 일정
㉯ $AV =$ 일정
㉰ $P + \dfrac{1}{2}V^2 = P_t$
㉱ 정압+동압=전압

▶ $P + \dfrac{1}{2}\rho V^2 = P_t$

12. 날개골의 명칭에 대한 정의로 틀린 것은?
㉮ 앞전 : 날개골의 앞부분의 끝
㉯ 뒷전 : 날개골의 뒷부분의 끝
㉰ 시위 : 날개골을 이등분하는 중앙선
㉱ 캠버 : 시위선에서 평균 캠버선까지의 거리

13. 다음 중 어느 때 가로방향불안정(Dutch roll)이 발생하는가?
㉮ 항공기가 실속에 들어갈 때 발생
㉯ 정적방향안정보다 쳐든각효과가 클 때

㉰ 엘리베이터를 급격히 조작하였을 때
㉱ 추력이 급격히 떨어질 때

● ① 가로 방향 불안정 : 더치롤이라고도 하며 가로 진동과 방향 진동이 결합된 것으로서 동적으로는 안정하지만 진동성질이 문제가 됨.
② 나선 불안정 : 정적 방향 안정성이 정적 가로 안정성보다 훨씬 클 때 나타남.

14. 항공기 동안정성이 (+)일때의 변화는?
㉮ 진동이 감소
㉯ 진동이 감소, 기수내림현상
㉰ 진동이 증가
㉱ 진동이 증가, 기수올림현상

● • 양(+)의 정안정성 ; 교란을 받은 항공기가 초기의 상태로 되돌아오려는 경향을 가짐.
• 양(+)의 동안정성 : 교란을 받은 항공기가 진동이 시간이 갈수록 감소

15. 가로세로비가 9인 날개의 시위길이가 1m라면, 스팬의 길이는?
㉮ 7m ㉯ 9m
㉰ 12m ㉱ 18m

● $A \cdot R = \dfrac{b}{C} = \dfrac{S}{C^2} = \dfrac{b^2}{S}$

1. ㉯	2. ㉯	3. ㉯	4. ㉱	5. ㉱
6. ㉱	7. ㉯	8. ㉰	9. ㉰	10. ㉯
11. ㉱	12. ㉰	13. ㉯	14. ㉮	15. ㉯

1997년도 기능사 1급 4회 항공역학

1. 아음속 흐름과 초음속 흐름과의 비교시 가장 두드러진 차이는?

㉮ 점성 작용 ㉯ 압축성 효과
㉰ 마찰 효과 ㉱ 가속 작용

▶ 공기의 압축성 효과를 나타내는 데 가장 중요하게 사용되는 무차원수는 마하수(Mach number)이다.(압축성 유체: 다른 성질의 변화에 대해 유체의 밀도 변화를 고려해야 하는 유체)

2. 에일러론이 작동하는 경우 내리는 조종면보다 올리는 조종면을 크게 하는 이유에 대한 설명 중 맞는 것은?

㉮ 빗놀이 운동을 방지하기 위하여
㉯ 착륙성능을 좋게 하기 위하여
㉰ 상승각을 크게 하기 위하여
㉱ 에일러론의 열림을 방지하기 위하여

▶ 비행기에서 올림과 내림의 작동 범위가 서로 다른 차동 도움 날개를 사용하는 것은 도움 날개 사용시 유도 항력 크기가 다르기 때문에 발생하는 역빗놀이(adverse yaw)를 작게 하기 위한 것이다.

3. 정적안정과 동적안정에 대한 설명중 맞는 것은?

㉮ 동적안정이 (+)이면 정적안정은 반드시 (+)이다.
㉯ 동적안정이 (-)이면 정적안정은 반드시 (-)이다.
㉰ 정적안정이 (+)이면 동적안정은 반드시 (+)이다.
㉱ 정적안정이 (-)이면 동적안정은 반드시 (+)이다.

▶ 일반적으로 정적 안정이 있다고 해서 동적 안정이 있다고는 할 수 없지만, 동적 안정이 있는 경우에는 정적 안정이 있다고 할 수 있다.

4. 대기의 성질 중 음속에 가장 큰 영향을 주는 물리적 요소는?

㉮ 온도 ㉯ 밀도
㉰ 기온 ㉱ 습도

▶ 이상 기체의 경우 음속은 온도에만 좌우된다.
$C = \sqrt{\gamma R T}$
C : 음속 [m/s]
γ : 비열비(이상기체:1.4)
R : 기체상수(공기:29.27kg·m/kg·k)
T : 온도(T[K]=t[℃]+273.16)

5. 항공기의 안정성과 조종성은 어떠한 관계가 있는가?

㉮ 안정성이 좋아지면 조종성도 좋아진다.
㉯ 안정성이 좋아지면 조종성이 저하된다.
㉰ 안정성과 조종성은 관계가 없다.
㉱ 안정성이 나빠지면 조종성도 나빠진다.

▶ 안정과 조종은 서로 반대되는 성질을 나타내기 때문에, 조종성과 안정성을 동시에 만족시킬 수는 없다.

6. 항공기에서 트림 상태란 무엇을 의미하는가?
- ㉮ 무게중심에 관한 피칭 모멘트가 "0"인 상태
- ㉯ 무게중심에 관한 피칭 모멘트가 "1"인 상태
- ㉰ 무게중심에 관한 피칭 모멘트가 감소 상태
- ㉱ 무게중심에 관한 피칭 모멘트가 증가 상태

● 트림 : 항공기의 무게중심에 대한 모멘트가 "0"인 상태 또는 조종력이 "0"인 상태를 뜻한다.

7. 항공기 동체선 또는 세로축과 관계있는 것은?
- ㉮ 가로안정
- ㉯ 세로안정
- ㉰ 수평안정
- ㉱ 방향안정

● 세로축 : 가로안정, 가로축 : 세로안정, 수직축 : 방향안정

8. 활공기가 1,000m 상공에서 활공시 활공거리가 2,000m일 때 양항비는?
- ㉮ 1
- ㉯ 2
- ㉰ 3
- ㉱ 4

● 활공각 θ, $\tan\theta = \dfrac{\text{고도}}{\text{활공거리}} = \dfrac{C_D}{C_L} = \dfrac{1}{\text{양항비}}$

9. 다음 중에서 와류발생장치의 목적은?
- ㉮ 층류의 유지
- ㉯ 난류의 생성
- ㉰ 불규칙흐름의 제거
- ㉱ 항력 감소

● Vortex generator : 날개나 동체 상부에 설치되어 있는 작은 금속날개꼴로서 난류흐름을 형성시켜 박리를 지연

10. 다음은 층류와 난류를 설명한 것이다. 잘못된 것은?
- ㉮ 층류는 난류에 비해서 마찰력이 작다.
- ㉯ 층류는 난류에 비해서 마찰력이 크다.
- ㉰ 층류에서는 인접하는 2개의 층 사이에 혼합이 없고 난류에서는 혼합이 있다.
- ㉱ 층류에서 난류로 변화하는 현상을 천이라고 한다.

● 마찰력 $F = \mu S \dfrac{V}{h}$ 이므로, 경계층 내 속도구배 ($\dfrac{V}{h}$)가 클수록 마찰력이 크다.

11. 항공기의 리깅 체크(Rigging Check)는 제작사의 지시를 따라야 하지만, 일반적으로 구조적 일치 상태점검에 포함되지 않는 것은?
- ㉮ 날개 상반각(Dihedral Angle)
- ㉯ 날개 취부각(Incidence Angle)
- ㉰ 수평 안정판 상반각 (Horizontal Stabilizer Dihedral)
- ㉱ 수직 안정판 상반각 (Vertical Stabilizer Dihedral)

● 수직 안정판에는 상반각이 없다.

12. 유도항력계수에 관한 설명중 옳은 것은?
- ㉮ 가로세로비에 비례한다.
- ㉯ 양력계수의 제곱에 비례한다.
- ㉰ 양항비에 비례한다.
- ㉱ 스팬효율계수에 비례한다.

● 유도항력계수 $C_{Di} = \dfrac{C_L^2}{\pi e AR}$

13. 다음 중 좋은 날개골은?

㉮ 날개는 두꺼울수록 좋다.
㉯ 앞전반경이 큰 날개가 좋다.
㉰ C_L 특히 C_{Lmax}이 큰 날개골
㉱ C_D 특히 C_{Dmax}이 큰 날개골

▶ 좋은 날개골은 C_{Lmax}이 크고 C_{Dmax}이 작은 날개골이다.

14. 다음 중 경계층 제어와 가장 밀접한 관계를 가진 것은?

㉮ slat   ㉯ spoiler
㉰ vortex generator   ㉱ spilit flap

▶ slat은 날개 밑면의 흐름을 윗면으로 유도하여 흐름의 떨어짐을 지연시키는 장치
vortex generator는 난류 경계층이 쉽게 발생되도록 하여 흐름의 떨어짐을 지연시키는 장치.

15. 비행기가 어떤 속도로 정상비행할 때 조종력을 사용하지 않고 조종력을 "0"으로 유지하기 위한 것은?

㉮ leading edge balance
㉯ balance tab
㉰ servo tab
㉱ trim tab

1. ㉯	2. ㉮	3. ㉮	4. ㉮	5. ㉯
6. ㉮	7. ㉮	8. ㉯	9. ㉯	10. ㉯
11. ㉱	12. ㉯	13. ㉰	14. ㉮	15. ㉱

1997년도 기능사 1급  항공역학

1. 다음 중에서 경계층에 대한 옳은 설명은?

㉮ 난류에만 존재한다.
㉯ 임계레이놀즈수 이상에서만 존재한다.
㉰ 유체의 점성이 작용하는 영역이다
㉱ 흐름의 속도에 구애받지 않는다.

2. 다음 중 베르누이 정리 $P_t = P + \frac{1}{2}\rho V^2$을 적용 할 수 없는 것은?

㉮ 정상류   ㉯ 압축성
㉰ 비점성   ㉱ 동일 유선상

● 베르누이 정리의 가정 : 정상흐름, 비점성(이상유체)유체, 비압축성 유체

3. 날개면적이 96m²이고 날개길이가 32m일 때 가로 세로비는?

㉮ 0.09   ㉯ 0.3
㉰ 3   ㉱ 10.7

4. 날개골의 모양을 좌우하는 요소가 아닌 것은?

㉮ 캠버의 크기
㉯ 앞전 반지름의 크기
㉰ 뒷전 반지름의 크기
㉱ 최대 두께의 위치

● 날개골 모양에 따른 특성: 두께, 앞전반지름, 캠버, 시위

5. 최신형 항공기의 Wing Tip에는 Wing-Let이 설치되는데 그 역할은?

㉮ Wing Tip Vortex를 막아 유도항력 감소
㉯ 유효받음각을 증가시켜 양력 증가
㉰ 날개 면적 증가로 양력 증가
㉱ 가로세로비 증가로 유도항력 감소

6. 다음 중 수직꼬리날개가 실속하는 큰 옆미끄럼각에서도 방향 안정성을 유지하기 위하여 사용하는 것은?

㉮ 플랩   ㉯ 도살핀
㉰ 스포일러 ㉱ 러더

● 도살핀(dorsal fin)을 장착하면 큰 옆미끄럼각에서의 동체 안정성 증가와 수직꼬리날개의 유효 가로세로비를 감소시켜 실속각을 증가시키는 효과가 있다.

7. 비행기의 효율을 증가시키기 위해 앞전 무게를 증가시키는데 이것을 무엇이라고 하는가?

㉮ 과소평형   ㉯ 과대평형
㉰ 평행상태   ㉱ 정적평형

● 과소평형 : 뒷전이 밑으로 내려가는 경우, '+'
 과대평형 : 뒷전이 위로 올라가는 경우, '-', 효율적인 비행

8. 항공기가 수평선과 날개의 chord line이 20°를 유지한 채 상승비행을 하고 있다. 상승각 υ

= 17°라면 이때 받음각은?

㉮ 20° ㉯ 17°
㉰ 23° ㉱ 3°

9. NACA 4512 날개골에서 "4"가 의미하는 것은?

㉮ 두께비 4%
㉯ 항력이 적은 날개골
㉰ 최대 캠버의 위치가 시위의 4%
㉱ 최대 캠버가 시위의 4%

10. 항공기 동체선 또는 세로축과 관계 있는 것은?

㉮ 가로안정 ㉯ 수직안정
㉰ 수평안정 ㉱ 방향안정

11. 다음 중에서 최대양력계수(C_{Lmax})를 증가시키기 위해 날개골 설계시에 2가지 요소를 변형시킨다면 다음 중 맞는 것은?

㉮ 두께, 날개 면적
㉯ 코드 길이와 최대 두께
㉰ 두께와 캠버
㉱ 스팬과 뒷전

▶ 날개골(airfoil)의 모양에 다른 특성 변화는 두께, 앞전반지름, 캠버, 시위 등이다.

12. 다음은 비행기의 세로 안정성에 영향을 미치는 것들이다. 이 중 아닌 것은?

㉮ 수평 안정판 장착 위치
㉯ 수직 안정판 면적
㉰ 수평 안정판 면적
㉱ 항공기 중심 위치

▶ 키놀이(pitching) 모멘트에 관련한 요소

13. 받음각이 변해도 피칭 모멘트가 변하지 않으면?

㉮ 정적 중립 ㉯ 동적 중립
㉰ 정적 불안정 ㉱ 동적 불안정

14. 항공기가 활공비행시 활공각을 θ 라고 할 때 활공각을 나타내는 식은?

㉮ $\sin\theta = D/L$ ㉯ $\cos\theta = L/D$
㉰ $\tan\theta = D/L$ ㉱ $\tan\theta = L/D$

▶ $\tan\theta = 1/$양항비

15. 다음 마찰력에 대한 설명중 맞는 것은?

㉮ 마찰력 $F = \mu S \dfrac{V}{H}$ 이다.
㉯ 마찰력은 온도 변화에 따라 변한다.
㉰ 마찰력은 유체의 종류와 관계없이 일정하다.
㉱ 이상 유체를 고려한다.

1. ㉰	2. ㉯	3. ㉱	4. ㉰	5. ㉮
6. ㉯	7. ㉯	8. ㉱	9. ㉱	10. ㉮
11. ㉰	12. ㉯	13. ㉮	14. ㉰	15. ㉮

1998년도 기능사 1급 1회 항공역학

1. 국제표준대기에서 평균해발고도의 기압, 밀도, 중력가속도 및 온도의 정의중 틀린 것은?
㉮ 온도 : 20℃
㉯ 중력가속도 : 9.8066m/s²
㉰ 밀도 : 0.12492kg · s²/m⁴
㉱ 압력 : 10,332.3kg/m²

2. 항력 발산 마하수를 높게 하기 위하여 날개를 설계할 때 다음 중 맞는 것은?
㉮ 가로세로비가 큰 날개를 사용한다.
㉯ 날개에 뒤젖힘각을 준다.
㉰ 두꺼운 날개를 사용한다.
㉱ 쳐든각을 크게 한다.

- 항력 발산(drag divergence) 마하수를 높이기 위한 설계 방법
① 얇은 날개를 사용하여 날개 표면에서의 속도 증가를 줄인다.
② 날개에 뒤젖힘각을 준다.
③ 가로세로비가 작은 날개를 사용한다.
④ 경계층을 제어한다.

3. 무게 100kg인 항공기가 해발고도 위를 수평 등속도 비행하고 있다. 날개 면적이 5m²라면 최소 속도는? (C_{Lmax}=1.2, ρ = 1/8kg · s²/m⁴)
㉮ 163.29
㉯ 16.329
㉰ 1.6329
㉱ 26.329

- $V_s = \sqrt{\dfrac{2 \cdot W}{C_L \cdot \rho \cdot S}} = \sqrt{\dfrac{200 \times 8}{1.2 \times 5}}$

4. 항공기를 설계할 때 최초의 안전계수는 얼마인가?
㉮ 1 ㉯ 1.5
㉰ 2 ㉱ 2.5

5. 다음 중에서 기체의 세로축과 날개의 시위선이 이루는 각을 무엇이라고 하는가?
㉮ 쳐진각 ㉯ 뒤젖힘각
㉰ 쳐든각 ㉱ 붙임각

- 붙임각=취부각

6. 날개끝 실속을 방지하는 방법에 대한 설명과 다른 것은?
㉮ 테이퍼를 크게 한다.
㉯ 날개 끝으로 감에 따라 받음각이 작아지도록 비틀림을 준다.
㉰ 날개 뿌리부분에 실속판(strip)을 설치한다.
㉱ 날개 끝부분에 슬롯을 설치한다.

7. NACA 23015 날개골에서 '3' 이 뜻하는 것은?
㉮ 최대 캠버가 시위의 4%
㉯ 캠버의 크기가 23%
㉰ 최대 캠버의 위치가 시위의 15%
㉱ 최대 두께가 시위의 15%

8. 날개 길이(span)가 10m, 면적이 20m²일 때 가로세로비는 얼마인가?

㉮ 0.5   ㉯ 1.0
㉰ 2.0   ㉱ 5.0

9. 다음 이용마력 및 필요마력 곡선에서 최대상승율을 얻을 수 있는 지점은?

㉮ A
㉯ B
㉰ C
㉱ D

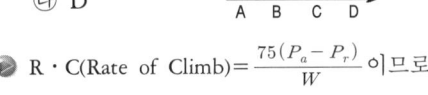

● R · C(Rate of Climb)= $\dfrac{75(P_a - P_r)}{W}$ 이므로 잉여마력이 최대일때 상승율 최대이다.

10. 다음 그림이 나타내는 날개골이 아닌 것은?

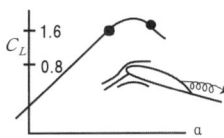

㉮ 앞전반지름이 큰 날개골
㉯ 두께가 두꺼운 날개골
㉰ 캠버가 큰 날개골
㉱ 레이놀즈수가 작은 날개골

● 레이놀즈수가 크면 날개 윗면의 흐름이 난류로 되어 큰 받음각에서도 앞전에서 흐름의 떨어짐이 일어나지 않는다.

11. 다음 중 항공기의 날개에 상반각(쳐든각)을 주는 이유는?

㉮ 저항을 작게 한다.
㉯ 선회성을 좋게 한다.
㉰ 익단 실속을 방지한다.
㉱ 옆미끄럼(side slip)을 방지한다.

12. 입구지름이 10cm이고 출구지름이 20cm인 원형관에 액체가 흐르고 있다. 출구에서의 속도가 10m/s일 때 입구속도는 얼마인가?

㉮ 2.5m/s   ㉯ 10m/s
㉰ 20m/s   ㉱ 40m/s

● 연속방정식: AV=일정 $A_1V_1 = A_2V_2$
$V_1 = \dfrac{A_2}{A_1}$, $V_2 = \dfrac{20^2}{10^2} 10$

13. 총중량 5,000kg, 선회속도가 360km/h인 비행기가 60°로 정상선회할 때 하중배수는?

㉮ 1   ㉯ 1.5
㉰ 2   ㉱ 2.5

14. 항공기 무게중심이 기준선에서 200in 위치에 있고 MAC의 앞전이 기준선에서 180in인 곳에 위치해 있다. MAC 길이가 80in인 경우 무게중심은 몇 %MAC에 있는가?

㉮ 20   ㉯ 25
㉰ 30   ㉱ 33

● 무게중심은 시위의 200−180=20in에 위치 따라서, 무게중심은 $\dfrac{20}{80} \times 100\%$에 위치

15. 최신형 항공기의 Wing Tip에는 Wing-Let이 설치되는데 그 역할은?

㉮ Wing Tip Vortex를 막아 유도항력 감소
㉯ 유효받음각을 증가시켜 양력 증가
㉰ 날개 면적 증가로 양력 증가
㉱ 가로세로비 증가로 유도항력 감소

1. ㉮	2. ㉯	3. ㉰	4. ㉯	5. ㉱
6. ㉮	7. ㉰	8. ㉱	9. ㉯	10. ㉱
11. ㉱	12. ㉱	13. ㉰	14. ㉯	15. ㉮

1998년도 기능사 1급 2회 항공역학

1. 레이놀즈수에 대한 것 중 틀린 것은?

㉮ $Re = \dfrac{\rho VL}{\mu}, \dfrac{VL}{v}$

㉯ 관성력과 점성력의 비

㉰ 단위는 cm²/s

㉱ 천이 레이놀즈수를 임계레이놀즈수라 한다.

● 레이놀즈수는 무차원수이며, ㉰는 동점성계수의 단위이다.

2. 항공기의 날개에 상반각을 주게 되면 다음과 같은 특성을 갖게 한다. 옳은 것은?

㉮ 유도저항을 적게 하고 방향 안정성을 좋게 한다.

㉯ 옆미끄럼을 방지하고 가로 안정성을 좋게 한다.

㉰ 익단 실속을 방지하고 세로 안정성을 좋게 한다.

㉱ 선회성을 향상시키나 가로 안정성을 해친다.

3. 5,000kg인 항공기가 대기속도 50m/s로 상승비행을 하고 있다. 700마력인 2개의 엔진을 장착하고 있는 항공기의 항력이 1,000kg이다. 이때 프로펠러 효율이 80%라 할 때 상승률은?

㉮ 5.0m/s   ㉯ 6.0m/s
㉰ 6.8m/s   ㉱ 7.2m/s

● ① 상승률 $(R \cdot C) = \dfrac{75(P_a - P_r)}{W} = \dfrac{(T-D) \cdot V}{W}$
$= \dfrac{TV - DV}{W} = \dfrac{75 \cdot \eta_p \cdot bhp - DV}{W}$
$= \dfrac{(75 \cdot 0.8 \cdot 2 \cdot 700 - 1000 \cdot 50)}{5000}$

② 상승률 $(R \cdot C) = V\sin\theta$, ($V$: 상승속도)

4. 실속 속도가 150m/s인 항공기가 해면상 가까이에서 60°의 경사각으로 선회비행시 실속속도는?

㉮ 150m/s   ㉯ 173m/s
㉰ 212m/s   ㉱ 250m/s

● 수평비행이나 선회비행시의 항공기 무게는 항상 같다.
$W = L_S = L \cdot \cos\theta = C_L \dfrac{1}{2}\rho V_S^2 S = C_L \dfrac{1}{2}\rho V^2 S \cdot \cos\theta$
$V_S^2 = V^2 \cdot \cos\theta$
$V = \dfrac{V_S}{\sqrt{\cos\theta}} = \dfrac{150}{\sqrt{\cos 60}} = 150\sqrt{2}$

5. 다음 중 초음속 영역을 옳게 설명한 것은?

㉮ M<0.5   ㉯ 0.75<M<1.2
㉰ 1.2<M<5.0   ㉱ M<5.0

6. 회전날개에서는 최대 속도 부근에서 필요마력이 급상승하게 되어 비행기와 같은 고속도를 낼 수 없다. 이유가 아닌 것은?

㉮ 후퇴하는 깃의 날개끝 실속 발생

㉯ 전진, 후진하는 깃의 피치각이 상이

㉰ 후퇴하는 깃뿌리의 역풍범위 확대

㉱ 전진하는 깃끝의 마하수 영향

7. 비행기 조종면 중 부조종면은?
  ㉮ 서보 탭   ㉯ 승강키
  ㉰ 방향키   ㉱ 보조날개

  • 주조종면: 보조날개(aileron), 승강키(elevator), 방향키(rudder)
  • 부조종면: 탭(tab), 플랩(flap)

8. 무게 1,000kg의 항공기가 30의 활공각으로 활공하고 있을 경우 항공기에 작용하는 양력은?
  ㉮ 500kg   ㉯ $500\sqrt{3}$ kg
  ㉰ 1,000kg   ㉱ $1,000\sqrt{3}$ kg

  활공 비행시 $L = W\cos\theta$, $D = W\sin\theta$
  $L = 1,000\cos 30 = 1,000 \cdot \dfrac{\sqrt{3}}{2}$

9. 절대 받음각(Absolute Angle of Attack)이란?
  ㉮ 기축선과 시위선이 이루는 각
  ㉯ 기체축과 진행방향이 이루는 각
  ㉰ 시위선과 진행방향이 이루는 각
  ㉱ 상대풍과 무양력 시위선이 이루는 각

10. 정적 안정에 관한 요소가 아닌 것은?
  ㉮ 날개   ㉯ 수평안정판
  ㉰ 동체   ㉱ 문(door)

11. 무게 1,000kg의 비행기가 7,000m 상공 ($\rho = 0.06$kg·s²/m⁴)에서 급강하하고 있다. 항력계수 $C_D = 0.1$이고 날개하중은 30kg/m²이다. 이 때의 급강하속도는?
  ㉮ 100   ㉯ $100\sqrt{3}$
  ㉰ 200   ㉱ $100\sqrt{5}$

12. 날개 주위에 경계층이 생기는 원인을 바르게 설명한 것은?
  ㉮ 날개 표면이 매끄럽지 못하기 때문에
  ㉯ 공기 흐름이 비정상류이기 때문에
  ㉰ 공기 흐름이 불연속적이기 때문에
  ㉱ 공기에 점성이 있기 때문에

  경계층(boundary layer): 점성의 영향이 뚜렷한 벽 가까운 구역의 가상적인 층

13. 양력과 항력의 합성력이 그 작용점상에서 항공기 전체에 작용되는 모멘트가 영이 되는 점으로 영각에 따라 변하는 위치를 무엇이라 하는가?
  ㉮ 풍압중심   ㉯ 공기력 중심
  ㉰ 항공역학적 중심   ㉱ 무게중심

14. 다음 중에서 유도항력을 구하는 식은?
  ㉮ $\sqrt{\dfrac{C_L}{2\pi eAR}} \rho V^2 S$ ㉯ $\dfrac{C_L}{2\pi eAR} \rho V^2 S$
  ㉰ $\dfrac{C_L^2}{2\pi eAR} \rho V^2 S$ ㉱ $\dfrac{C_L^3}{2\pi eAR} \rho V^2 S$

15. 그림은 비행기가 진동하는 과정에서 동적안정 특성을 표시하였다. 설명 중 맞는 것은?
  ㉮ 동적 불안정
  ㉯ 동적 안정
  ㉰ 정적 불안정
  ㉱ 정적 안정

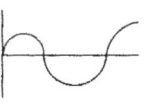

1. ㉰	2. ㉯	3. ㉰	4. ㉰	5. ㉰
6. ㉯	7. ㉮	8. ㉯	9. ㉱	10. ㉱
11. ㉮	12. ㉱	13. ㉮	14. ㉰	15. ㉮

1998년도 기능사 1급 3회 항공역학

1. 항공기에서 트림 상태란 무엇을 의미하는가?
   ㉮ 피칭 모멘트가 "0"인 상태
   ㉯ 피칭 모멘트가 "1"인 상태
   ㉰ 피칭 모멘트가 감소 상태
   ㉱ 피칭 모멘트가 증가 상태

2. 최대출력 800마력으로 비행하는 항공기의 프로펠러 효율이 80%일 때 이 항공기의 이용마력은 얼마인가?
   ㉮ 640ps   ㉯ 700ps
   ㉰ 800ps   ㉱ 880ps

   ● 이용마력＝추진효율×제동마력,
     제동마력＝기계효율×도시마력
            ＝도시마력－마찰마력

3. 날개에 쳐든각을 주는 목적 중 옳은 것은?
   ㉮ 유도저항 감소   ㉯ 익단실속 방지
   ㉰ 선회성능 향상   ㉱ 옆미끄럼 방지

4. NACA 23015의 날개골에서 최대 캠버의 위치는?
   ㉮ 15%   ㉯ 20%
   ㉰ 23%   ㉱ 30%

5. 비행기가 착륙접지한 후 감속전진하고 있다. 접지시 수평속도가 160km/h라고 하면 착륙활주거리는 얼마인가?
   (단, 비행기 무게 8,000kg, 제동력 3,800kg이다.)

   ㉮ 185m   ㉯ 208m
   ㉰ 213m   ㉱ 306m

   ● S [착륙활주거리] $= \dfrac{W}{2g} \cdot \dfrac{V^2}{D+\mu W}$
     $= \dfrac{8,000}{(2 \cdot 9.8)} \cdot \dfrac{(\frac{160}{3.6})^2}{3,800}$ ($D=0, \mu W = 3,800$)

6. 날개 윗표면에 천이현상이 일어나는데 이 현상은 다음 중 어느 것인가?
   ㉮ 충격실속이 일어나는 현상
   ㉯ 층류에 박리가 일어나는 현상
   ㉰ 층류에서 난류로 바뀌는 현상
   ㉱ 흐름이 표면에서 떨어져 나가는 현상

7. 항공기 무게 5,000kg, 날개면적 30m², 항공기 실속속도 100m/s일 때 최대양력계수는 얼마인가? (단, 공기밀도는 1/8kgf-sec²/m⁴이다)
   ㉮ 0.2   ㉯ 0.27
   ㉰ 0.3   ㉱ 0.42

   ● $W = C_{Lmax} \dfrac{1}{2} \rho V^2 S$, $C_{Lmax} = \dfrac{2W}{\rho \cdot V_s^2 \cdot S}$

8. 다음 얇은 날개골에 대한 설명 중 틀린 것은?
   ㉮ 받음각이 작아지면 항력이 감소한다.
   ㉯ 받음각이 커지면 흐름이 떨어져 항력이 급증한다.
   ㉰ 날개강도가 작아진다.
   ㉱ 받음각을 크게 할 수 있다.

   ● 얇은 날개골은 받음각이 작으면 항력이 적으나 받음각이 커지면 박리가 발생하여 양력이 감소

하고 항력이 급증한다.

9. 최대 받음각을 넘으면 갑자기 양력이 감소한다. 원인은?

㉮ 유도항력의 갑작스런 증가
㉯ 공기의 박리
㉰ 마찰의 증가
㉱ 층류에서 난류로 천이

10. 다음 중에서 날개골의 모양을 좌우하는 요소가 아닌 것은?

㉮ 캠버의 크기
㉯ 앞전 반지름 크기
㉰ 뒷전 반지름 크기
㉱ 최대 두께 위치

11. 다음 중 옆놀이 안정과 관계없는 것은?

㉮ 큰날개의 쳐든각
㉯ 큰날개의 후퇴각
㉰ 수평꼬리날개
㉱ 수직꼬리날개

12. 다음 중에서 음속을 구하는 식은?

(k:비열비, R:공기 기체상수, g:중력가속도, T:공기온도)

㉮ $\sqrt{kgRT}$
㉯ $\sqrt{\dfrac{gRT}{k}}$
㉰ $\sqrt{\dfrac{RT}{gk}}$
㉱ $\sqrt{\dfrac{kRT}{g}}$

13. 점성에 의한 마찰력을 바르게 표시한 것은?

(μ:절대점성 계수, S:유체와 접촉하는 표면면적, V:벽면에서 l인 거리에서의 속도, F:마찰력, l:벽면으로부터의 거리)

㉮ $F=\mu S \dfrac{V}{l}$
㉯ $F=\mu S \dfrac{l}{V}$
㉰ $F=\dfrac{\mu S}{Vl}$
㉱ $F=\dfrac{V}{\mu S}$

14. 프로펠러에 작용하는 공기력은 무엇에 비례하는가? (단, ρ: 밀도, μ: 공기의 절대 점성계수, S: 날개 면적, V: 비행속도)

㉮ μSV^2
㉯ $\mu V^2/S$
㉰ ρSV^2
㉱ $\rho V^2/S$

15. 조종면의 평형에서 동적평형이란?

㉮ 물체가 자체의 무게중심으로 지지되고 있는 상태
㉯ 조종면을 어느 위치에 올려놓거나 회전모멘트가 0으로 평형되는 상태
㉰ 조종면을 평형대위에 장착했을 때 수평위치에서 조종면의 뒷전이 밑으로 내려간 상태
㉱ 조종면을 평형대위에 장착했을 때 수평위치에서 조종면의 뒷전이 위로 올라간 상태

- 정적평형: 어떤 물체가 자체의 무게 중심으로 지지되고 있는 경우, 정지된 그대로의 상태를 유지하려는 경향
- 동적평형: 물체가 운동하는 상태에서 이 물체에 작용하는 힘들이 평형을 이루게 되면, 그 물체는 원래의 운동 상태를 유지함
  ㉰는 과소평형, ㉱는 과대평형

1. ㉮	2. ㉮	3. ㉱	4. ㉮	5. ㉰
6. ㉰	7. ㉯	8. ㉱	9. ㉯	10. ㉰
11. ㉰	12. ㉮	13. ㉮	14. ㉰	15. ㉯

1998년도 기능사 1급 4회 항공역학

1. 다음 중 치수효과란?
㉮ 레이놀즈수에 의한 특성변화
㉯ 날개골의 캠버에 의한 특성변화
㉰ 날개의 길이에 대한 특성변화
㉱ 두께의 차이

● 치수효과(scale effect): 왕복기관 항공기에서는 비행고도가 그다지 높지 않으므로 레이놀즈수는 오로지 날개 코드 길이를 나타내는 기준으로 사용

2. 다음 중 평형상태로부터 벗어난 뒤에 다시 평형상태로 되돌아가려는 초기경향은?
㉮ 정적 불안정   ㉯ 양의 정적안정
㉰ 정적 중립   ㉱ 음의 정적안정

3. 등속수평비행을 하기 위한 조건은?
㉮ 양력<중력, 항력>추력
㉯ 양력<중력, 항력=추력
㉰ 양력=중력, 항력>추력
㉱ 양력=중력, 항력=추력

● 수평비행: 양력=중력, 등속비행: 항력=추력

4. 항공기 날개에서 영각(Angle of Attack)이란?
㉮ 후퇴각과 취부각의 합
㉯ 상반각과 취부각의 차
㉰ 기축선과 날개선의 시위선이 이루는 각
㉱ 진행방향과 날개의 시위선이 이루는 각

5. 다음 베르누이 정리의 설명 중 틀린 것은?
㉮ $q = \frac{1}{2}\rho V^2$
㉯ $p = p_t + q$
㉰ 이상유체, 정상흐름, 일정
㉱ 정압 항상 존재

6. 에어포일(airfoil) NACA 2413에서 "2"는?
㉮ 최대 캠버가 시위의 2%
㉯ 최대 두께가 시위의 2%
㉰ 최대 캠버 위치가 시위의 20%
㉱ 최대 두께가 시위의 20%

7. 제트기의 항속거리를 최대로 하기 위한 조건 중 맞는 것은?
㉮ 비연료 소비율을 크게 한다.
㉯ $\left(\dfrac{C_L^{\frac{1}{2}}}{C_D}\right)_{max}$ 인 상태로 비행한다.
㉰ 출력을 최대로 비행한다.
㉱ 하중계수를 최대로 비행한다.

8. 해면상 표준대기에서의 P_0를 잘못 기술한 것은?
㉮ $0 kg/m^2$
㉯ $2,116.21695 lb/ft^2$
㉰ $29.92 inHg$
㉱ $1,013 mmbar$

9. 날개(wing)에서 span의 길이가 커질 때 다음 중 옳게 설명한 것은?

㉮ 유도항력이 커진다
㉯ 유도항력이 작아진다
㉰ 유도항력은 상관없고 양력만 커진다
㉱ 항공역학적 성능과 상관없다

● span이 길어지면 가로세로비가 커지므로 유도항력계수($\frac{C_L^2}{\pi e AR}$)는 작아진다.

10. 항공기가 고도 5,000m 상공에서 양항비 10인 상태로 활공한다면 도달가능한 수평활공거리는?

㉮ 5,000m ㉯ 25,000m
㉰ 50,000m ㉱ 100,000m

11. 날개면적이 100m², 스팬이 25m일 때 가로 세로비는?

㉮ 4.0 ㉯ 5.1
㉰ 6.25 ㉱ 6.3

12. 무게가 4,000kg인 비행기가 경사각 30°, 100km/h의 속도로 정상 선회시 양력은 얼마인가?

㉮ 3,618.8kg ㉯ 3,918.8kg
㉰ 4,326.7kg ㉱ 4,618.8kg

13. 비행기의 기체축과 운동 및 조종면이 맞게 연결된 것은?

㉮ 세로축 - 옆놀이(Rolling) - 도움날개
㉯ 대칭축 - 키놀이(Pitching) - 승강키
㉰ 가로축 - 빗놀이(Yawing) - 방향타
㉱ 수직축 - 선회운동(Spinning) - 스포일러(Spoiler)

14. 항공기의 승강키 조작은 어떤 축에 대한 운동을 하는가?

㉮ 세로축 ㉯ 가로축
㉰ 방향축 ㉱ 수직축

15. 비행기의 실속에 대한 설명 중 틀린 것은?

㉮ 비행기의 고도를 유지할 수 없는 상태
㉯ 받음각이 실속각보다 클 때
㉰ 초음속 비행기일수록 실속특성이 좋다.
㉱ 테이퍼 날개는 날개익단부터 실속이 일어난다.

1. ㉮	2. ㉯	3. ㉱	4. ㉱	5. ㉯
6. ㉮	7. ㉯	8. ㉮	9. ㉯	10. ㉰
11. ㉰	12. ㉱	13. ㉮	14. ㉯	15. ㉰

1999년도 산업기사 1회 항공역학

1. 헬리콥터 정지비행(hovering)시 관계식은?
- ㉮ 헬리콥터 무게 > 양력
- ㉯ 헬리콥터 무게 = 양력
- ㉰ 헬리콥터 무게 < 양력
- ㉱ 헬리콥터 무게 = 양력 + 원심력

● 정지비행이란 헬리콥터가 수직 및 수평방향으로 움직이지 않고 공중에 떠 있는 상태로 헬리콥터 무게(W) = 양력(L)

2. 이륙시 조정피치 프로펠러 깃각은?
- ㉮ low blade angle
- ㉯ medium blade angle
- ㉰ high blade angle
- ㉱ feather condition

● 이착륙시: 저피치(low pitch)
순항: 고피치(high pitch)

3. 중량이 6,000kg인 항공기가 180km/h의 속도로 30°의 경사각으로 정상선회를 할 때 이 항공기의 원심력은 얼마인가?
- ㉮ 2,931kg
- ㉯ 3,464kg
- ㉰ 5,196kg
- ㉱ 6,231kg

● $\tan\phi = \dfrac{원심력}{W}$, 원심력 = $W \cdot \tan\phi$

4. 이륙활주거리를 짧게 하기 위해서는 다음 어느 조건이 만족되어야 하는가?

- ㉮ 익면하중이 크고 양력계수도 클 것
- ㉯ 익면하중이 크고 지면마찰계수가 작을 것
- ㉰ 익면하중이 작고 지면마찰계수가 클 것
- ㉱ 익면하중이 작고 양력계수도 클 것

● 이륙활주거리 $S = \dfrac{WV^2}{2g(T-F-D)}$ 를 짧게 하기 위한 조건은 익면하중이 작고 이륙시 고양력장치를 사용하기 때문에 양력계수가 크며 마찰계수(F)는 작아야 한다.

5. 무게 100kg인 비행기가 해발고도 위를 등속수평비행하고 있다. 날개 면적은 5m²라면 최소 속도는? (C_{Lmax}=1.2, $\rho = \dfrac{1}{8}$ kgf·sec²/m⁴)
- ㉮ 160.29m/s
- ㉯ 16.29m/s
- ㉰ 1.629m/s
- ㉱ 26.29m/s

6. C_L과 C_D에 관련이 없는 것은?
- ㉮ 날개골의 형태
- ㉯ 유체중 자세
- ㉰ 받음각에 관련되는 무차원계수
- ㉱ 날개골 추력

● C_L, C_D는 날개골의 형태, 받음각, 시위길이, 레이놀즈 수에 의해 변화되며, 추력과는 관련 없다.

7. 형상항력에 대한 설명 중 틀린 것은?
- ㉮ 이상유체는 나타나지 않는 항력이다.
- ㉯ 공기가 점성을 가지기 때문에 생기는

항력이다.
㉰ 날개골의 형태에 따라 다른값을 가지는 항력이다.
㉱ 날개표면에 유도항력에 의해 발생한다.

8. 후퇴익에서는 경계층이 끝쪽으로 흐르기 때문에 익단 앞쪽에서는 박리현상이 발생하여 익단실속이 일어나기 쉽다. 이러한 익단실속을 방지하기 위한 방법은?

㉮ wash out
㉯ wash in
㉰ 취부각을 작게 함
㉱ 취부각을 크게 함

9. 밸런스 탭 중 래깅 탭에 대한 설명은?

㉮ 조종면과 반대로 움직여 조종력을 경감시켜준다.
㉯ 조종면과 같은 방향으로 움직여 조종력을 경감시켜준다.
㉰ 조종면과 반대로 움직여 조종력을 0으로 만들어준다.
㉱ 조종면과 같은 방향으로 움직여 0으로 만들어준다.

● • 트림탭: 조종력을 '0'으로 조정
• 평형탭(밸런스탭): 조종면의 작동 방향과 반대로 움직여 조종력 경감-래깅 탭
• 서보탭: 탭을 작동시켜 조종면을 움직여 조종력 경감
• 리딩 탭: 주로 스테빌레이터에 사용되며 조종면과 같은 방향으로 움직여 높은 받음각에서 캠버를 증가시켜 수평꼬리날개의 효율을 증가

10. 헬리콥터가 전진비행할 때 속도와 유도마력의 관계를 옳게 설명한 것은?

㉮ 전진속도가 증가하면 유도마력도 증가한다.
㉯ 전진속도가 증가하면 유도마력은 감소한다.
㉰ 전진속도가 증가해도 유도마력은 변화가 없다.
㉱ 전진속도가 증가하면 유도마력은 느리게 증가한다.

● 유도마력은 로우터 브레이드를 통과하는 공기를 가속하는데 필요로 하는 출력이며, 전진비행시에는 전진에 의해서 메인로우터를 통과하는 공기량이 증가하므로 유도마력은 작아진다. 0~75Km/h까지 급격히 감소하고 75Km/h이상의 속도에서는 천천히 감소한다.

11. 날개의 후퇴각을 크게 하면 임계 마하수를 높일 수 있다. 이유가 올바른 것은?

㉮ 항력계수가 감소하기 때문
㉯ 조종성이 좋아지기 때문
㉰ 압력중심의 이동이 적기 때문
㉱ 날개시위의 방향으로 공기흐름 속도가 작아지기 때문

● $V_2 = V\cos\Lambda$
(V_2: 날개의 시위방향속도, V: 속도, Λ: 뒤젖힘각)
따라서 $\cos\Lambda$를 곱한 것만큼 작아진다.
($\cos\Lambda \leq 1$)

12. 다음 특성은 동안정성을 나타낸 것이다. 바른 것은?

㉮ 동불안정
㉯ 동안정
㉰ 정적불안정
㉱ 정적안정

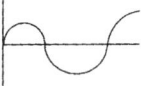

13. 항공기의 무게가 6ton, 양항비가 6, 날개면적 30m²의 제트기가 해발고도를 960km/h로 수평비행하고 있을 때의 추력은?

㉮ 7,800kg ㉯ 7,500kg
㉰ 6,000kg ㉱ 1,000kg

● 수평비행 T=D ------①
　　　　　W=L ------②

$\frac{①}{②} = \frac{T}{W} = \frac{D}{L}$'s

$T = W \cdot \frac{D}{L} = W \cdot \frac{C_D}{C_L} = \frac{W}{양항비}$

14. 항공기가 공기밀도 0.18kgf·sec²/m⁴인 고도에서 680km/h의 속도로 비행하고 있다. 항공기의 부딪히는 동압은 얼마인가?

㉮ 1,284.4kg/m² ㉯ 1,333.0kg/m²
㉰ 1,675.9kg/m² ㉱ 3,211.0kg/m²

● 동압 $= \frac{1}{2}\rho V^2 = \frac{1}{2} \times 0.18 \times \left(\frac{680}{3.6}\right)^2$

15. 날개 끝의 붙임각을 날개 뿌리의 붙임각보다 크게 하거나 작게 한 것은?

㉮ 뒤젖힘각 ㉯ 쳐든각
㉰ 붙임각   ㉱ 기하학적 비틀림

16. 초음속이라 함은 보통 다음 범위의 마하수를 말한다. 맞는 것은?

㉮ 1.1<M<1.5 ㉯ 0.8<M<1.2
㉰ 1.2<M<5.0 ㉱ 5.0<M<7.0

17. 프로펠러의 진행률이란?

㉮ 프로펠러의 유효피치와 프로펠러 지름과의 비
㉯ 추력과 토크와의 비
㉰ 프로펠러의 기하피치와 유효피치와의 비
㉱ 프로펠러의 기하피치와 프로펠러 지름과의 비

● 진행률(J) $= \frac{V}{nD} = \frac{V}{n} \cdot \frac{1}{D}$ (V: 속도, n: rpm, D: 프로펠러지름) (유효피치 $= \frac{V \times 60}{n}$) 따라서, 진행률은 유효피치와 프로펠러 지름과의 비

18. 프로펠러의 회전 깃단 마하수는 어떻게 정의되는가? (n=프로펠러 회전수(rps), D=프로펠러 지름, a=음속)

㉮ $\frac{\pi n}{a}$ ㉯ $\frac{2\pi n}{a}$
㉰ $\frac{\pi nD}{a}$ ㉱ $\frac{2\pi nD}{a}$

● 깃의 선속도 $=2\pi rn=\pi Dn$ 이므로,
깃단 마하수 $= \frac{깃의 선속도}{음속} = \frac{\pi Dn}{a}$

19. 다음 중 에어포일의 호칭법으로 틀린 것은?

㉮ NACA 4자 계열
㉯ NACA 5자 계열
㉰ NACA 400자 계열
㉱ CLARK Y

20. 항공기에서 사용되는 실용상승한도란 상승률이 얼마가 되는 고도인가?

㉮ 0.1m/s ㉯ 0.5m/s
㉰ 1.0m/s ㉱ 1.5m/s

1. ㉯	2. ㉮	3. ㉯	4. ㉱	5. ㉯
6. ㉱	7. ㉱	8. ㉮	9. ㉮	10. ㉯
11. ㉱	12. ㉮	13. ㉱	14. ㉱	15. ㉱
16. ㉰	17. ㉮	18. ㉰	19. ㉰	20. ㉯

1999년도 산업기사 2회 항공역학

1. 사이드 슬립(side slip)에 의한 롤링 모멘트 변화에 가장 크게 작용하는 것은?
㉮ 에어론 ㉯ 안정판
㉰ 후퇴각 ㉱ 상반각

● 옆미끄럼(side slip)에 의한 옆놀이 모멘트는 비행기의 정적 가로 안정의 중요한 요소이다. 상반각 효과(dihedral effect), 후퇴각, 동체, 수직 꼬리날개가 가로 안정을 구성하는 요소인데, 특히 상반각이 가장 중요한 요소이다.

2. 항공기에 작용하는 항력은?
㉮ 항력계수의 제곱에 비례
㉯ 밀도에 반비례
㉰ 면적의 제곱에 비례
㉱ 공기유속의 제곱에 비례

● $D = C_D \dfrac{1}{2} \rho V^2 S$

3. 실용상승한계에서 항공기의 상승률은?
㉮ 0.5m/s ㉯ 10m/s
㉰ 15m/s   ㉱ 50m/s

4. 프로펠러의 회전에 의한 원심력이 깃각에 주는 영향은?
㉮ 깃각을 작게
㉯ 깃각을 일정
㉰ 깃각을 크게
㉱ 영향을 주지 않음

● 원심력에 의한 비틀림 모멘트는 깃각을 작게, 공기력에 의한 비틀림 모멘트는 깃각을 크게 하려 함

5. 기체의 세로축과 날개의 시위선이 이루는 각은?
㉮ 쳐진각 ㉯ 뒤젖힘각
㉰ 쳐든각 ㉱ 붙임각

6. 항공기의 세로 안정성에 대한 설명으로 틀린 것은?
㉮ 무게중심 위치가 공기역학적 중심보다 전방에 위치할수록 안정성이 좋다.
㉯ 날개가 무게중심 위치보다 높은 위치에 있을 때 안정성이 좋다.
㉰ 꼬리날개의 면적이 크면 안정성이 좋다.
㉱ 꼬리날개 효율이 작으면 안정성이 좋다.

● $C_{Mc \cdot g} = C_{Mac} + C_L \dfrac{a}{c} - C_D \dfrac{b}{c} - C_{Lt} \dfrac{lS_t q_t}{qSc}$

*세로 안정을 좋게 하기 위한 방법
① 무게 중심이 날개의 공기 역학적 중심보다 앞에 위치할수록 a값이 음(−)이 되어서 안성성이 좋아진다.
② 무게 중심과 공기 역학적 중심과의 수직 거리인 b의 값이 (+)이 될 수록 안정성이 좋아진다. 즉, 날개가 무게 중심보다 높은 위치에 있을 때 안정성이 좋다. -------- 고익
③ $S_t l$은 꼬리 날개부피(tail volume)라 하며, 이 값이 클수록 안정성이 좋다. 즉, 꼬리 날개 면적을 크게 하든지, 거리를 길게 해야 한다.

④ $\frac{q_t}{q}$를 꼬리 날개 효율이라 하며, 이 값이 클수록 안정성이 좋아진다.

7. 프로펠러 구동계통에서 Free Wheeling Unit의 주목적은?

㉮ rotor brake를 풀어서 시동을 가능하게
㉯ 엔진을 정지하거나 특정 로터의 rpm보다 느릴 때 기관축을 로터로부터 분리한다.
㉰ 시동중에 로터 브레이크의 굽힘응력 제거
㉱ 착륙을 위해 엔진의 과회전 허용

▶ ① 프리휠 클러치(오버 런닝 클러치) : 기관 구동축과 변속기 사이에 위치해 있으며 기관의 회전수가 주회전 날개를 회전시킬 수 있는 회전수보다 낮거나 기관이 정지하였을 때에 회전익 항공기의 자동 회전 비행이 가능하도록 기관의 구동과 변속기의 구동을 분리시키는 역할을 한다.
② 원심 클러치 : 왕복 기관을 장착한 회전익 항공기에 사용되며, 기관의 시동, 또는 저속 운전시 기관에 부하가 걸리지 않도록 하는 것으로 기관의 회전수가 낮을 때에는 기관의 회전력이 동력전달장치에 전달되지 않는다.

8. 중량이 2,000kg인 항공기가 20m/s의 속도로 비행할 때 양항비는 80이다. 이 때의 출력은 얼마인가? (kg · m/s)

㉮ 4,000 ㉯ 4,500
㉰ 5,000 ㉱ 6,000

▶ $T(추력) = W \cdot \frac{D}{L} = W \cdot \frac{C_D}{C_L}$
$= \frac{W}{양항비} = \frac{2,000}{8} = 250$
$P(출력) = T \cdot V = 250 \times 20$

9. 캠버가 증가하면 양력계수와 항력계수 사이에는 어떤 관계가 성립되는가?

㉮ 양력계수 증가, 항력계수 감소
㉯ 양력계수 감소, 항력계수 증가
㉰ 양력계수 감소, 항력계수 감소
㉱ 양력계수 증가, 항력계수 증가

▶ 이·착륙시 플랩을 사용하여 캠버를 증가시키면 양·항력 모두 증가한다.

10. 어떤 활공기가 1km 상공을 활공각 30°로 활공하고 있다. 이 활공기의 대기속도가 100 km/h일 때 침하속도는?

㉮ 5   ㉯ 20
㉰ 25 ㉱ 50

▶ 침하속도(수직속도성분) $= V\sin\gamma = 100 \times \sin 30°$

11. 층류형 날개골에서 층류에서 난류로 바뀌는 것을 방지하는 목적은 무엇을 감소시키기 위한 것인가?

㉮ 간섭항력   ㉯ 마찰항력
㉰ 웨이브항력 ㉱ 조파항력

▶ 난류는 층류보다 레이놀즈수가 크다. 레이놀즈수가 크다는 의미는 마찰 항력이 크다는 의미이다

12. 뒷전 플랩의 종류가 아닌 것은?

㉮ 단순 플랩   ㉯ 파울러 플랩
㉰ 스플릿 플랩 ㉱ 크루거 플랩

▶ 앞전 고양력 장치: 슬롯과 슬랫, 크루거 플랩, 드루프 앞전

13. 속도가 100m/s이고 비행속도와 유도속도의 합이 120m/s이다. 밀도가 0.125kg·s²/m⁴, 면적이 2m²일 때 추력은?

㉮ 300 ㉯ 600
㉰ 1,000 ㉱ 1,200

▶ T = 2ρAV₁(V+V₁) = 2·0.125·2·20·120
(V₁ : 유도속도, V : 비행속도)

14. 풍동시험에서 속도가 360km/h, 동점성계수가 0.15cm²/s일 때, 앞전에서 0.3m 떨어진 곳의 레이놀즈수는 얼마인가?

㉮ 1×10^5 ㉯ 2×10^5
㉰ 1×10^6 ㉱ 2×10^6

15. 착륙거리를 짧게 하기 위한 설명으로 가장 올바른 것은?

㉮ 항력을 작게 한다.
㉯ 착륙속도를 크게 한다.
㉰ 마찰이 큰 활주로에 착륙한다.
㉱ 활주시 비행기 양력을 크게 한다.

▶ $S = \dfrac{W}{2g} \dfrac{V^2}{(D+\mu W)}$

착륙거리를 짧게 하기 위한 조건
① 이륙할 때와 같이 비행기의 착륙 무게가 가벼워야 지상 활주거리가 짧게 된다
② 착륙 속도가 작아야 한다
③ 착륙 활주 중에 항력을 크게 해야 한다.
또한, 착륙 활주시의 양력은 아주 작아 식에서 무시된다.

16. 대부분의 헬리콥터 회전날개는 받음각의 변화에 따른 풍압중심의 이동을 방지하기 위하여 어떠한 날개골을 사용하는가?

㉮ 앞전반지름이 큰 날개골
㉯ 대칭형 날개골
㉰ 두께가 두꺼운 날개골
㉱ 캠버가 작은 날개골

▶ 전진하는 깃은 작은 받음각에서 큰 항력 발산 마하수를 가지도록 깃이 얇아야 하고 캠버가 없어야 하는데 비해, 후퇴하는 깃에서는 적당한 마하수에서 큰 실속 받음각을 가져야 하므로 깃이 두껍고 캠버가 커야 한다. 이 두 조건을 만족하기 위해서 대칭형 날개골을 사용한다.

17. 프로펠러 항공기의 진행률이란?

㉮ 추력과 토크와의 비
㉯ 프로펠러의 실효피치와 기하피치와의 차
㉰ 프로펠러의 실효피치와 프로펠러 지름과의 비
㉱ 프로펠러의 기하피치와 프로펠러 지름과의 비

18. 항공기 중량이 5,000kg, 날개 면적이 30m², 실속속도가 100m/s에서 양력계수를 구하라. (단, ρ=1/8)

㉮ 0.2 ㉯ 0.27
㉰ 0.3 ㉱ 0.42

▶ $C_L = \dfrac{2W}{\rho V^2 S}$, $C_L = \dfrac{2 \times 5,000}{\frac{1}{8} \times 100^2 \times 30}$

19. NACA 4512의 "4"는 무엇을 표시하는가?

㉮ 두께비 4%
㉯ 최대 캠버가 시위의 4%
㉰ 최대 캠버의 위치가 4%
㉱ 항력이 적은 날개골

20. 정상수평비행에서 평형(trim) 상태인 때의 피칭모멘트계수 C_{Mcg}의 값은 얼마인가?

㉮ $C_{Mcg} = -1$ ㉯ $C_{Mcg} = 0$
㉰ $C_{Mcg} = 1$ ㉱ $C_{Mcg} = 2$

● $C_{Mcg} > 0$: 기수를 올리는 모멘트
  $C_{Mcg} = 0$: 중립
  $C_{Mcg} < 0$: 기수를 내리는 모멘트

1. ㉱	2. ㉱	3. ㉮	4. ㉮	5. ㉱
6. ㉱	7. ㉯	8. ㉰	9. ㉱	10. ㉱
11. ㉯	12. ㉱	13. ㉱	14. ㉱	15. ㉰
16. ㉯	17. ㉰	18. ㉯	19. ㉯	20. ㉯

1999년도 산업기사 3회 항공역학

1. 날개 윗표면에 천이(transition)현상이 일어나는데 이 현상은 다음 중 어느 것인가?
   ㉮ 흐름이 표면에서 떨어져 박리되는 현상
   ㉯ 흐름이 표면과 나란히 흘러가는 현상
   ㉰ 흐름이 시간의 변화에 따라 속도가 변하는 현상
   ㉱ 층류경계층에서 난류경계층으로 변하는 현상

2. NACA 0009 날개골에 대한 바른 설명은?
   ㉮ 대칭형 날개골이다.
   ㉯ 비대칭형 날개골이다.
   ㉰ 초음속 날개골이다.
   ㉱ 다이아몬드형 날개골이다.

3. 헬리콥터가 지면효과를 현저하게 느끼는 것은 언제인가?
   ㉮ 지면에서 브레이드 회전면까지의 높이가 회전날개의 직경 이하일 때
   ㉯ 지면에서 기체 랜딩기어까지의 높이가 회전날개의 직경 이하일 때
   ㉰ 지면에서 브레이드 회전면까지의 높이가 회전날개 직경의 1/4 이하일 때
   ㉱ 지면에서 브레이드 회전면까지의 높이가 회전날개 직경의 1/2 이하일 때

   ● 지면 효과(ground effect)
   회전익 항공기가 지면 가까이에 있으면 회전날개를 지난 공기흐름이 지면에 부딪혀서 회전익 항공기와 지면사이의 공기를 압축하여 양력을 증가시키는 현상으로 지상에서 회전날개의 반경만큼의 높이일 때 추력은 약 10% 증가하며 1/2반경거리에 있을 때 20%정도 증가한다.

4. 날개 면적이 50m²인 항공기가 200km/h의 속도로 양력계수가 0.6이 되는 자세로 수평비행하는 경우에 이 비행기의 총중량은 몇 kg이 되는가?
   ㉮ 1,156   ㉯ 8,750
   ㉰ 5,787   ㉱ 1,040

5. 양항비가 12인 활공기가 고도 2,400m에서 활공할 때 최대수평도달거리는 얼마인가?
   ㉮ 4,400   ㉯ 24,000
   ㉰ 28,800 ㉱ 48,000

6. 면적이 일정한 상태에서 날개 SPAN의 길이가 증가할 때 어떠한가?
   ㉮ 유도항력이 증가한다.
   ㉯ 유도항력이 감소한다.
   ㉰ 유도항력은 변함이 없고 양력이 커진다.
   ㉱ 항공역학과 관련이 없다.

7. 직경이 2m인 프로펠러 중심에서 40cm 떨어진 곳에 무차원 깃 스테이션은?
   ㉮ 0.2   ㉯ 0.4
   ㉰ 0.6   ㉱ 0.8

● 깃의 위치(blade station) : 허브의 중심으로부터 깃을 따라 위치를 표시한 것 (반경이 1m이므로 0.4)

8. 다음 중에서 앞전 플랩의 종류가 아닌 것은?
㉮ 슬랫 ㉯ 드루프 앞전
㉰ 크루거 플랩 ㉱ 파울러 플랩

9. 도살핀(dorsal fin)에 대한 맞은 설명은?
㉮ 수직꼬리날개의 유효면적을 감소시켜 방향안정을 준다.
㉯ 큰 옆미끄럼각에서도 방향안정을 유지하는 효과를 얻는다.
㉰ 옆미끄럼에 의한 수직꼬리날개의 실속 발생시 빗놀이 모멘트를 발생시켜 정적 안정을 준다.
㉱ 비대칭출력 때문에 발생되는 빗놀이각의 감소경향을 고려하여 정적 방향안정을 준다.

● ① 큰 옆미끄럼각에서의 동체의 안정성 증가
② 수직 꼬리 날개의 유효 가로 세로비를 감소시켜 실속각을 증가

10. 그림과 같이 상대적으로 갑작스런 실속이 일어나는 특성을 갖는 날개골은?
㉮ 두께가 두꺼운 날개골
㉯ 앞전반지름이 큰 날개골
㉰ 캠버가 큰 날개골
㉱ 레이놀즈수가 작은 날개골

● 전방 실속형 날개 : 두께가 얇고, 앞전 반지름이 작고 캠버가 작으며, 작은 레이놀즈수와 큰 종횡비를 가진 날개

11. 헬리콥터 수직 비행시 사용하는 것은?
㉮ 회전 경사판을 경사지게 한다.
㉯ 콜렉티브 피치조종레버에 의해
㉰ 사이클릭 피치조정레버에 의해
㉱ 주회전날개의 회전수를 증가시킨다.

● ① 수직 비행(상승, 강하): 동시 피치 제어간 (collective pitch control lever)
② 전후좌우 비행: 주기적 피치 제어간(cyclic pitch control lever)
③ 방향 조종: 페달-테일로터의 추력 가감에 의해

12. 프로펠러 깃 단면에서 추력에 해당하는 값은?
(L:깃요소 양력, d:깃요소 항력, α:받음각, β:깃각, ϕ:유입각)
㉮ $L\cos\alpha$ ㉯ $L\cos\alpha - d\sin\alpha$
㉰ $L\cos\beta - d\sin\beta$ ㉱ $L\cos\phi - d\sin\phi$

13. 비행기 기체축에서 X축에 관한 모멘트는?
㉮ 옆놀이 모멘트
㉯ 키놀이 모멘트
㉰ 빗놀이 모멘트
㉱ 옆놀이 모멘트 및 키놀이 모멘트

14. 이상 유체란 무엇인가?
㉮ 점성의 영향을 무시
㉯ 온도변화가 없을 것
㉰ 흐름속도가 일정할 것
㉱ 압력변화가 없을 것

15. 최대이륙중량이란 무엇인가?
㉮ 총무게에서 연료 무게를 제외한 무게이다.
㉯ 항공기가 이륙할 때 최대 중량이다.

㉰ 항공기가 착륙할 때 최대 중량이다.
㉱ 항공기의 무게 계산시 기초가 되는 무게이다.

● ㉮는 영 연료 무게

16. 양력 항력곡선에 대한 가장 올바른 설명은?

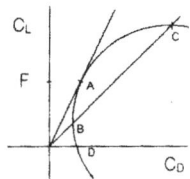

㉮ 장거리 활공비행은 A점에서 활공하는 것이 좋다.
㉯ 장거리 활공비행은 C점에서 활공하는 것이 좋다.
㉰ 수평활공비행은 D점에서 하는 것이다.
㉱ 수직활공비행은 F점에서 하는 것이다.

● A점: 원점으로부터 양항극곡선에 접선을 그어 만나는 접점으로 양항비가 최대가 되며, 장거리 활공시 사용
D점: 양력계수가 0 이 되며, 활공각이 90°가 되어 급강하의 활공

17. 비행기의 항속거리를 나타내는 식은?
(R : 항속거리, B : 연료탑재량, V : 순항속도, P : 순항중의 기관의 출력, t : 항속시간, C : 마력당 1시간에 소비하는 연료량)

㉮ $R = \dfrac{V}{t}$ ㉯ $R = \dfrac{C \cdot P}{V \cdot B}$

㉰ $R = V \dfrac{B}{C \cdot P}$ ㉱ $R = P \dfrac{B}{C \cdot V}$

● 항속시간(t) = $\dfrac{연료\ 탑재량}{초당\ 연료\ 소비량}$,
항속거리(R) = 순항속도(V) × 항속시간(t)

18. 프로펠러 항공기의 비행속도가 V, 회전수가 Nrpm 일 때, 이 항공기 프로펠러의 유효 피치는?

㉮ $\dfrac{VN}{60}$ ㉯ $\dfrac{60N}{V}$

㉰ $\dfrac{60V}{N}$ ㉱ $\dfrac{N}{60V}$

● ① 기하학적 피치(GP) : 프로펠러깃을 한바퀴 회전시켰을 때 앞으로 전진하는 이론적인 거리(공기를 강체로 가정)-GP=$2\pi r \cdot \tan\beta$, (β는 깃각)
② 유효 피치(EP): 공기중에서 프러펠러가 1회 전 할 때에 실제로 전진하는 거리
$EP = 2\pi r \cdot \tan\phi = V \times \dfrac{60}{n}$, ($\phi$ 는 유입각)

19. 다음 대기권의 구조 중 열권에 대한 바른 설명이 아닌 것은 무엇인가?

㉮ 중간권 위에 있다.
㉯ 각분자, 원자는 지상에서 발사된 탄환과 같이 궤적운동을 한다.
㉰ 극광이나 유성이 길게 밝은 빛의 꼬리를 남긴다.
㉱ 전리층이 있다.

20. 4,000kg인 항공기가 선회경사각 60°로 선회비행시 하중 배수는 2이다. 이 비행기의 양력은 얼마인가?

㉮ 2,000   ㉯ 4,000
㉰ 6,000   ㉱ 8,000

1. ㉱	2. ㉮	3. ㉱	4. ㉰	5. ㉰
6. ㉯	7. ㉯	8. ㉱	9. ㉯	10. ㉱
11. ㉯	12. ㉱	13. ㉮	14. ㉮	15. ㉯
16. ㉮	17. ㉰	18. ㉰	19. ㉯	20. ㉰

2000년도 산업기사 1회 항공역학

1. 공중정지비행시 헬리콥터의 방향을 변경시키기 위한 방법은?

㉮ 회전날개(rotor blades)의 회전수를 변경시킨다.
㉯ 회전날개(rotor blades)의 피치각을 변경시킨다.
㉰ 테일로터의 추력을 가감시킨다.
㉱ 회전날개의 코닝각을 변경시킨다.

▶ • 방향 조종 : 페달 - 테일로터의 추력 가감에 의해
 • 코닝각(원추각) : 회전면과 회전궤적에 의한 원추의 모서리가 이루는 각

2. 진대기속도(TAS)와 등가대기속도(EAS)의 상관 관계는?

㉮ $TAS = EAS\sqrt{\rho}$
㉯ $TAS = EAS\rho_0$
㉰ $TAS = EAS\sqrt{\dfrac{\rho_0}{\rho}}$
㉱ $TAS = EAS\rho^2$

▶ ① IAS(지시대기속도) : 계기판에 지시되는 속도
② CAS(교정대기속도) : 위치오차를 수정한 속도
③ EAS(등가대기속도) : 공기 밀도를 보정한 속도
④ TAS(진대기속도) : 공기의 압축성을 고려한 속도

3. 프로펠러 날개 제작시 고려하지 않아도 되는 것은?

㉮ 이륙성능   ㉯ 상승성능
㉰ 착륙성능   ㉱ 순항성능

4. 중량 5,000kg의 항공기가 해발고도에서 잉여마력 50HP일 때 상승률은 얼마(m/min)인가?

㉮ 35   ㉯ 45
㉰ 57   ㉱ 62

▶ 상승률$(R \cdot C) = \dfrac{75(P_a - P_r)}{W} = \dfrac{75 \cdot 50}{5,000}$
$= 0.75 \text{m/sec}$ (m/min로 단위환산필요)

5. 뒤젖힘각을 올바르게 설명한 것은?

㉮ 25% 되는 점들을 날개뿌리에서 날개끝까지 연결한 직선과 기체의 가로축이 이루는 선
㉯ 날개가 수평을 기준으로 위로 올라간 각도
㉰ 기체의 세로축과 시위선이 이루는 각
㉱ 날개끝의 붙임각을 날개 뿌리의 붙임각보다 크게 한다

6. 비압축성이란 공기의 (   )변화를 무시할 수 있다는 것이다. (   )에 알맞은 것은?

㉮ 밀도   ㉯ 온도
㉰ 압력   ㉱ 점성

▶ ① 압축성 유체 : 다른 성질의 변화에 대하여 유체의 밀도 변화를 고려해야 하는 유체
② 비압축성 유체 : 밀도 변화가 아주 작아서 무시될 수 있는 유체

③ 점성흐름(실제유체) : 점성의 영향을 고려해야하는 실제 흐름
④ 비점성흐름(이상유체) : 점성을 고려하지 않은 이상유체 흐름

7. 항공기가 선회속도 20m/s로 선회각 30° 상태에서 (g=9.8m/s²) 선회 비행하는 경우 선회 반경은 몇 m 정도인가?

㉮ 50m ㉯ 70m
㉰ 90m ㉱ 110m

8. 항공기가 기관정지 상태에서 수직강하하고 있을 때 도달할 수 있는 최대속도를 종극속도라 한다. 종극속도는 어떠한 상태에 이를 때의 속도를 말하는가?

㉮ 총중량과 양력이 같아지는 경우
㉯ 총중량과 양력이 없는 상태에서 항력과 같은 경우
㉰ 양력의 수평분력과 항력의 수직분력이 같다.
㉱ 양력과 항력이 같아진다.

9. 필요마력이 최소가 되는 비행속도는 어느 것인가?

㉮ 이륙속도
㉯ 최대항속거리속도
㉰ 최대속도
㉱ 최대항속시간속도

● 필요마력이 최소라는 것은 연료가 가장 적게 소비되는 경우로, 주어진 연료를 가지고 가장 오랫동안 비행할 수 있는 것이다.

10. 총중량 800kgf, 엔진출력 160HP, 회전날개 반경 2.8m, 회전날개깃 수가 2개일 때 원판하중은 몇 kgf/m²인가?

㉮ 28.5 ㉯ 30.5
㉰ 32.5 ㉱ 35.5

● 원판하중(회전면하중) : 고정익 항공기에서의 날개하중과 같은 의미

$$D.L = \frac{W}{\pi R^2} = \frac{800}{\pi \cdot 2.8^2}$$

마력하중 = $\frac{W}{HP}$

11. 다음 중에서 파울러 플랩(fowler flap)의 양력 발생원리는?

① 날개면적증가 ② 캠버의 변화
③ 받음각 증가   ④ 경계층 제어

㉮ 1, 3   ㉯ 1, 2
㉰ 1, 2, 3 ㉱ 2, 3, 4

● 파울러 플랩은 다른 플랩들보다 최대양력계수 값이 가장 크게 증가한다.

12. 무게중심 C.G의 틀린 점은 무엇인가?

㉮ 운용한계 지정서에 중심위치의 허용최전방과 최후방의 위치가 명시되어 있다.
㉯ 비행기는 이륙 전에 중량배분이 한계 내에 들어 있는지 확인하고 출항한다.
㉰ 항공기 대수리 후에는 평형작업을 해야 한다.
㉱ 중심은 이륙시 운용 한계 내에서 뒤에 오도록 하는 것이 조종이 용이하다.

13. 제트기의 실제적 이륙거리는?

㉮ 지상활주거리
㉯ 지상활주거리를 제외한 장애물고도 (10.7m)까지의 상승거리
㉰ 지상활주거리+장애물고도(10.7m) 상승거리

㉰ 지상활주거리+장애물고도(15m) 상승거리

14. 동력이 800HP, 프로펠러 직경이 6.7ft, 회전속도가 2,800rpm일 때 동력계수를 구하라.

㉮ 0.1348 ㉯ 0.01348
㉰ 0.00672 ㉱ 0.0672

● $P = C_P \rho n^3 D^5$,
$C_P = \dfrac{P}{\rho n^3 D^5} = \dfrac{800 \times 550}{0.002378 \cdot (\frac{2,800}{60})^3 \cdot 6.7^5}$

15. 최대양력계수가 큰 날개단면을 갖는 항공기는 어떤 특성을 갖는가?

㉮ 착륙속도는 감소하는 반면에 이륙속도는 증가한다.
㉯ 착륙속도는 증가하는 반면에 이륙속도는 감소한다.
㉰ 착륙속도와 이륙속도는 증가한다.
㉱ 착륙속도와 이륙속도는 감소한다.

16. 날개의 면적이 20m²이고 길이가 12m일 때 가로세로비는?

㉮ 8 ㉯ 7.2
㉰ 6 ㉱ 1.7

17. 프로펠러 깃 단면에 유입되는 합성속도의 크기는?

㉮ $V_t = \sqrt{v^2 (\pi n r^2)}$
㉯ $V_t = \sqrt{v^2 + (\pi n r)^2}$
㉰ $V_t = \sqrt{v^2 - (2\pi n r^2)}$
㉱ $V_t = \sqrt{v^2 + (2\pi n r)^2}$

● 합성속도 = $\sqrt{(비행속도)^2 + (깃끝 선속도)^2}$

18. 다음에서 수식이 잘못된 것은?

㉮ 유도항력계수 = $C_{di} = \dfrac{C_L^2}{\pi e AR}$
㉯ 유도 받음각 = $\alpha_i = \dfrac{C_L}{\pi e AR}$
㉰ 날개의 항력계수 = $C_D = C_{D_0} + C_{D_i}$
㉱ 양항비 = $\dfrac{L}{D} = \dfrac{C_L}{\pi e AR}$

● 양항비 = $\dfrac{L}{D} = \dfrac{C_L}{C_d}$

19. 4자 계열 날개골은 최대 두께가 시위길이의 몇 % 정도에 위치한 날개골인가?

㉮ 10% ㉯ 20%
㉰ 30% ㉱ 40%

● 4자 계열 날개골은 최대 두께가 시위길이의 30% 정도, 최대 캠버의 위치는 시위길이의 40% 뒤쪽에 위치한다.

20. 비행기 수직꼬리 날개 앞 동체에 붙어있는 도살핀의 역할은?

㉮ 가로 안정성을 좋게 해준다.
㉯ 세로 안정성을 좋게 해준다.
㉰ 방향 안정성을 좋게 해준다.
㉱ 구조 강도를 좋게 해준다.

1. ㉰	2. ㉰	3. ㉰	4. ㉯	5. ㉮
6. ㉮	7. ㉯	8. ㉯	9. ㉱	10. ㉰
11. ㉯	12. ㉱	13. ㉰	14. ㉮	15. ㉱
16. ㉯	17. ㉱	18. ㉱	19. ㉰	20. ㉰

2000년도 산업기사 2회 항공역학

1. 항공기의 무게가 5,000kg이고 받음각이 4°인 상태로 등속수평 비행을 하고 있을 때, 이 항공기의 항력은 얼마인가?
   (단, 받음각 4°에서의 양항비는 20)
   ㉮ 250kg ㉯ 500kg
   ㉰ 750kg ㉱ 1,000kg

2. 점성영향으로 해서 회전원통 주위의 공기를 irrotation 운동순환하고 있는 원통 중심에서 2m되는 지점에서 속도가 20m/s일 때, vortex의 세기 Γ는 얼마인가?
   ㉮ $251 m^2/s$ ㉯ $126 m^2/s$
   ㉰ $80 m^2/s$ ㉱ $40 m^2/s$

   ● $\Gamma = 2\pi r \cdot V$
   (회전원통에 의해 생긴 순환이 선형흐름과 조합될 경우 양력이 발생하는 데 이 현상을 마그너스 효과라고 하며, 이 때의 양력을 쿠타-쥬코스키 양력이라 한다. 공식은 $L = \rho V \Gamma$이다.)

3. 날개의 양력분포가 타원인 항공기의 $C_L = 1.2$이고 가로세로비가 6일 때 유도항력계수는?
   ㉮ 1.076 ㉯ 1.012
   ㉰ 0.076 ㉱ 0.012

4. 항공기가 trim상태로 비행하고 있다는 것은?
   ㉮ $C_D = C_L$인 상태
   ㉯ $C_{Mcg} > 0$인 상태
   ㉰ $C_{Mcg} = 0$인 상태
   ㉱ $C_{Mcg} < 0$인 상태

5. 양력 발생의 원리를 직접적으로 설명할 수 있는 원리는?
   ㉮ 파스칼의 원리
   ㉯ 작용·반작용의 원리
   ㉰ 베르누이의 원리
   ㉱ 에너지 보존의 원리

6. 이륙시 활주거리를 단축하기 위한 고려사항 중 적당한 것은?
   ㉮ 실속속도를 크게 하기 위하여 플랩을 작동한다.
   ㉯ 가속력을 크게 하기 위하여 최대 추력을 낸다.
   ㉰ 항력을 감소시키기 위하여 양항비를 크게 한다.
   ㉱ 실속속도를 작게 하기 위하여 양항비를 높인다.

7. 헬리콥터의 무게가 7,500lb이고, blade를 3개 장착할 경우 하나의 blade에서 발생해야 할 최소한의 능력은?
   ㉮ 1,500lb ㉯ 2,000lb
   ㉰ 2,500lb ㉱ 3,000lb

8. propeller slip이란?
   ㉮ 고피치와 저피치의 각의 비
   ㉯ 진행율과 프로펠러 효율의 비

㉰ 기하피치와 유효피치의 차를 기하피치로 나눈 것
㉱ 기하피치와 유효피치의 차

● $slip = \dfrac{GP-EP}{GP} \times 100$ (%)

9. 비행기가 등속도 수평비행중일 때 작용하는 하중 계수는 얼마인가?

㉮ 0 ㉯ 0.5
㉰ 1 ㉱ 1.8

10. 프로펠러 깃각이 β일 때 기하학적 피치는?

㉮ $\dfrac{\pi D}{2} tan\beta$ ㉯ $\pi D tan\beta$
㉰ $\dfrac{\pi D}{2} sin\beta$ ㉱ $\pi D sin\beta$

11. 층류에서 난류로의 현상을 천이(transition)라 할 때 이를 좌우하는 요소가 아닌 것은 무엇인가?

㉮ 처음 흘러 들어가는 흐름에 난류의 존재여부
㉯ 레이놀즈수의 크기
㉰ 흐름에 놓인 평판의 길이
㉱ 흐름의 진동

12. 항공기의 상승률(Rate of Climb)이란?

㉮ $\dfrac{이용마력 - 필요마력}{항공기의 중량}$
㉯ $\dfrac{이용마력 - 필요마력}{항공기의 중량^2}$
㉰ $\dfrac{이용마력 - 필요마력}{날개의 면적^2}$
㉱ $\dfrac{이용마력 - 필요마력}{날개의 면적^2}$

13. 프로펠러 깃각을 감소시키는 경향을 갖는 요소는?

㉮ 원심력에 의한 비틀림 모멘트
㉯ 회전력에 의한 굽힘 모멘트
㉰ 공기력에 의한 비틀림 모멘트
㉱ 추력에 의한 굽힘 모멘트

14. 일반적인 정상선회비행시 비행기에 작용하는 힘의 설명 중 올바른 것은 무엇인가?

㉮ 원심력=양력 ㉯ 구심력=항력
㉰ 원심력=구심력 ㉱ 원심력=항력

● $L sin\phi$ (구심력) $= \dfrac{WV^2}{gR}$ (원심력)

15. 경계층 제어법 중 camber를 변화시키지 않는 경우는 무엇인가?

㉮ moveable slat ㉯ slot
㉰ leading edge flap ㉱ trailing edge flap

16. 와류발생장치(Vortex Generator)의 목적은 무엇인가?

㉮ 층류 유지 ㉯ 난류의 생성
㉰ 불규칙 흐름 제거 ㉱ 항력 감소

17. NACA 23015에서 "3"의 뜻은?

㉮ 최대 캠버의 크기가 시위선의 3%
㉯ 최대 캠버의 위치가 시위선의 3%
㉰ 최대 캠버의 위치가 시위선의 15%
㉱ 최대 두께의 위치가 시위선의 15%

18. 세로안정성을 좋게 하기 위한 조건 중 가장 부적당한 것은?

㉮ 중심위치가 날개 공력중심 전방에 위치하면 안정성이 증가한다.
㉯ 날개가 중심보다 높은 위치(high wing)에 있으면 안정성이 증가한다.
㉰ 꼬리날개 면적이 증가하면 안정성이 증가한다.
㉱ 중심위치는 날개의 공력중심 후방에 위치하고, 날개 중심보다 낮은 위치에 있어야 좋다.

19. 비행기의 옆놀이(Rolling) 안정성에 가장 관계가 먼 것은?

㉮ 큰날개(main wing)의 쳐든각(Diheadral Effect)
㉯ 큰날개(main wing)의 후퇴각(Sweep Back Angle)
㉰ 수평꼬리날개
㉱ 수직꼬리날개

20. 프로펠러에서 기하학적 피치란?

㉮ 1초 동안 전진한 거리
㉯ 1회전 동안의 전진한 거리
㉰ 비행속도 / 깃 끝의 회전속도
㉱ 1초 동안의 전진거리 / 비행속도

1. ㉮	2. ㉮	3. ㉰	4. ㉰	5. ㉰
6. ㉱	7. ㉰	8. ㉰	9. ㉰	10. ㉯
11. ㉱	12. ㉮	13. ㉮	14. ㉰	15. ㉯
16. ㉯	17. ㉰	18. ㉱	19. ㉰	20. ㉯

2000년도 산업기사 3회 항공역학

1. 임계 Reynolds수를 가장 올바르게 표현한 것은?

   ㉮ 박리가 일어나는 Reynolds수
   ㉯ 천이가 일어나는 Reynolds수
   ㉰ 아음속에서 천음속으로 바뀌는 Reynols수
   ㉱ 충격파가 일어나는 Reynolds수

2. 영각이 커지면 풍압중심은 일반적으로 어떻게 되는가?

   ㉮ 앞전쪽으로 이동한다.
   ㉯ 뒷전쪽으로 이동한다.
   ㉰ 기류의 상태에 따라 전연이나 뒷전쪽으로 이동한다.
   ㉱ 풍압중심은 영각에 무관하게 일정한 위치가 된다.

3. 유체 내에 있는 물체의 항력요인과 관계없는 것은?

   ㉮ 유체의 밀도
   ㉯ 물체의 작용면적
   ㉰ 유체의 속도
   ㉱ 물체의 길이

4. 비행기가 표준 해발고도에서 170m/s 속도로 비행하여 날개 상면의 임의의 점의 압력이 0.735kg/cm²이었다. 이 지역의 압력계수는 얼마인가?

   (단, 이때의 대기압은 1.0332kg/cm²이다.)

   ㉮ -1.651   ㉯ -1.602
   ㉰ 0.408   ㉱ 0.628

   ● $C_p = \dfrac{P-P_0}{\frac{1}{2}\rho V_0^2} = \dfrac{(0.735-1.0332)\cdot 100^2}{\frac{1}{2}\cdot 0.125 \cdot 170^2}$,
   (계산 전 단위를 통일시켜야 함)

5. 비행기의 무게 5,000kg, 날개면적이 20m²인 비행기가 해면상을 수평 등속도 비행한다. 양항비가 4일 때 추력은?

   ㉮ 1,250kg   ㉯ 1,740kg
   ㉰ 2,050kg   ㉱ 2,170kg

6. 비행기의 받음각이 커질 때 무게 중심에 대한 키놀이 모멘트가 증가하면 비행기는 어떻게 되나?

   ㉮ 안정
   ㉯ 불안정
   ㉰ 중립
   ㉱ 아무런 관련이 없다.

   ● 정적 세로 안정 : 양력 계수와 키놀이 모멘트 계수 곡선이 음(-)의 기울기를 가지며, 양력 계수값이 증가하면 키놀이 모멘트 계수는 감소한다. 받음각이 커질 때 키놀이 모멘트가 증가(기수 올림 모멘트가 발생)하면 정적 세로 불안정 상태임

7. 비행기의 받음각이 외부 교란을 받아 진동을 시작하여 점차적으로 진동이 감소하여 처음의 상태로 돌아가는 것을 가장 올바르게 표현한 것은?

㉮ 정적안정 ㉯ 동적안정
㉰ 동적불안정 ㉱ 정적불안정

8. 실용 상승한도란 어느 것인가?

㉮ 항공기의 상승률이 0m/s인 고도
㉯ 항공기의 상승률이 100ft/min인 고도
㉰ 항공기의 상승률이 100m/min인 고도
㉱ 항공기의 상승률이 0.5ft/s인 고도

9. 비행기의 중량이 4,500kg이고 주날개면적이 50m²이다. 비행기의 고도가 해면일 때 비행기의 최소속도 Vmin을 구하면? (단 이때 비행기의 C_{Lmax} = 1.6, ρ = 0.125kgf·sec²/m⁴이다.)

㉮ 30m/s ㉯ 40km/h
㉰ 100m/s ㉱ 120km/h

10. 헬리콥터 회전날개(rotor blade)에 적용되는 기본 힌지(hinge)는?

㉮ 플래핑(flapping)힌지, 페더링(feathering)힌지, 전단(shear)힌지
㉯ 플래핑 힌지, 페더링 힌지, 항력(lead-lag)힌지
㉰ 페더링 힌지, 항력 힌지, 전단 힌지
㉱ 플래핑 힌지, 항력 힌지, 경사(slope)힌지

① 플래핑(flapping)힌지: 회전날개 깃이 위아래로 자유롭게 움직일 수 있도록 한 힌지
② 항력(lead-lag)힌지: 회전날개 깃이 회전면내에서 앞뒤 방향으로 움직일 수 있도록 한 힌지
③ 페더링(feathering)힌지: 회전날개 깃의 피치가 변화되도록 하는 힌지

11. 착륙거리를 짧게 하기 위한 고항력 장치가 아닌 것은?

㉮ 지상 스포일러(ground spoiler)
㉯ 역추진 장치(thrust reverser)
㉰ 드래그 슈트(drag chute)
㉱ 경계층 제어 장치

12. 항공기의 이륙 무게가 50,000kg이고, 날개 면적이 250m², 최대양력계수 C_{Lmax} = 1.5, 이륙속도는 실속속도의 1.4배이다. 추력에서 항력과 마찰력을 뺀 평균가속력이 4,500kg이다. 이 때 이륙활주거리를 구하면?

㉮ 1,100m ㉯ 1,170m
㉰ 1,210m ㉱ 2,370m

$$V_S = \sqrt{\frac{2W}{\rho S C_{Lmax}}} = \sqrt{\frac{2 \times 50,000}{0.125 \times 250 \times 1.5}} = 46.2$$

$$S = \frac{W}{2g} \cdot \frac{V^2}{(T-F-D)} = \frac{50,000 \times (1.4 \times 46.2)^2}{2 \times 9.8 \times 4,500}$$

13. 항공기의 Airfoil의 요구조건은?

㉮ 항력계수가 클 것
㉯ 무양력 모멘트가 클 것
㉰ 양력계수가 클 것
㉱ 양력계수가 작을 것

14. 항공기의 가로세로비(Aspect ratio)를 나타낸 식이 아닌 것은? (단, b : 날개의 길이, c : 시위의 길이, s : 날개의 면적)

㉮ $\frac{b}{c}$ ㉯ $\frac{b^2}{s}$
㉰ $\frac{s}{c^2}$ ㉱ $\frac{c^2}{s}$

15. 공기 흐름 속에 물체가 놓여 있을 때 공기의 입자가 받는 변화로 가장 적당한 것은?

㉮ 속도 및 흐름의 방향에 대한 변화
㉯ 밀도 및 흐름의 방향에 대한 변화
㉰ 온도 및 흐름의 방향에 대한 변화
㉱ 무게 및 흐름의 방향에 대한 변화

16. 비행기 조종실의 조종간을 뒤로 당기고 왼쪽으로 돌리면 우측의 도움날개와 수평꼬리날개 승강키의 운동 설명으로 가장 올바른 것은?

㉮ 우측 도움날개는 아래로, 승강키는 위로
㉯ 우측 도움날개는 위로, 승강키는 아래로
㉰ 우측 도움날개는 아래로, 승강키는 아래로
㉱ 우측 도움날개는 위로, 승강키는 위로

▶ ① 조종간 뒤로 당김-승강키 위로-항공기 상승
② 조종간 왼쪽으로-우측 도움날개 아래로, 좌측 도움날개 위로-항공기 왼쪽으로 기울어짐
③ 우측 페달 밟으면-방향키가 우측으로-항공기 우측으로 선회

17. 헬리콥터를 전진시키는 힘으로 가장 올바른 것은?

㉮ 회전판을 경사시켜 발생하는 추력의 수평성분
㉯ 로우터 블레이드에서 나오는 유도속도 성분
㉰ 테일 로우터의 회전력
㉱ 터보샤프트 엔진의 배기가스 추력

▶ 전진시키는 힘: 추력의 수평성분, 양력: 추력의 수직성분

18. 프로펠러 회전력이 일정하다면, 깃 끝으로 갈수록 깃각의 변화는?

㉮ 작아진다.
㉯ 일정하다.
㉰ 커진다.
㉱ 중간 부분이 최대가 된다.

19. 프로펠러 회전면을 기준으로 한 좌표계를 설정하여 주변 유동을 분석할 때, 이상적인 프로펠러의 효율은? (단 V_1 : 비행속도, V_2 : 회전면에서의 상대유속, V_3 : 후류에서의 상대유속)

㉮ V_2/V_1 ㉯ V_3/V_1
㉰ V_1/V_2 ㉱ V_1/V_3

20. 프로펠러 추력계수 C_T 을 나타내는 것은?
(단, T: 추력, n: 초당 회전수, D: 직경, ρ: 밀도, V: 비행속도)

㉮ T / n^2D^4 ㉯ T / n^2D^5
㉰ $T / \rho n^2D^4$ ㉱ $T / \rho n^2D^5$

▶ 추력 $T = C_t \cdot \rho n^2 D^4$
  토크 $Q = C_q \cdot \rho n^2 D^5$
  동력 $P = C_p \cdot \rho n^3 D^5$

1. ㉯	2. ㉮	3. ㉱	4. ㉮	5. ㉮
6. ㉯	7. ㉯	8. ㉯	9. ㉮	10. ㉯
11. ㉱	12. ㉱	13. ㉰	14. ㉱	15. ㉮
16. ㉮	17. ㉮	18. ㉮	19. ㉰	20. ㉰

2001년도 산업기사 1회 항공역학

1. 비행기가 300m/sec의 속도로 30° 상승각을 유지한 채 상승중이다. 수직상승속도, 즉 상승률은?

㉮ 100m/s ㉯ 150m/s
㉰ 150√3m/s ㉱ 200m/s

● 상승률(RC)=Vsinθ (V: 상승속도)

2. 고정피치 프로펠러 비행기가 속도 증가할 때의 변화로 올바른 것은?

㉮ 깃각이 증가한다.
㉯ 깃각이 감소한다.
㉰ 깃의 받음각이 증가한다.
㉱ 깃의 받음각이 감소한다.

● 깃각(β)=받음각(α)+전진각(유입각, 피치각, Φ)
전진속도가 증가하려면 전진각이 커져야 하므로 깃각이 일정한 상태에서는 받음각이 작아진다.

3. 비행기가 하강 비행하는 동안 조종간을 당겨 기수를 올리려할 때 예상한 정도 이상으로 기수가 올라가는 현상은?

㉮ 더치롤 ㉯ 턱언더
㉰ 피치업 ㉱ 윙드롭

● * 고속기의 불안정
1. 세로불안정 - 턱 언더, 피치 업, 디프 실속
2. 가로불안정 - 날개 드롭, 옆놀이 커플링

4. 선회비행시 선회반지름을 작게 하는 방법으로 올바른 것은?

㉮ 비행속도를 증가시킨다.
㉯ 저고도로 선회 비행한다.
㉰ 선회각을 줄여준다.
㉱ 날개면적을 줄여준다.

● 선회반지름을 작게 하는 방법
① 선회속도를 작게 한다.
② 경사각을 크게 한다.
③ 공기 밀도가 클 때
④ 양력 계수를 크게
⑤ 날개 면적이 클 때

5. 양력발생과 무관하게 비행시 생기는 항력이 아닌 것은?

㉮ 조파항력 ㉯ 유도항력
㉰ 마찰항력 ㉱ 압력항력

6. NACA 23015에서 최대캠버의 위치는?

㉮ 20% ㉯ 15%
㉰ 10% ㉱ 30%

7. 고도가 증가할수록 상승률은 감소하게 된다. 절대상승한계에서의 이용마력과 필요마력사이의 관계는?

㉮ 이용마력이 필요마력보다 크다.
㉯ 이용마력이 필요마력보다 작다.
㉰ 이용마력과 필요마력이 같다.

㉰ 이용마력과 필요마력은 상승률과 무관하다.

◉ 절대상승한계는 상승률이 0이므로
상승률$(R \cdot C) = \dfrac{75(P_a - P_r)}{W}$ 에서
$P_a - P_r = 0$이어야 함

8. 항력버켓에 대한 설명으로 올바른 것은?

㉮ 양,항곡선에서 특정한 양력계수 범위에서 항력계수가 작아지는 구간을 말한다.
㉯ 양,항곡선에서 특정한 항력계수 범위에서 항력계수가 작아지는 구간을 말한다.
㉰ 양,항곡선에서 특정한 항력계수 범위에서 양력계수가 작아지는 구간을 말한다.
㉱ 양,항곡선에서 특정한 양력계수 범위에서 양력계수가 작아지는 구간을 말한다.

9. 고도 5,000m 상공에서 날개면적이 100m² 인 비행기가 150m/s로 등속비행하고 있다. 이 비행기의 필요마력은?

(단 ρ =0.070kg$_f$s²/m⁴, C_d =0.02이다.)

㉮ 1,890Ps   ㉯ 2,500Ps
㉰ 3,150Ps   ㉱ 3,250Ps

◉ ① $D = C_d \dfrac{1}{2} \rho V^2 S$
$= 0.02 \cdot \dfrac{1}{2} \cdot 0.070 \cdot 150^2 \cdot 100 = 1,575$

② $P_r = \dfrac{DV}{75} = \dfrac{1,575 \cdot 150}{75}$

10. 헬리콥터 회전깃(rotor blade)을 비틀어 주는 효과로 알맞는 것은?

㉮ 정지비행시 회전면을 통과하는 유도속도를 균일하게 해줌
㉯ 회전깃의 강도를 강하게 해준다.
㉰ 회전깃의 와류영향을 줄여준다.
㉱ 회전깃의 회전속도를 증가시켜준다.

11. 동적세로안정으로서 비행속도에 무관하게 생기는 진동으로서 주기가 0.5~5초인 진동은 무엇인가?

㉮ 장주기 운동
㉯ 단주기 운동
㉰ 승강키 자유운동
㉱ 도움날개 자유운동

◉ ① 장주기 운동: 20~100초
② 단주기 운동: 0.5~5초
③ 승강키 자유운동: 0.3~1.5초

12. 방향키 부유각이란?

㉮ 조종간을 밀었을 때 공기력에 의해 방향키가 변위되는 각.
㉯ 조종간을 당겼을 때 공기력에 의해 방향키가 변위되는 각
㉰ 조종간을 고정시 공기력에 의해 방향키가 변위되는 각
㉱ 조종간을 자유롭게 하였을 때 공기력에 의해 자유로이 변위되는 각

13. 헬리콥터에서 유도속도란 무엇인가?

㉮ 정지비행시 회전깃 회전면 하류의 풍압
㉯ 회전면 하류의 풍압
㉰ 회전면 하류의 속도
㉱ 회전면 상류의 공기흐름

◉ 유도속도란 회전면에서의 내리흐름 속도로
$V_1 = \sqrt{\dfrac{T}{2\rho A}}$

14. 총중량 6ton, 날개면적 30m²의 제트항공기가 950km/h의 속도로 등속 수평 비행하고 있다. 이 때 양항비는 6이다. 추력 T는 얼마인가?

㉮ 7,800 ㉯ 7,500
㉰ 6,000 ㉱ 1,000

15. 아음속흐름이 도관을 흐를 때 흐름 면적이 증가한다면 이 때 전압 변화는?

㉮ 증가한다.
㉯ 증가하다 감소한다.
㉰ 감소한다.
㉱ 일정하다.

16. 음속에 대한 설명으로 올바른 것은?

㉮ 고도가 증가할수록 음속은 증가한다.
㉯ 온도가 증가할수록 음속은 증가한다.
㉰ 온도가 증가할수록 음속은 감소한다.
㉱ 밀도가 증가할수록 음속은 감소한다.

17. 프로펠러의 분당 회전속도가 1,026rpm이다. 이때 회전깃의 각속도는?

㉮ 17deg/sec ㉯ 106deg/sec
㉰ 750deg/sec ㉱ 6156deg/sec

● ω(각속도)= $2\pi n = 2\pi \times \frac{1,026}{60} = 107.44$
rad/sec = $107.44 \times \frac{180}{\pi}$ deg/sec

18. 다음 중 옳은 것은?

㉮ 안정성이 커야 좋다.
㉯ 조종성이 좋아야 하기에 적당한 정적안정성이 요구된다.
㉰ 고속기일수록 조종성이 좋아 불안정성이 적다.
㉱ 조종간을 당겼을 때 받음각이 감소하는 경우 불안정한 비행기는 받음각이 감소한다.

● 항공기는 어느 한쪽에 치우침 없이 만족스러운 조종성과 적당한 안정성을 가져야한다.

19. 프로펠러에 전달되는 동력 P에 대한 회전속도 n과 프로펠러 지름 D의 관계를 올바르게 설명한 것은?

㉮ n의 제곱에 비례하고, D의 제곱에 비례한다.
㉯ n의 제곱에 비례하고, D의 세제곱에 비례한다.
㉰ n의 세제곱에 비례하고, D의 네제곱에 비례한다.
㉱ n의 세제곱에 비례하고, D의 오제곱에 비례한다.

20. 항공기 무게중심에 대한 설명이다 옳은 것은?

㉮ 중심위치는 날개앞면보다 뒷면에 있는 것이 좋다.
㉯ 운용한계에 의하여 전방무게중심한계와 후방무게중심한계 사이에 위치하는 것이 좋다.
㉰ 평균 공력시위의 25% 지점에 위치하는 것이 좋다.
㉱ 위 모두 다 맞다.

1. ㉯	2. ㉱	3. ㉰	4. ㉯	5. ㉯
6. ㉯	7. ㉰	8. ㉮	9. ㉰	10. ㉮
11. ㉯	12. ㉱	13. ㉰	14. ㉱	15. ㉱
16. ㉯	17. ㉱	18. ㉯	19. ㉱	20. ㉯

2001년도 산업기사 2회 항공역학

1. 항공기 날개에 상반각을 주게 되면 다음과 같은 특성을 갖게 된다. 다음 중 가장 올바른 것은?

㉮ 유도저항을 적게 하고 방향 안정성을 좋게 한다.
㉯ 옆미끄럼을 방지하고 가로 안정성을 좋게 한다.
㉰ 익단실속을 방지하고 세로 안정성을 좋게 한다.
㉱ 선회성능을 향상시키고 가로 안정성을 나쁘게 한다.

2. 프로펠러 깃의 받음각에 영향을 주는 두 가지 요소는?

㉮ 깃각과 공기의 탄성력
㉯ 비행속도와 깃각
㉰ 비행속도와 회전수
㉱ 깃각과 회전수

3. 최대 이륙중량과 최대 착륙중량의 제한치에 차이를 둔 비행기가 있다면, 그 이유로 가장 올바른 것은?

㉮ 유상하중을 크게 잡기 위해서
㉯ 설계의 편의상
㉰ 체공 중에 연료를 소비하는 것을 감안하였으므로
㉱ 착륙장치의 강도상

4. 비행기의 속도가 2배가 되면 필요한 조종력은 몇 배인가?

㉮ 1/2배 ㉯ 변함없다.
㉰ 2배   ㉱ 4배

● $F_e = K \cdot H_e = K \cdot C_h \frac{1}{2} \rho \cdot V^2 \cdot b \cdot c^2$
(조종력은 비행속도의 제곱에 비례한다.)

5. 다음과 같은 조건에서 Vmin을 구하면?
(비행기 중량 6,000kgf, 날개 면적 40m², 밀도 1/2kgf-sec²/m⁴, C_{Lmax}=1.5)

㉮ 30 ㉯ 20
㉰ 18 ㉱ 15

6. 세로 안정성과 가장 관련이 깊은 것은?

㉮ 날개   ㉯ 수평 꼬리날개
㉰ 수직 꼬리날개 ㉱ 도움날개

● 세로안정: 수평꼬리날개
가로안정: 날 개 - 처든각효과
방향안정: 수직꼬리날개 - 도살핀

7. 2단 가변피치 프로펠러의 피치각이 가장 큰 비행상태는?

㉮ 이륙 ㉯ 상승
㉰ 순항 ㉱ 하강

8. 빗놀이 모멘트를 상쇄시키기 위해 같이 작동시키는 조종 계통은?

㉮ 도움날개와 승강키
㉯ 승강키와 방향타
㉰ 방향타와 도움날개
㉱ 도움날개와 플랩

9. 헬리콥터 정지 비행시 회전면에 의해 가속되는 유도속도가 V_1이라면 회전면 후방으로 가속된 공기의 압력이 대기압(P_0) 상태가 되었을 때 그 지점에서의 속도 V_2는 어떻게 되겠는가?

㉮ $V_2=V_1$ ㉯ $V_2=2V_1$
㉰ $V_2=4V_1$ ㉱ $V_2=0$

10. 무게가 5,000kgf인 비행기가 경사각 30°로 200km/h의 속도로 정상 선회하는 경우 선회 반지름 R은?

㉮ 480m   ㉯ 546m
㉰ 672m   ㉱ 880m

11. 프로펠러의 고형비(Solidity)란?

㉮ 모든 깃의 부피/프로펠러의 원판 부피
㉯ 프로펠러의 원판 부피/모든 깃의 부피
㉰ 모든 깃의 면적/프로펠러의 원판 면적
㉱ 프로펠러의 원판 면적/모든 깃의 면적

● 고형비는 강률이라고도 한다.

12. 경계층 제어와 관계 깊은 날개 요소는?

㉮ SLAT   ㉯ SPLIT FLAP
㉰ TAB   ㉱ SPOILER

13. 어떤 원통관 내 비압축성 흐름에서 입구(A)의 지름이 5cm이고 출구(B)의 지름이 10cm일 때, A를 지나는 유체 속도가 5m/s이다. 이 때 B를 지나는 유체의 속도는?

㉮ 5m/s   ㉯ 2m/s
㉰ 1.25m/s ㉱ 1.0m/s

14. 전진 비행중 헬리콥터의 메인 로우터 블레이드의 각 점에서 받음각의 관계로 가장 올바른 것은?

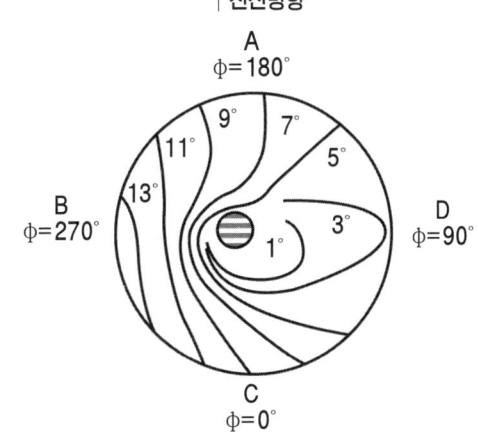

㉮ A>C, B=D   ㉯ A=C, B<D
㉰ A=C, B>D   ㉱ A<C, B=D

15. 후퇴각을 한 날개의 공력 특성에 대한 설명 내용으로 가장 올바른 것은?

㉮ 후퇴시킨 날개는 날개 끝에서 실속이 낮게 일어난다.
㉯ 후퇴각은 날개 앞전과 동체 기준선과의 각을 말한다.
㉰ 후퇴 날개는 임계 마하수를 높이며, 실속특성은 나빠진다.
㉱ 후퇴각을 갖는 날개는 보통날개보다 양력을 많이 얻는다.

16. 힌지 모멘트에 대한 내용으로 틀린 것은?

㉮ 힌지모멘트 계수에 비례
㉯ 동압에 비례
㉰ 조종면의 크기에 비례
㉱ 조종면의 폭에 반비례

▶ $H_e = K \cdot C_h \frac{1}{2} \rho \cdot V^2 \cdot b \cdot c^2$

17. 형상항력(profile drag)은 어떠한 항력을 의미하는가?

㉮ 압력항력과 표면마찰항력
㉯ 압력항력과 유도항력
㉰ 표면마찰항력과 유도항력
㉱ 유해항력과 유도항력

18. 일반적으로 레이놀즈 수는 어떻게 표시되는가?

㉮ $\dfrac{면적 \times 시간}{동점성계수}$ ㉯ $\dfrac{속도 \times 시간}{동점성계수}$
㉰ $\dfrac{속도 \times 면적}{동점성계수}$ ㉱ $\dfrac{속도 \times 길이}{동점성계수}$

19. 항속거리를 최대로 하기 위해서는?

㉮ 프로펠러 항공기의 경우 ($\dfrac{C_L}{C_D^{\frac{1}{2}}}$) 가 최대인 상태로 비행한다.
㉯ 프로펠러 항공기의 경우 양항비가 최소인 상태로 비행한다.
㉰ 프로펠러 항공기의 경우 양항비가 최대인 상태로 비행한다.
㉱ 프로펠러 항공기의 경우 ($\dfrac{C_L^{\frac{1}{2}}}{C_D}$) 가 최대인 상태로 비행한다.

20. 수직꼬리날개와 더불어 큰 옆미끄럼각에도 방향 안정성을 유지하는 것은?

㉮ 윙렛   ㉯ 도살핀
㉰ 서보탭   ㉱ 파울러 플랩

1. ㉯	2. ㉰	3. ㉱	4. ㉱	5. ㉯
6. ㉯	7. ㉰	8. ㉰	9. ㉯	10. ㉱
11. ㉰	12. ㉮	13. ㉰	14. ㉯	15. ㉰
16. ㉱	17. ㉮	18. ㉱	19. ㉰	20. ㉯

2001년도 산업기사 3회 항공역학

1. 항공기의 무게가 2,000kg이고, 날개의 면적이 30m²이며, 해발고도($\rho=1/8$kg·sec²/m⁴)에서 실속속도가 120km/h인 항공기의 C_{Lmax}는?

㉮ 0.96   ㉯ 1.24
㉰ 1.45   ㉱ 1.69

2. 날개의 후퇴각을 크게 하면 임계 마하수를 높일 수 있다. 그 이유는?

㉮ 항력계수를 감소시키기 때문
㉯ 조종성이 좋아지기 때문
㉰ 압력중심의 이동이 적기 때문
㉱ 날개시위 방향으로 공기흐름속도가 작아지기 때문

3. 프로펠러에 작용하는 공기력은 무엇에 비례하는가? (단, ρ: 밀도, μ: 공기의 절대 점성계수, S: 날개 면적, V: 비행속도)

㉮ μSV^2 ㉯ $\mu V^2/S$
㉰ ρSV^2 ㉱ $\rho V^2/S$

4. 캠버란 다음 그림 중에서 어느 부위를 말하는가?

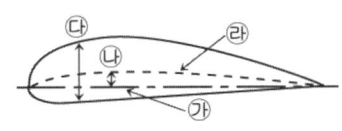

㉮ 가   ㉯ 나
㉰ 다   ㉱ 라

5. 프로펠러깃의 날개 단면에 대해 유입되는 합성속도 V_t 크기를 올바르게 표현한 것은?
(단, V: 비행속도, r: 프로펠러반지름, n: 프로펠러 회전수(rpm))

㉮ $V_t = \sqrt{V^2-(\pi nr)^2}$
㉯ $V_t = \sqrt{V^2+(\pi nr)^2}$
㉰ $V_t = \sqrt{V^2-(2\pi nr)^2}$
㉱ $V_t = \sqrt{V^2+(2\pi nr)^2}$

6. 항공기의 항력을 표시하는 것 중에 등가유해면적이라 하는 것은?

㉮ 항력계수가 1.28이 되는 평판이다.
㉯ 항력계수가 1이 되는 가상평판의 면적이다.
㉰ 항력계수가 0이 되는 평판의 면적이다.
㉱ 항력계수가 1.5가 되는 가상 평판의 면적이다.

▶ 등가유해 면적은 평판면적보다 1.28배 크다.

7. 정상수평비행하고 있는 항공기에서 오른쪽 방향 키페달을 발로 차면 항공기는 어떤 상태로 운동하는가?

㉮ 비행기 왼쪽날개가 아래로 기울고, 기수는 왼쪽으로 돌아간다.
㉯ 비행기 오른쪽날개가 아래로 기울고, 기수는 오른쪽으로 돌아간다.

㈐ 비행기 왼쪽날개가 아래로 기울고, 기수는 오른쪽으로 돌아간다.
㈑ 비행기 오른쪽날개가 아래로 기울고, 기수는 왼쪽으로 돌아간다.

8. 임계 마하수는?

㈎ 항력이 급격히 증가하는 마하수
㈏ 양력이 급격히 증가하는 마하수
㈐ 비행중 날개의 임의의 점이 M=1.0 이 될 때의 마하수
㈑ 이론상 비행기가 비행할 수 없는 속도 제한 마하수

● ㈎는 항력 발산 마하수

9. 갑자기 실속하는 경우가 아닌 것은?

㈎ 두께가 얇은 날개골
㈏ 앞전 반지름이 작은 날개골
㈐ 캠버가 큰 날개골
㈑ 세장비가 큰 날개골

● 세장비(장단비)= $\frac{시위길이}{날개골\ 두께}$, 세장비가 크다는 것은 두께가 얇고 길다는 것

10. 헬리콥터 회전날개의 조종장치 중 주기피치 레버와 동시피치레버를 작동할 필요성이 있다. 이를 위해 필요한 장치는?

㈎ 안정바   ㈏ 트랜스미션
㈐ 평형탭   ㈑ 회전경사판

● 전후좌우비행 - 주기적 피치 제어간(cyclic pitch control lever) - 회전경사판(swash plate)을 이용
상승하강비행 - 동시 피치 제어간(collective pitch control lever) - 회전경사판(swash plate)을 이용
방향 조종 - 페달 - 테일 로터의 피치 조절

11. 수평비행할 때 실속속도가 80km/h인 항공기가 60° 경사 선회할 때 실속속도는?

㈎ 90km/h   ㈏ 109km/h
㈐ 113km/h   ㈑ 120km/h

12. 고속비행시 피치업 (Pitch up)현상의 원인이 아닌 것은?

㈎ 뒷젖힘날개의 날개끝 실속
㈏ 뒷젖힘날개의 받음각 증가 방향 비틀림
㈐ 받음각 감소
㈑ 날개의 풍압 중심이 앞으로 이동

● pitch up: 고속기의 세로 불안정으로 비행기가 하강비행을 하는 동안 조종간을 당겨 기수를 올리려 할때, 받음각과 각속도가 특정값을 넘게 되면 예상한 정도 이상으로 기수가 올라가는 현상

13. 날개 세로 안정을 좋게 하기 위한 방법이 아닌 것은?

㈎ 무게중심이 날개 공기역학적 중심(합력점)보다 앞에 놓여야 한다.
㈏ 무게 중심에서 피칭 모멘트계수가 받음각이 증가함에 따라 감소해야 한다.
㈐ 날개골의 부피가 커야한다.
㈑ 수직날개의 면적이 커야 한다.

14. 그림과 같은 날개의 가로 세로비는?

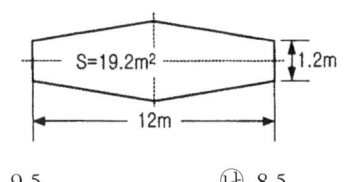

㈎ 9.5   ㈏ 8.5
㈐ 7.5   ㈑ 6.5

15. 항공기가 고도 5,000m에서 양항비가 10인 상태로 활공시 수평활공거리는?

㉮ 5,000m   ㉯ 25,000m
㉰ 50,000m ㉱ 100,000m

16. 항공기의 평형상태를 뜻하는 것이 아닌 것은?

㉮ 작용하는 모든 힘의 합이 무게중심에서 0
㉯ 속도 변화가 없는 상태
㉰ 항공기의 기관이 추력을 일정하게 내는 상태
㉱ 항공기의 회전모멘트 성분이 없는 상태

17. 지름이 20cm와 30cm로 된 관이 서로 연결되어 있다. 지름 20cm 관에서 속도가 2.4m/s 일 때 지름 30cm 관에서의 속도는?

㉮ 0.19m/s   ㉯ 1.07m/s
㉰ 1.74m/s   ㉱ 1.98m/s

18. 프로펠러 항공기가 최대항속시간이 되는 비행조건은?

㉮ $\left.\dfrac{C_L}{C_D}\right)_{최대}$ ㉯ $\left.\dfrac{C_L^{\frac{3}{2}}}{C_D}\right)_{최대}$

㉰ $\left.\dfrac{C_L^{\frac{1}{2}}}{C_D}\right)_{최대}$ ㉱ $\left.\dfrac{C_L}{C_D^{\frac{1}{2}}}\right)_{최대}$

19. 최대 상승률이 되는 지점은?

㉮ D
㉯ C
㉰ B
㉱ A

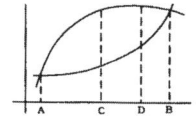

20. 헬리콥터 회전날개의 무게 중심과 회전축간의 거리가 회전날개의 플래핑 운동에 의해 길어지거나 짧아짐으로서 회전날개의 회전속도가 증가하거나 감소하는 현상은?

㉮ 자이로스코프 효과
㉯ 코리올리 효과
㉰ 추력편향 효과
㉱ 회전축 편심 효과

1. ㉮	2. ㉱	3. ㉰	4. ㉯	5. ㉱
6. ㉯	7. ㉯	8. ㉰	9. ㉰	10. ㉱
11. ㉰	12. ㉰	13. ㉰	14. ㉰	15. ㉰
16. ㉰	17. ㉯	18. ㉰	19. ㉯	20. ㉯

2002년도 산업기사 1회 항공역학

1. 연속의 법칙에 대한 설명으로 틀린 것은?
  ㉮ 단위시간당 유관내의 두 단면을 통과하는 유량은 똑같다.
  ㉯ 유속이 증가함에 따라 유량도 증가한다.
  ㉰ 유관의 단면적이 감소하면 유속은 증가한다.
  ㉱ 단면적이 동일한 경우 밀도가 증가하면 유속은 감소한다.

2. 그림과 같은 압력구배가 없는 점성흐름을 고찰할 때 작용힘(F)과 비례하지 않는 요소는?
  ㉮ 점성계수(μ)
  ㉯ 물체의 속도(V)
  ㉰ 작용면적(S)
  ㉱ 거리(높이)(h)

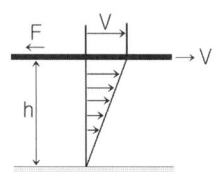

3. 헬리콥터에서 회전날개의 깃(blade)은 회전하면 회전면을 밑면으로 하는 원추의 모양을 만들게 된다. 이 때 이 회전면과 원추 모서리가 이루는 각을 무슨 각이라 하는가?
  ㉮ 받음각(angle of attack)
  ㉯ 코닝각(coning angle)
  ㉰ 피치각(pitch angle)
  ㉱ 플래핑각(flapping angle)

4. 항공기에서 사용되는 실용상승 한도(Service ceiling)란 상승률이 얼마가 되는 고도인가?
  ㉮ 0.1m/sec   ㉯ 0.5m/sec
  ㉰ 1m/sec   ㉱ 1.5m/sec

5. 비행기가 무동력으로 하강하는 것에 대응하는 헬리콥터가 갖고 있는 가장 큰 특징은?
  ㉮ 수직상승
  ㉯ 자전하강(Autorotation)
  ㉰ 플래핑(Flapping)
  ㉱ 리드-래그(lead-lag)

▶ 자동회전(Autorotation)이란 회전날개축에 토크가 작용하지 않는 상태에서도 일정한 회전수를 유지하는 것을 말한다. 비행중 갑자기 기관이 정지하면 자동 회전의 원리에 의해 안전하게 착륙할 수 있다.

6. 등속도 수평비행이라 함은 어떠한 비행인가?
  ㉮ 일정한 가속도로 수평비행하는 것을 말한다.
  ㉯ 속도가 시간에 따라 일정하게 증가하면서 수평비행함을 말한다.
  ㉰ 일정한 속도로 수평비행함을 말한다.
  ㉱ 필요마력이 일정하게 되는 수평비행을 말한다.

7. 고정피치 프로펠러를 장착한 항공기의 비행속도가 증가하는 경우에 가장 올바른 내용은?
  ㉮ 깃각이 증가한다.
  ㉯ 깃의 받음각이 증가한다.

㉰ 깃각이 감소한다.
㉱ 깃의 받음각이 감소한다.

8. 비행기 무게 1,000kg이고 경사각이 30°로 100km/h의 속도로 정상선회를 하고 있을 때 양력은 얼마인가? (단, cos30°=0.866이다.)
   ㉮ 11.55(kg)   ㉯ 115.5(kg)
   ㉰ 1155(kg)   ㉱ 2155(kg)

9. 활공 비행에서 활공각을 θ 라고 할 때 활공각을 나타내는 식은?
   (L=양력, W=비행기 무게, D=항력)
   ㉮ $\sin\theta = L/D$ ㉯ $\cos\theta = W/L$
   ㉰ $\tan\theta = L/D$ ㉱ $\tan\theta = D/L$

10. 무게 1,000kg의 비행기가 7,000m상공(ρ =0.06kg·S²/M⁴)에서 급강하 하고 있다. 항력계수 C_D=0.1이고, 날개하중은 30kg이다. 이 때의 급강하 속도는?
    ㉮ 100m/sec   ㉯ $100\sqrt{3}$ m/sec
    ㉰ 200m/sec   ㉱ $100\sqrt{5}$ m/sec

11. 날개의 길이가 50feet, 시위가 6feet인 비행기가 비행시 양력계수가 0.6일 때 유도항력계수를 구하면? (단, 날개의 효율계수 e=1이라고 가정한다.)
    ㉮ 0.0105   ㉯ 0.0138
    ㉰ 0.0210   ㉱ 0.0272

12. 그림에서 날개의 가로세로비를 계산시 이용되는 것은?

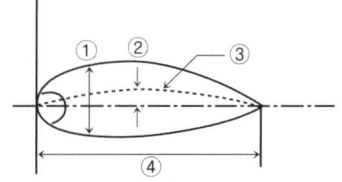

   ㉮ ①   ㉯ ②
   ㉰ ③   ㉱ ④

13. 비행 중 비행기에 작용하는 항력은?
    ㉮ 공기밀도와 무관하다.
    ㉯ 속도의 제곱에 비례한다.
    ㉰ 정상비행중 양력과 반비례한다.
    ㉱ 받음각 증가에 따라 감소한다.

14. 비행기에 옆놀이 모멘트(Rolling moment)를 주는 surface는?
    ㉮ 승강키   ㉯ 방향키
    ㉰ 고양력장치   ㉱ 도움날개

15. 비행기 조종면에 매스 밸런스(Mass balance)를 하는 가장 큰 목적은?
    ㉮ 조종면의 진동방지
    ㉯ 기수 올림 모멘트 방지
    ㉰ 조종면 효과증대
    ㉱ 힌지 모멘트 감소
    ▶ 조종면의 평형을 유지시켜 조종면의 효과를 증가시킨다.

16. 비행기에 사용되는 프로펠러를 설계할 때 만족시키지 않아도 되는 성능은?
    ㉮ 이륙성능   ㉯ 상승성능
    ㉰ 순항성능   ㉱ 착륙성능

17. 프로펠러 단면을 얇은 날개이론에 의해 분석하면, 받음각에 대한 양력계수의 변화율은?
   (단. 양력계수는 자유유동의 동압과 시위와 단위스팬에 의해 무차원화 되었고, π는 원주율이다.)
   ㉮ $1/\pi$　　㉯ 1
   ㉰ π　　㉱ 2π

18. 비행기 속도가 2배로 증가 했을 때 조종력은?
   ㉮ 변화 없다.　　㉯ 2배로 증가한다.
   ㉰ 더 감소한다.　　㉱ 4배로 증가한다.

19. 비행기의 정적 방향 안정성에 있어서 불안정한 영향을 끼치는 요소는?
   ㉮ 수직 꼬리날개　　㉯ 도살핀
   ㉰ 후퇴날개　　㉱ 동체

   ● 방향 안정에 불안정한 영향을 끼치는 요소에는 동체와 기관 등이 있다.

20. 피치 업(pitch up) 원인이 아닌 것은?
   ㉮ 뒤젖힘 날개의 날개끝 실속
   ㉯ 뒤젖힘 날개의 비틀림
   ㉰ 쳐든각 효과의 감소
   ㉱ 날개의 풍압중심이 앞으로 이동

1. ㉯	2. ㉱	3. ㉯	4. ㉯	5. ㉯
6. ㉰	7. ㉱	8. ㉰	9. ㉱	10. ㉮
11. ㉯	12. ㉱	13. ㉯	14. ㉱	15. ㉮
16. ㉱	17. ㉱	18. ㉱	19. ㉱	20. ㉰

2002년도 산업기사 2회 항공역학

1. 프러펠러의 효율은 진행율에 비례하게 되는데 진행율이란 무엇인가?
   - ㉮ 추력과 토크와의 비율
   - ㉯ 실용피치와 지름과의 비율
   - ㉰ 실용피치와 기하피치와의 차
   - ㉱ 기하피치와 지름과의 비율

2. 밀도가 0.1kg·sec²/m⁴인 대기속을 100m/sec의 속도로 비행할 때 피토관(PITOT TUBE)입구에 작용하는 동압은?
   - ㉮ $100kg/m^2$
   - ㉯ $500kg/m^2$
   - ㉰ $1,000kg/m^2$
   - ㉱ $1,500kg/m^2$

3. 날개면적이 100m²인 비행기가 400km/h의 속도로 수평 비행하는 경우에 이 항공기의 중량은 얼마 정도 되는가? (단, 이때의 양력계수는 0.6이며, 공기밀도는 0.125kg·sec²/m⁴ 이다.)
   - ㉮ 46,300kg
   - ㉯ 60,000kg
   - ㉰ 15,600kg
   - ㉱ 23,300kg

4. 비행기의 무게가 3,000kg이고, 경사각이 30°로 150km/h의 속도로 정상선회하고 있을 때 선회반지름(m)은?
   - ㉮ 306.8
   - ㉯ 324.3
   - ㉰ 567.0
   - ㉱ 721.6

5. 비행기의 마하수(mach number)가 증가하면 충격파 때문에 항력이 급격히 커지는 현상은?
   - ㉮ Buffeting 현상
   - ㉯ drag divergence 현상
   - ㉰ stall 현상
   - ㉱ Fluttering 현상

   *Buffeting 현상: 공기 흐름이 날개에서 떨어지면서 발생되는 후류가 날개나 꼬리 날개를 진동시키는 현상
   *Fluttering 현상: 항공기에 작용하는 공기역학적인 힘, 관성력, 탄성력이 상호작용에 의하여 생기는 주기적인 불안정한 진동

6. 수평등속도 비행을 하는 중에 속도를 증가시키고 그 상태에서 수평비행을 하기 위해서는 받음각은 어떻게 변화시켜야 하는가?
   - ㉮ 감소시킨다.
   - ㉯ 증가시킨다.
   - ㉰ 변화를 시키지 않는다.
   - ㉱ 받음각과는 무관하다.

7. 이륙중량이 1,500kg, 엔진출력 250HP인 비행기가 해면 고도를 80%의 출력으로 180km/h로 순항 비행할때 양항비(C_L/C_D)는?
   - ㉮ 5.25
   - ㉯ 5.0
   - ㉰ 6.0
   - ㉱ 6.25

   P(출력) = T·V,

$$T(\text{추력}) = W \cdot \frac{D}{L} = W \cdot \frac{C_D}{C_L} = \frac{W}{\text{양항비}},$$

$$\text{양항비} = \frac{W}{T} = \frac{W}{\frac{P}{V}} = \frac{W \cdot V}{P}$$

$$\text{양항비} = \frac{1{,}500 \times \frac{180}{3.6}}{250 \times 75 \times 0.8}$$

8. 실용상승한도(service ceiling)는 상승속도가 얼마일 때인가?
- ㉮ 0.5m/s
- ㉯ 1m/s
- ㉰ 2m/s
- ㉱ 10m/s

9. 비행기의 최소 속도를 나타낸 식 중 옳은 것은?
(단, W : 비행기 무게, ρ : 밀도, S : 기준면적, C_{Lmax} : 최대 양력계수)
- ㉮ $V_{min} = \sqrt{\dfrac{2W}{\rho s C_{Lmax}}}$
- ㉯ $V_{min} = \sqrt{\dfrac{W}{\rho s C_{Lmax}}}$
- ㉰ $V_{min} = \sqrt{\dfrac{W}{2 s C_{Lmax}}}$
- ㉱ $V_{min} = \sqrt{\dfrac{1.5W}{\rho s C_{Lmax}}}$

10. NACA23012 날개꼴에 대한 설명으로 가장 올바른 것은?
- ㉮ 최대캠버가 시위의 2%로 앞전에서 15%에 위치한다.
- ㉯ 최대캠버가 시위의 20%로 앞전에서 30%에 위치한다.
- ㉰ 최대두께가 15%이다.
- ㉱ 최대두께가 12%로 최대캠버는 앞전에서 50%에 위치한다.

11. 날개의 면적이 20m²이고 날개 길이가 12m일 때 가로세로비(종횡비)는 얼마인가?
- ㉮ 8
- ㉯ 7.2
- ㉰ 6
- ㉱ 1.7

12. 비행기의 양력에 관계하지 않고 비행을 방해하는 유해 항력으로 볼 수 없는 것은?
- ㉮ 조파항력
- ㉯ 유도항력
- ㉰ 마찰항력
- ㉱ 형상항력

13. 헬리콥터가 전진 비행할 때 속도와 유도마력과의 관계로 가장 올바른 것은?
- ㉮ 전진속도가 증가하면 유도마력은 증가한다.
- ㉯ 전진속도가 증가하면 유도마력은 감소한다.
- ㉰ 전진속도가 증가하면 유도마력은 변화하지 않는다.
- ㉱ 전진속도가 증가하면 유도마력도 느리게 증가한다.

14. 헬리콥터에서 콜렉티브 피치조종(collective pitch control)이란?
- ㉮ 메인 로우터 브레이드의 회전각에 따라 받음각을 조절하는 조작
- ㉯ 메인 로우터 브레이드가 전진 회전시 받음각을 감소시키는 조작
- ㉰ 메인 로우터 브레이드가 양력을 증가, 감소 시키는 조작
- ㉱ 로우터 브레이드 회전축을 운동하고자 하는 방향으로 기울이는 조작

15. 프로펠러의 깃의 미소길이 dr에 발생하는 미소양력이 dL, 항력이 dD이고 이때의 유입각(advance angle)이 α라면 이 미소길이에서 발생하는 미소추력 dT는?

㉮ $dT = dL\cos\alpha - dD\sin\alpha$
㉯ $dT = dL\cos\alpha + dD\sin\alpha$
㉰ $dT = dL\sin\alpha - dD\cos\alpha$
㉱ $dT = dL\sin\alpha + dD\cos\alpha$

16. 비행기의 가로안정에 날개가 가장 중요한 요소이다. 가로안정을 유지시키는 가장 좋은 방법은?

㉮ 날개의 캠버를 크게 한다.
㉯ 날개에 쳐든각(dihedral angle)을 준다.
㉰ 날개의 시위선을 최대로 한다.
㉱ 밸런스 탭(balance tap)을 장착한다.

17. 비행기에 작용하는 모든 힘의 합이 '0'이며, 키놀이, 옆놀이 및 빗놀이 모멘트의 합이 '0'인 경우를 무엇이라 하는가?

㉮ 정조준   ㉯ 평형
㉰ 안정   ㉱ 균형

18. 비행기의 세로 운동의 주요 변수요인이 아닌 것은?

㉮ 비행기의 키놀이 자세
㉯ 공기밀도
㉰ 받음각
㉱ 비행속도

19. 방향키 부유각(float angle)이란?

㉮ 방향키를 밀었을 때 공기력에 의해 방향키가 변위 되는 각
㉯ 방향키를 당겼을 때 공기력에 의해 방향키가 변위 되는 각
㉰ 방향키를 고정했을 때 공기력에 의해 방향키가 변위 되는 각
㉱ 방향키를 자유로 했을 때 공기력에 의해 방향키가 자유로이 변위되는 각

20. 가장 큰 쳐든각(dihedral angle)을 필요로 하는 경우는?

㉮ 날개가 동체의 상부에 위치하는 경우
㉯ 날개가 동체의 상부로부터 약 25%위치에 있는 경우
㉰ 날개가 동체의 중심부에 위치하는 경우
㉱ 날개가 동체의 하부에 위치하는 경우

1. ㉯	2. ㉯	3. ㉮	4. ㉮	5. ㉯
6. ㉮	7. ㉯	8. ㉮	9. ㉮	10. ㉮
11. ㉯	12. ㉯	13. ㉯	14. ㉰	15. ㉮
16. ㉯	17. ㉯	18. ㉯	19. ㉱	20. ㉱

2002년도 산업기사 3회 항공역학

1. 다음 베르누이의 정리에 관련된 사항 중 옳지 못한 것은?
   (단, P_t:전압, P:정압, q:동압, V:속도, ρ:밀도)
   ㉮ $q = \frac{1}{2}\rho V^2$
   ㉯ $P = P_t + q$
   ㉰ 이상유체, 정상흐름에서 P_t는 일정하다.
   ㉱ 정압은 항상 존재한다.

2. 항공기에 발생하는 항력(drag)에는 여러 가지 종류의 항력이 있다. 아음속 비행시에 발생하기 않는 항력은?
   ㉮ 유도항력   ㉯ 마찰항력
   ㉰ 압력항력   ㉱ 조파항력

3. 최대 양항비(揚抗比)가 12인 항공기가 고도 2,400m에서 활공을 시작했다. 최대 수평도달 거리는?
   ㉮ 14,400m   ㉯ 24,000m
   ㉰ 28,800m   ㉱ 48,000m

4. 날개의 시위길이가 3m, 공기의 흐름속도가 360 km/h, 공기의 동점성계수가 0.3cm²/sec일 때 Reynolds Number는?
   (단, 기준속도는 공기흐름속도이고, 기준길이는 시위 길이이다.)

   ㉮ 1×10^7 ㉯ 2×10^7
   ㉰ 1×10^8 ㉱ 2×10^8

5. 항공기의 필요마력과 속도와의 관계로 가장 올바른 것은?
   ㉮ 필요마력은 속도에 비례한다.
   ㉯ 필요마력은 속도의 제곱에 비례한다.
   ㉰ 필요마력은 속도의 세제곱에 비례한다.
   ㉱ 필요마력은 속도에 반비례한다.

6. 정적 안정성이 가장 좋은 c.g와 a.c의 위치에 관하여 다음 중 올바르게 설명한 것은?
   ㉮ c.g가 a.c의 앞에 있어야 한다.
   ㉯ c.g와 a.c는 일치해야 한다.
   ㉰ c.g는 a.c의 뒤에 있어야 한다.
   ㉱ 서로 관련이 없다.

7. 헬리콥터 회전날개의 회전면과 회전날개(원추 모서리)사이의 각을 코닝각(Coning Angle)이라 부르는데 이러한 코닝각을 결정하는 요소는?
   ㉮ 항력과 원심력의 합력
   ㉯ 양력과 추력의 합력
   ㉰ 양력과 원심력의 합력
   ㉱ 양력과 항력의 합력

8. 비행기의 스핀(SPIN) 비행과 가장 관련이 깊은 현상은?

㉮ 자전 현상(AUTOROTATION)
㉯ 날개드롭 현상(WING DROP)
㉰ 가로방향 불안정 현상(DUTCH ROLL)
㉱ 디프실속 현상(DEEP STALL)

● 스핀이란 자동회전과 수직강하가 조합된 비행으로 수직스핀과 수평스핀이 있다.

9. 조종면은 무엇을 변화시켜 효과를 발생시키는가?

㉮ 날개골의 면적   ㉯ 날개골의 두께
㉰ 날개골의 캠버   ㉱ 날개골의 길이

● 조종면은 날개골에 생기는 공기력을 변화시켜 효과를 발생 : 양력 발생의 원리

10. 선회(Turns) 비행시 외측으로 Slip하는 이유는?

㉮ 경사각이 작고 구심력이 원심력보다 클 때
㉯ 경사각이 크고 구심력이 원심력보다 작을 때
㉰ 경사각이 크고 구심력보다 클 때
㉱ 경사각은 작고 원심력이 구심력보다 클 때

11. 절대상승 한도란?

㉮ 상승률이 0m/sec 되는 고도
㉯ 상승률이 0.5m/sec 되는 고도
㉰ 상승률이 5cm/sec 되는 고도
㉱ 상승률이 0.5cm/sec 되는 고도

12. 비행기가 이착륙시 마찰계수가 최소인 활주로 상태는?

㉮ 콘크리트   ㉯ 넓은 운동장
㉰ 굳은 잔디밭   ㉱ 풀이 짧은 들판

13. 프로펠러의 진행률이란?

㉮ 프로펠러의 유효피치와 프로펠러 지름과의 비
㉯ 추력과 토오크와의 비
㉰ 프로펠러 기하피치와 프로펠러 유효피치와의 비
㉱ 프로펠러 기하피치와 프로펠러 지름과의 비

14. NACA 4자 계열의 AIRFOIL을 표기한 내용으로 틀린 것은? "NACA 2412"

㉮ 최대 캠버가 시위의 2%이다.
㉯ 최대 두께가 시위의 12%이다.
㉰ 앞 두자리가 00인 경우 대칭인 AIRFOIL을 의미한다.
㉱ 최대 캠버의 위치가 앞전으로부터 시위의 4% 앞에 있다.

15. 날개 끝의 붙임각을 날개 뿌리의 붙임각보다 크게 하거나 작게 한 것은?

㉮ 뒤젖힘각
㉯ 쳐든각
㉰ 붙임각
㉱ 기하학적 비틀림각

16. 왼쪽과 오른쪽이 서로 반대로 움직이는 도움 날개에서 발생되는 힌지 모멘트가 서로 상쇄되도록 하여 조종력을 경감시키는 장치는?

㉮ horn balance
㉯ leading edge balance
㉰ frise balance
㉱ internal balance

17. 정적안정과 동적안정에 대한 설명으로 가장 올바른 것은?

㉮ 동적안정시 (+)이면 정적안정은 반드시 (+)이다.
㉯ 동적안정시 (−)이면 정적안정은 반드시 (−)이다.
㉰ 정적안정시 (+)이면 동적안정은 반드시 (−)이다.
㉱ 정적안정시 (−)이면 동적안정은 반드시 (+)이다.

18. 헬리콥터에서 세로축에 대한 움직임(Rolling : 횡요)은 무엇에 의해 움직이게 되는가?

㉮ 트림 피치 콘트롤 레버
  (trim pitch control lever)
㉯ 콜렉티브 피치 콘트롤 레버
  (collective pitch control lever)
㉰ 테일 로우터 피치 콘트롤
  (tail rotor pitch control)
㉱ 사이클릭 피치 콘트롤
  (cyclic pitch control lever)

19. 프로펠러의 동력계수 Cp는?

(단, P:동력, n:초당 회전수, D:직경, ρ:밀도, V:비행속도)

㉮ $P/(n^3D^5)$ ㉯ $P/(n^3D^6)$
㉰ $P/(\rho n^3D^5)$ ㉱ $P/(\rho n^3D^6)$

20. 프로펠러의 역피치(reversing)를 사용하는 주 목적은?

㉮ 추력의 증가를 위해서
㉯ 추력을 감소시키기 위해서
㉰ 착륙시 활주거리를 줄이기 위해서
㉱ 후진비행을 위해서

1. ㉯	2. ㉱	3. ㉰	4. ㉮	5. ㉰
6. ㉮	7. ㉰	8. ㉮	9. ㉰	10. ㉱
11. ㉮	12. ㉮	13. ㉮	14. ㉯	15. ㉱
16. ㉰	17. ㉮	18. ㉱	19. ㉱	20. ㉰

2003년도 산업기사 1회 항공역학

1. 임계 레이놀즈수에 대한 설명 내용으로 가장 관계가 먼 것은?
   ㉮ 층류에서 난류로 바뀔 때의 레이놀즈수
   ㉯ 층류에서 또 다른 형태의 층류로 바뀔 때의 레이놀즈수
   ㉰ 난류에서 층류로 바뀔 때의 레이놀즈수
   ㉱ 유동중 천이현상이 일어날 때의 레이놀즈수

2. 항공기의 중량이 일정한 경우에 항공기의 추력과 양항비(lift-drag ratio)와는 어떠한 관계가 있는가?
   ㉮ 추력은 양항비에 비례한다.
   ㉯ 추력은 양항비에 반비례한다.
   ㉰ 추력은 양항비의 제곱에 비례한다.
   ㉱ 추력은 양항비의 제곱에 반비례한다.

3. 비행기가 선회비행을 할 때 정상선회라 하는 것은 어떤 경우인가?
   ㉮ 원심력이 구심력보다 큰 경우이다.
   ㉯ 원심력이 구심력과 같은 경우이다.
   ㉰ 원심력이 구심력보다 작은 경우이다.
   ㉱ 속도가 원심력보다 큰 경우이다.

4. 일반적으로 초음속 영역을 나타내는 것은?
   ㉮ $M<0.75$
   ㉯ $0.75<M<1.20$
   ㉰ $1.20<M<5.0$
   ㉱ $M>5.0$

5. 실용상승 한도에서 항공기의 상승률은 얼마인가?
   ㉮ 0.5m/sec되는 고도
   ㉯ 10m/sec되는 고도
   ㉰ 5m/sec되는 고도
   ㉱ 50m/sec되는 고도

6. 비행기의 중량 W=4,500kg, 주날개면적 $S=50m^2$, 비행기 고도가 해면일 때 비행기의 최소속도 Vmin을 구하면?
   (단, 이때 비행기의 $C_{Lmax}=1.6$, $\rho=0.125kg \cdot sec^2/m^4$이다)
   ㉮ 30m/sec   ㉯ 40km/h
   ㉰ 100m/sec   ㉱ 120km/h

7. 헬리콥터가 빠르게 날 수 없는 이유를 설명한 내용 중 틀린 것은?
   ㉮ 후퇴하는 깃(retreating blade)에서의 실속
   ㉯ 후퇴하는 깃(retreating blade)에서의 역풍지역(reverse flow region)
   ㉰ 전진하는 깃 끝의 항력 감소
   ㉱ 전진하는 깃 끝의 속도 증가

8. 헬리콥터 회전날개(Rotor Blade)에 적용되는 기본 힌지(Hinge)로 가장 올바른 것은?
   ㉮ 플래핑힌지(Flapping), 페더링힌지(Feathering), 전단힌지(Shear)

㉯ 플래핑힌지, 페더링힌지, 항력힌지(Lead-Lag)
㉰ 플래핑힌지, 항력힌지, 전단힌지
㉱ 플래핑힌지, 항력힌지, 경사(Slpoe)힌지

9. 프로펠러의 효율이 80%인 항공기가 그 기관의 최대출력이 800마력인 경우 이 비행기가 수평최대속도에서 낼 수 있는 최대 이용마력은?

㉮ 640ps ㉯ 760ps
㉰ 800ps ㉱ 880ps

10. 글라이더(Glider)가 고도 2,000m 상공에서 양항비 20인 상태로 활공한다면 도달할 수 있는 수평활공거리(m)는?

㉮ 40,000 ㉯ 3,000
㉰ 2,000   ㉱ 6,000

11. Airfoil의 머물음점(stagnation point)이란 어떠한 점을 의미하는가?

㉮ 속도가 0이 되는 점을 말한다.
㉯ 압력이 0이 되는 점을 말한다.
㉰ 속도, 압력이 동시에 0이 되는 점을 말한다.
㉱ 마하수가 1이 되는 점을 말한다.

● 정체점이라고도 하며, 에어포일에서 공기의 흐름이 상하로 나뉘거나, 합쳐지는 앞전과 뒷전에서 공기 흐름 속도가 0이 되는 지점을 말한다.

12. 그림과 같이 상대적으로 갑작스런 실속이 일어나는 특성을 갖는 날개골은?

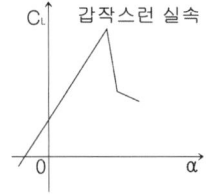

㉮ 두께가 두꺼운 날개골
㉯ 앞전 반지름이 큰 날개골
㉰ 캠버가 큰 날개골
㉱ 레이놀즈수가 작은 날개골

13. 압력중심에 가장 큰 영향을 끼치는 요소는 어느 것인가?

㉮ 양력   ㉯ 받음각
㉰ 항력   ㉱ 추력

14. 항공기 피칭 모멘트(Pitching Moment)가 서서히 증가하는 경향이 있다. 이 같은 현상은?

㉮ 세로안정성(Langitudinal stability)의 감소
㉯ 가로안정성(Lateral stability)의 증대
㉰ 가로안정성의 감소
㉱ 세로안정성의 증대

● ① 정적 세로 안정 : 비행기가 비행중 외부 영향이나 조종사 의도에 의해 승강키가 조작되어 키놀이(pitching) 모멘트가 변화되었을 때, 처음 평형 상태로 되돌아가려는 경향
② 동적 세로 안정 : 외부 영향에 의해 키놀이 모멘트가 변화된 경우 운동의 진폭이 시간에 따라 감소하는 경우

15. 항공기의 상승비행에 대한 설명으로 가장 올바른 것은?

㉮ 이용마력과 필요마력이 같다.
㉯ 이용마력이 필요마력보다 크다.

㉰ 이용마력이 필요마력보다 적다.
㉱ 이용마력과 관계없이 필요마력에 의해 결정된다.

16. 프로펠러 깃의 날개 단면에 대해 유입되는 합성속도 Vt의 크기를 올바르게 표현한 식은?
(단, V : 비행속도, r : 프로펠러 반지름, n : 프로펠러 회전수(rps))

㉮ $Vt = \sqrt{V^2-(\pi nr)^2}$
㉯ $Vt = \sqrt{V^2+(\pi nr)^2}$
㉰ $Vt = \sqrt{V^2-(2\pi nr)^2}$
㉱ $Vt = \sqrt{V^2+(2\pi nr)^2}$

17. 고정피치 프로펠러의 경우 어떤 속도에서 효율이 가장 좋도록 깃각이 결정되는가?

㉮ 이륙시 ㉯ 착륙시
㉰ 순항시 ㉱ 상승시

▶ ① 고정피치 프로펠러: 깃각이 고정됨(순항시 최대효율이 나오록 함)
② 조정피치 프로펠러: 지상에서 정지시에만 깃각을 바꿀 수 있는 프로펠러
③ 가변피치 프로펠러: 비행중 비행상태에 맞도록 깃각이 바뀌어지는 프로펠러(2단가변피치 프로펠러와 정속 프로펠러가 있음)

18. 프로펠러의 감속장치에서 주동기어의 잇수를 Na, 유성기어의 잇수를 Nb, 고정기어의 잇수를 Nc라 할 때 감속비 r은?

㉮ $r = \dfrac{Na}{Na+Nb+Nc}$
㉯ $r = \dfrac{Na}{Na+Nc}$
㉰ $r = \dfrac{Na+Nc}{Na+Nb+Nc}$
㉱ $r = \dfrac{Nc}{Na+Nc}$

▶ 감속비를 결정하는 데 유성기어의 잇 수는 포함되지 않는다.

19. 수직 꼬리날개와 방향안정의 관계에 대하여 설명한 내용 중 가장 올바른 것은?

㉮ 수직 꼬리날개 면적의 증가는 항력의 증가를 수반하므로 매우 작은 값으로 제한하도록 하고, 그 대신 주 날개의 면적을 증가시키도록 해야 한다.
㉯ 마하수가 큰 초음속 비행기에서는 수직 꼬리날개에 의한 안정성이 증가한다.
㉰ 큰 마하수에서 충분한 방향 안정성을 가지기 위해서, 초음속기의 경우 상대적으로 작은 꼬리날개를 가진다.
㉱ 정적 방향안정에 미치는 수직 꼬리날개의 영향은 수직 꼬리날개 양력 변화와 모멘트 팔 길이에 의존한다.

▶ 수직꼬리날개는 비행기의 방향안정에 일차적인 영향을 준다. 수직꼬리날개에 의한 빗놀이 모멘트는 꼬리날개의 옆미끄럼힘과 비행기 무게중심에서부터 꼬리날개까지의 거리(모멘트 팔 길이)를 곱하여 구하여진다. 그러므로 방향안정에 있어서 수직꼬리날개의 위치는 가장 중요한 요소이다.

20. 음속에 가까운 속도로 비행시 속도를 증가시킬수록 기수가 오히려 내려가는 경향이 생겨 조종간을 당겨야 하는 현상은?

㉮ 더치롤(Duch roll)
㉯ 내리흐름(down wash)현상
㉰ 턱 언더(tuck under)현상
㉱ 나선 불안정(spiral divergence)

① 더치롤: 가로 방향 불안정으로서 가로진동과 방향진동이 결합된 것
② 나선 불안정: 정적 방향 안정성이 정적 가로 안정보다 훨씬 클 때 발생하는 불안정 형태
③ 턱 언더: 고속기의 세로 불안정의 한 형태로 턱 언더에 의한 조종력의 역작용은 조종사에 의해서 수정되기가 어렵기 때문에 제트 수송기에서는 조종 계통에 마하 트리머나 피치 트림 보상기를 설치하여 자동적으로 턱 언더를 수정할 수 있게 함

1. 나	2. 나	3. 나	4. 다	5. 가
6. 가	7. 다	8. 다	9. 가	10. 가
11. 가	12. 라	13. 나	14. 가	15. 나
16. 다	17. 다	18. 나	19. 라	20. 다

2003년도 산업기사 2회 항공역학

1. "비압축성이란 공기의 ( ) 변화를 무시할 수 있다는 것이다." ( )안에 알맞은 것은?
㉮ 밀도 ㉯ 온도
㉰ 압력 ㉱ 점성력

2. 받음각이 커지게 되면 풍압중심(C.P)은 일반적으로 어떻게 되는가?
㉮ 앞전쪽으로 이동한다.
㉯ 뒷전쪽으로 이동한다.
㉰ 기류의 상태에 따라 앞전이나 뒷전쪽으로 이동한다.
㉱ 풍압중심은 받음각에 무관하게 일정한 위치가 된다.

3. 비행기가 상승하면서 선회비행을 하는 경우는?
㉮ 양력의 수직분력이 중량보다 커야 한다.
㉯ 양력의 수직분력이 중량보다 작아야 한다.
㉰ 양력의 수직분력과 중량이 같아야 한다.
㉱ 양력과 수직분력에 관계없다.

◉ 비행기가 상승하려면 위로 향하는 수직력(양력의 수직성분)이 아래로 향하는 수직력(비행기 무게)보다 커야 한다.

4. 점성에 의한 마찰력을 기술한 것 중에서 틀린 것은?
㉮ 마찰력은 속도 구배에 비례한다.
㉯ 마찰력은 면적의 제곱에 비례한다.
㉰ 마찰력은 절대 점성계수에 비례한다.
㉱ 마찰력은 유체의 속도에 관계된다.

5. 다음의 고양력 장치 중에서 성능이 가장 좋은 것은?
㉮ Fowler flap ㉯ Split flap
㉰ Zap flap ㉱ Plain flap

6. 비행기가 스핀비행을 할 경우 이를 회복시키려면 (정상수평 비행 상태) 비행기를 우선 어떻게 하는가?
㉮ 강하시킨다. ㉯ 상승시킨다.
㉰ 선회시킨다. ㉱ 실속시킨다.

◉ 스핀이란 자동회전(autorotation)과 수직 강하가 조합된 비행형태로서, 스핀에 들어가려면 조종간을 당겨 실속시킨 후 방향키 페달을 한 쪽만 밟아 주면 된다. 스핀에서 탈출하려면 조종간을 밀어 받음각을 감소시켜 급강하로 들어가서 스핀을 회복해야 한다.

7. 프로펠러 비행기의 이륙거리(take-off distance)란?

   ㉮ 이륙을 위한 지상활주거리+5m 상승까지의 공중 수평거리
   ㉯ 이륙을 위한 지상활주거리+15m 상승까지의 공중 수평거리
   ㉰ 이륙을 위한 지상활주거리+50m 상승까지의 공중 수평거리
   ㉱ 이륙을 위한 지상활주거리+75m 상승까지의 공중 수평거리

8. 제트항공기가 최대항속시간을 비행하기 위한 조건은 어느 것인가?

   ㉮ $\left(\dfrac{C_L}{C_D}\right)$ 최대
   ㉯ $\left(\dfrac{C_L^{\frac{3}{2}}}{C_D}\right)$ 최대
   ㉰ $\left(\dfrac{C_L^{\frac{1}{2}}}{C_D}\right)$ 최대
   ㉱ $\left(\dfrac{C_L}{C_D}\right)^{\frac{1}{2}}$ 최대

9. 비행기가 200mile/h로 비행시 100lbs의 항력이 작용하였다. 만일 이 비행기가 같은 자세로 300mile/h로 비행시 작용하는 항력을 구하면?

   ㉮ 225lbs   ㉯ 230lbs
   ㉰ 235lbs   ㉱ 240lbs

   ● 항력은 속도의 제곱에 비례,
   $\dfrac{100}{D} = \dfrac{(200)^2}{(300)^2}$

10. 프로펠러의 진행비(advance ratio)를 올바르게 나타낸 것은? (단, V: 속도, n: 프로펠러 회전속도, D: 프로펠러지름)

    ㉮ $J=\dfrac{V}{nD}$ ㉯ $J=\dfrac{nD}{V}$
    ㉰ $J=\dfrac{n}{VD}$ ㉱ $J=\dfrac{D}{Vn}$

11. 헬리콥터 회전날개의 무게중심(Center of gravity)과 회전축과의 거리가 회전날개의 플래핑운동(flapping)에 의하여 길어지거나 짧아짐으로써 회전날개의 회전속도가 증가하거나 감소하는 현상은?

    ㉮ 자이로스코픽 힘(Gyroscopic Force)
    ㉯ 코리오리스 효과(Coriolis Effect)
    ㉰ 추력편향 효과
    ㉱ 회전축 편심효과

12. 프로펠러의 동력(P)은 프로펠러의 회전수(n)와 지름(D)과 어떠한 관계를 갖겠는가?

    ㉮ n의 제곱에 비례하고 D의 제곱에 비례한다.
    ㉯ n의 제곱에 비례하고 D의 3제곱에 비례한다.
    ㉰ n의 3제곱에 비례하고 D의 4제곱에 비례한다.
    ㉱ n의 3제곱에 비례하고 D의 5제곱에 비례한다.

13. 항공기가 무동력으로 하강 비행할 때 강하율을 최소로 하는 조건은?

    ㉮ 이용마력이 최소가 되는 속도
    ㉯ 이용마력이 최대가 되는 속도
    ㉰ 필요마력이 최대가 되는 속도
    ㉱ 필요마력이 최소가 되는 속도

14. 어느 비행기의 날개면적이 100m²이고 스팬(span)이 25m이다. 이 비행기의 가로세로비(Aspect Ratio)는 얼마인가?

㉮ 4.0 ㉯ 5.1
㉰ 6.25 ㉱ 7.63

15. 날개의 쳐든각은 비행기의 어느 축 주위의 안정성에 가장 효과적인가?
(단, 쳐든각은 Dihedral Angle임)

㉮ 수직축
㉯ 세로축
㉰ 가로축
㉱ 쳐든각은 안정성과 관계없고 비행기 양력에 관계있다.

16. 항공기 기수를 우측으로 선회할 경우 관련 Moment 설명으로 가장 올바른 것은?

㉮ 음(-)롤링 모멘트
㉯ 양(+)피칭 모멘트
㉰ 양(+)요잉 모멘트
㉱ 제로 롤링 모멘트

17. 주회전 날개의 코닝각(원추각)을 결정하는 요소로 가장 올바른 것은?

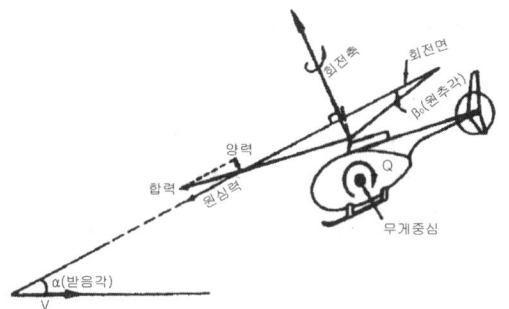

㉮ 원심력의 크기
㉯ 원심력과 양력의 합력의 방위
㉰ 양력의 크기
㉱ 항력의 크기

18. 프로펠러 깃은 뿌리에서 깃 끝까지 일정하지 않고 깃 끝으로 갈수록 깃 각이 작아지도록 비틀려 있다. 그 이유로 가장 올바른 것은?

㉮ 깃의 전 길이에 걸쳐 기하학적인 피치를 같게 하기 위하여
㉯ 깃의 전 길이에 걸쳐 유효 피치를 같게 하기 위하여
㉰ 깃의 전 길이에 걸쳐 프로펠러 슬립을 같게 하기 위하여
㉱ 깃 끝 실속을 줄이기 위하여

19. 항공기에 장착된 도살핀(dorsal fin)이 손상되었다. 이러한 경우에 다음 중 가장 큰 영향을 받는 것은?

㉮ 세로 안정 ㉯ 가로 안정
㉰ 방향 안정 ㉱ 정적 세로 안정

20. 수평 꼬리날개에 의한 모멘트의 크기를 가장 올바르게 설명한 것은? (단, 양(+), 음(-)의 부호는 고려하지 않는 것을 함)

㉮ 수평 꼬리날개의 면적이 클수록, 그리고 수평 꼬리날개 주위의 동압이 작을수록 커진다.
㉯ 수평 꼬리날개의 면적이 클수록, 그리고 수평 꼬리날개 주위의 동압이 클수록 커진다.

㉓ 수평 꼬리날개의 면적이 작을수록, 그리고 수평 꼬리날개 주위의 동압이 클수록 커진다.
㉔ 수평 꼬리날개의 면적이 작을수록, 그리고 수평 꼬리날개 주위의 동압이 작을수록 커진다.

● $M_{cg}\,tail = -l \cdot C_{Lt} \cdot S_t \cdot q_t$
 ($M_{cg}\,tail$: 수평 꼬리날개에 의한 모멘트
 l : 무게중심에서 수평 꼬리날개의 압력중심까지의 거리
 C_{Lt} : 수평 꼬리날개의 양력계수
 S_t : 슈평 꼬리날개 면적
 q_t : 수평 꼬리날개 주위 동압)

1. ㉮	2. ㉮	3. ㉮	4. ㉯	5. ㉮
6. ㉮	7. ㉯	8. ㉮	9. ㉮	10. ㉮
11. ㉯	12. ㉰	13. ㉰	14. ㉰	15. ㉯
16. ㉰	17. ㉯	18. ㉮	19. ㉰	20. ㉯

2003년도 산업기사 3회 항공역학

1. 음속에 가장 영향을 크게 주는 요소는 어느 것인가?
   ㉮ 습도 ㉯ 기압
   ㉰ 점성 ㉱ 온도

2. 수평 비행할 때 실속속도가 80km/h인 비행기가 60° 경사 선회할 때 실속속도(km/h)는 약 얼마인가?
   ㉮ 90 ㉯ 109
   ㉰ 113 ㉱ 120

3. 레이놀즈수(Reynolds number)는 유동현상에 있어서 관성력과 마찰력이 어떤 비로 작용하는가를 나타내는 무차원량이다. 다음 식에서 옳은 것은? (단, C: 날개의 시위 길이, ν: 동점성계수, V: 공기속도, ρ: 공기밀도, μ: 절대점성계수)
   ㉮ $\dfrac{VC\nu}{\rho}$ ㉯ $\dfrac{VC}{\rho}$
   ㉰ $\dfrac{VC}{\mu}$ ㉱ $\dfrac{VC}{\nu}$

4. 비행기의 항력을 표시하는 것 중에 등가유해면적(f)이라 하는 것은?
   ㉮ 항력계수가 1.28이 되는 평판이다.
   ㉯ 항력계수가 1이 되는 가상 평판의 면적이다.
   ㉰ 항력계수가 0이 되는 평판의 면적이다.
   ㉱ 항력계수가 1.5가 되는 가상 평판의 면적이다.

5. 힌지모멘트에 대한 내용으로 틀린 것은?
   ㉮ 힌지모멘트 계수에 비례한다.
   ㉯ 동압에 비례한다.
   ㉰ 조종면의 크기에 비례한다.
   ㉱ 조종면의 폭에 반비례한다.

6. 헬리콥터에서 회전날개의 깃(blade)은 회전하면 회전면을 밑면으로 하는 원추의 모양을 만들게 된다. 이때 이 회전면과 원추 모서리가 이루는 각을 무슨 각이라 하는가?
   ㉮ 받음각(angle of attack)
   ㉯ 코닝각(coning angle)
   ㉰ 피치각(pitch angle)
   ㉱ 플래핑각(flapping angle)

7. 고도 1,500m에서 M=0.7로 비행하는 항공기가 있다. 고도 12,000m에서 같은 속도로 비행할 때 Mach 수는?
   (단, 이때 a=335m/sec : 고도 1,500m에서
   a=295m/sec : 고도 12,000m에서)
   ㉮ 약 0.6 ㉯ 약 0.7
   ㉰ 약 0.8 ㉱ 약 0.9

   ① 고도 1,500m에서의 비행속도를 구하면
   $M = \dfrac{V}{a}$, $V = M \cdot a = 0.7 \cdot 335 = 234.5$

   ② 고도 12,000m에서의 비행속도를 구하면
   $M = \dfrac{V}{a} = \dfrac{234.5}{295} = 0.79$

8. 그림과 같은 활공기의 양·항력 곡선에 대한 설명 중 가장 올바른 것은?

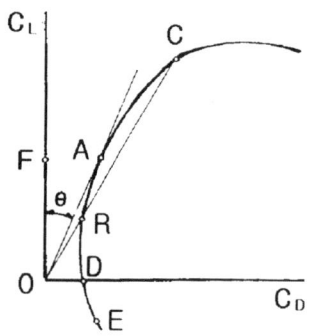

㉮ 최장거리 활공비행은 A점 받음각으로 활공하면 좋다.
㉯ 최장거리 활공비행은 C점 받음각으로 활공하면 좋다.
㉰ 수평 활공비행은 D점 받음각으로 이루어진다.
㉱ 수직 활공비행은 F점 받음각으로 이루어진다.

9. 어떤 활공기가 1km 상공을 활공각 30°로 활공하고 있다. 이 활공기의 대기속도가 100km/h일 때 침하속도는?

㉮ 5km   ㉯ 20km
㉰ 25km   ㉱ 50km

● 활공기의 침하속도는 대기속도의 수직속도 성분이므로
침하속도 = 대기속도 × cosθ = 100cos30°

10. 헬리콥터 회전날개의 조종 장치 중 주기피치조종과 동시피치조종을 해야 할 필요성이 있다. 이를 위해서 사용되는 장치는?

㉮ 안정 바(Stabilizer Bar)
㉯ 트랜스미션(Transmission)
㉰ 평형 탭(Balance Tab)
㉱ 회전경사판(Swash Plate)

11. 프로펠러의 수(B)와 반지름(R) 및 평균공력시위(c)가 주어질 때, 프로펠러의 디스크 면적에 대한 전체 깃 면적의 비인 고형비(solidity ratio) σ는 다음 중에 어떻게 정의되는가?

㉮ $\sigma = c / 2\pi RB$ ㉯ $\sigma = Bc / 2\pi R$
㉰ $\sigma = c / \pi RB$ ㉱ $\sigma = Bc / \pi R$

● 고형비(강률)
= 모든 깃 면적 / 프로펠러 디스크 면적
= $B \cdot c \cdot R / \pi R^2$

12. 비행속도가 300m/sec인 항공기가 상승각 30°로 상승비행시 상승률, 즉 수직방향의 속도는?

㉮ 100m/sec   ㉯ 150m/sec
㉰ 150m/sec   ㉱ 200m/sec

13. 정지 충격파 전후의 유동 특성이 아닌 것은?

㉮ 충격파를 통과하게 되면 흐름은 압축을 받게 된다.
㉯ 충격파 전의 압력과 밀도는 충격파 후보다 항상 크다.
㉰ 충격파를 통과할 때 속도에너지의 일부가 열로 변환된다.
㉱ 충격파는 실제적으로 압력의 불연속면이라 볼 수 있다.

14. 뒤젖힘각을 가장 올바르게 설명한 것은?

㉮ 25%C (코드길이) 되는 점들을 날개 뿌리에서 날개 끝까지 연결한 직선과 기체의 가로축이 이루는 각
㉯ 날개가 수평을 기준으로 위로 올라간 각도
㉰ 기체의 세로축과 날개의 시위선이 이루는 각
㉱ 날개 끝의 붙임각을 날개 뿌리의 붙임각보다 크거나 작게 한 것

15. 비행기에 단주기 운동이 발생되었을 때 가장 좋은 방법은?

㉮ 조종간을 자유롭게 놓는다.
㉯ 조종간을 고정시킨다.
㉰ 조종간을 당긴다.(상승비행)
㉱ 조종간을 놓는다.(하강비행)

● 단주기 운동은 키놀이 진동이며, 전형적인 진동 주기는 0.5초에서 5초 사이다. 강제로 진동을 감쇠시키려는 조종은 진동을 더 크게 하여 불안정을 발생시킬 가능성이 있으며, 인위적인 조종이 아닌 조종간을 자유로 하여 필요한 감쇠를 하도록 하는 것이 좋다.

16. 정속 프로펠러에서 출력에 알맞은 깃각을 자동적으로 변경시키는 장치는?

㉮ 카운터 웨이터(counter weight)
㉯ 3길 밸브(3-way valve)
㉰ 조속기(governor)
㉱ 원심력(centrifugal force)

17. 프로펠러의 장착방식 중에서 가장 많이 사용되는 방식으로 프로펠러가 기관의 앞쪽에 부착되는 방식은?

㉮ 견인식   ㉯ 추진식
㉰ 이중 반전식   ㉱ 탠덤식

18. 비행기의 안정과 조종, 그리고 운동의 문제를 다루는 데 있어서, 기준이 되는 좌표축(기준축; body axis)은 비행기의 어느 것을 원점으로 하는가?

㉮ 공기력 중심
㉯ 공기 역학적 중심
㉰ 무게중심
㉱ 기하학적 중심

● 기준축(기체축)은 무게중심을 원점에 둔 좌표축으로서 세로축(X축), 가로축(Y축), 수직축(Z축)으로 나뉘며, 각 축에 관해 회전하려는 경향인 모멘트가 있다.

19. 공력 평형 장치 중에서 특히 도움날개(aileron)에 자주 사용되는 밸런스는?

㉮ 앞전 밸런스(leading edge balance)
㉯ 혼 밸런스(horn balance)
㉰ 내부 밸런스(internal balance)
㉱ 프리즈 밸런스(frise balance)

20. 날개의 쳐든각(dihedral angle)을 가지고 있는 비행기가 왼쪽으로 옆미끄럼을 하게 되면?

㉮ 왼쪽 날개 및 오른쪽 날개의 받음각이 동시에 증가한다.

㉯ 왼쪽 날개 및 오른쪽 날개의 받음각이 동시에 감소한다.
㉰ 왼쪽 날개의 받음각은 증가하고 오른쪽 날개의 받음각은 감소한다.
㉱ 왼쪽 날개의 받음각은 감소하고 오른쪽 날개의 받음각은 증가한다.

● 쳐든각 효과(dihedral effect)는 가로안정에 가장 중요한 요소로서, 쳐든각을 가지는 날개는 옆미끄럼에 대한 안정한 옆놀이 모멘트를 발생시킨다. 그러므로 왼쪽으로 옆미끄럼을 하면 상대풍이 왼쪽에서 불어오는 것처럼 되어 왼쪽 날개는 받음각이 증가하여 양력이 증가하고 오른쪽 날개는 받음각이 감소하여 양력이 감소된다.

1. ㉱	2. ㉰	3. ㉱	4. ㉯	5. ㉱
6. ㉯	7. ㉰	8. ㉮	9. ㉱	10. ㉱
11. ㉱	12. ㉯	13. ㉯	14. ㉮	15. ㉮
16. ㉰	17. ㉮	18. ㉰	19. ㉱	20. ㉰

2004년도 산업기사 1회 항공역학

1. 항공기가 트림(trim)상태로 비행한다는 것은?

    ㉮ $C_L = C_D$인 상태
    ㉯ $C_{Mcg} > 0$인 상태
    ㉰ $C_{Mcg} = 0$인 상태
    ㉱ $C_{Mcg} < 0$인 상태

2. 지구의 대기는 4개의 기류층으로 되어 있다. 지구에서 가장 가까운 층부터의 기류층 순서는?

    ㉮ 성층권, 대류권, 중간권, 외기권
    ㉯ 대류권, 성층권, 중간권, 외기권
    ㉰ 대류권, 중간권, 성층권, 외기권
    ㉱ 성층권, 중간권, 대류권, 외기권

3. 조정피치 프로펠러에 대한 설명으로 가장 올바른 것은?

    ㉮ 지상에서 피치를 조정한다.
    ㉯ 비행중 조종사가 피치를 조정한다.
    ㉰ 기관의 회전속도가 유지되도록 자동으로 피치가 조정된다.
    ㉱ 피치가 일정하도록 기관의 회전속도가 조정된다.

4. 날개면적이 100[m²]이고, 고도 5,000[m]에서 150[m/sec]로 비행하고 있는 항공기가 있다. 이때의 항력계수는 0.02이다. 필요마력[ps]은? (단, 공기의 밀도(ρ)는 0.070[kg·s²/m⁴]이다.)

    ㉮ 1,890   ㉯ 2,500
    ㉰ 3,150   ㉱ 3,250

5. 어떤 비행기가 230km/h로 비행하고 있다. 이 비행기의 상승률이 8m/s라고 하면, 이 비행기 상승각은 얼마로 볼 수 있는가?

    ㉮ 4.8°   ㉯ 5.2°
    ㉰ 7.2°   ㉱ 9.4°

6. 헬리콥터의 정지비행 상승한도(hovering ceiling)를 가장 올바르게 표현한 것은?

    ㉮ 이용마력 > 필요마력
    ㉯ 이용마력 = 필요마력
    ㉰ 이용마력 < 필요마력
    ㉱ 유도항력마력 = 이용마력 + 필요마력

    ① 헬리콥터의 이용마력: 엔진이 내는 마력으로서 손실을 고려하려 엔진마력의 85% 정도이다.
    ② 헬리콥터의 필요마력: 회전날개를 포함한 기체가 필요로 하는 일(kg·m/sec)로서 유도항력마력, 형상항력마력, 유해항력마력, 상승마력, 간섭마력으로 구성되어 있다.
    ③ 정지비행(hovering)은 헬리콥터의 가장 특징적인 비행상태로서 공중의 한 지점에 헬리콥터를 정지시키는 조종이다.

7. 다음의 진술 내용 중 가장 올바른 것은?

㉮ 조종면을 조작하기 위한 조종력은 힌지 모멘트의 크기에 관계가 있다.
㉯ 조종면에 변위를 주게 되어도 그 윗면과 아랫면 또는 좌측면과 우측면의 압력분포에는 영향이 미치지 않는다.
㉰ 힌지모멘트는 항상 비행기의 조종을 용이하게 하는 데 도움을 준다.
㉱ 힌지모멘트는 힌지모멘트 계수, 동압 그리고 조종면의 크기에 반비례한다.

8. 비행중 항공기가 항력과 추력이 같으면 어떻게 되는가?

㉮ 감속전진 비행한다.
㉯ 가속전진 비행한다.
㉰ 정지한다.
㉱ 등속도 비행을 한다.

9. 프로펠러 진행율(advance ratio)의 정의 J= V/nD에서 진행율 J의 단위는?

㉮ rps(revolutions per second)
㉯ m/s
㉰ m
㉱ 무차원

10. 항공기의 활공각을 θ라 할 때 $\tan\theta$의 특성으로 가장 올바른 것은?

㉮ 양항비와 비례한다.
㉯ 양항비와 반비례한다.
㉰ 고도와 반비례한다.
㉱ 활공속도와 반비례한다.

11. 항공기에 쳐든각(dihedral angle)을 주는 가장 큰 이유는?

㉮ 임계 마하수를 높일 수 있다.
㉯ 익단실속을 방지할 수 있다.
㉰ Pitching moment에 대한 안정성을 준다.
㉱ Rolling과 Yawing moment에 대한 안정성을 준다.

12. 유동하는 아음속 유체의 속도를 구하기 위해서는 다음 어느 것을 측정해야 하는가?

㉮ 정압과 전온도   ㉯ 정압과 온도
㉰ 전압과 전온도   ㉱ 정압과 전압

13. 날개 밑에 장착되는 보틸론(Vortilon)의 역할은?

㉮ 가로안정 유지
㉯ 딥 실속(deep stall) 방지
㉰ 유도항력 감소
㉱ 옆 미끄럼(side slip) 방지

● 딥 실속은 고속기 세로불안정의 한 형태로서 딥 실속에 들어가는 것을 방지하는 방법에는 날개 윗면에 판(fence)을 붙이거나 날개 밑에 보틸론이라 부르는 일종의 판을 붙이기도 한다.

14. 항공기의 세로 안정성(static longitudinal stability)에 대한 설명으로 틀린 것은?

㉮ 무게중심 위치가 공기역학적 중심보다 전방에 위치할수록 안정성이 좋아진다.
㉯ 날개가 무게중심 위치보다 높은 위치에 있을 때 안정성이 좋다.
㉰ 꼬리날개 면적을 크게 하면 안정성이 좋다.

㉴ 꼬리날개 효율을 작게 할수록 안정성이 좋다.

15. 헬리콥터 총중량이 800kgf, 엔진 출력 160 HP, 회전날개의 반경이 2.8m, 회전날개 깃의 수가 2개일 때의 원판 하중은?

㉮ 28.5kgf/m²   ㉯ 30.5kgf/m²
㉰ 32.5kgf/m²   ㉱ 35.5kgf/m²

16. 비행기의 날개에 사용되는 Airfoil(에어포일)의 요구조건으로 적합한 것은?

㉮ 강도를 위해 두꺼울수록 좋다.
㉯ C_L 특히 C_{Lmax}가 클 것
㉰ C_D 특히 C_{Dmax}가 클 것
㉱ 앞전 반경은 클수록 좋다.

17. 프로펠러의 추력에 대한 설명 내용으로 가장 올바른 것은?

㉮ 프로펠러의 추력은 공기밀도에 비례하고 회전면의 넓이에 반비례한다.
㉯ 프로펠러의 추력은 회전면의 넓이에 비례하고 깃의 선속도의 자승에 반비례한다.
㉰ 프로펠러의 추력은 공기밀도에 반비례하고 회전면의 넓이에 비례한다.
㉱ 프로펠러의 추력은 회전면의 넓이에 비례하고 깃의 선속도의 자승에 비례한다.

18. 비행기의 무게가 2,500[kg]이고, 큰 날개의 면적이 20[m²]이며, 해발고도(밀도가 0.125 [kgf·s²/m⁴]임)에서의 실속 속도가 120[km/h]인 비행기의 최대양력계수(C_{Lmax})는 얼마인가?

㉮ 0.5   ㉯ 1.8
㉰ 2.8   ㉱ 3.4

19. 와류 발생장치(VORTEX GENERATOR)의 주 목적은?

㉮ 층류의 유지
㉯ 난류의 형성
㉰ 불규칙 흐름의 제거
㉱ 항력 감소

20. 형상항력에 대한 설명으로 가장 거리가 먼 것은?

㉮ 이상유체에는 나타나지 않는 항력이다.
㉯ 공기가 점성을 가지기 때문에 생기는 항력이다.
㉰ 날개골의 형태에 따라 다른 값을 가지는 항력이다.
㉱ 날개 표면에 유도항력에 의해 발생한다.

1. ㉰	2. ㉯	3. ㉮	4. ㉰	5. ㉰
6. ㉯	7. ㉮	8. ㉱	9. ㉱	10. ㉱
11. ㉱	12. ㉱	13. ㉯	14. ㉱	15. ㉰
16. ㉯	17. ㉱	18. ㉯	19. ㉯	20. ㉱

2004년도 산업기사 2회 항공역학

1. 항공기가 등속수평비행을 하기 위한 조건은 어느 것인가?
(단, 양력:L, 항력:D, 추력:T, 무게:W)

㉮ L=D, T=W ㉯ L=W, D=T
㉰ L=T, D=W ㉱ L=D, L=T

2. 어떤 원통관 내 비압축성 흐름에서 입구(A)의 지름이 5cm이고, 출구(B)의 지름이 10cm일 때, A를 지나는 유체속도가 5m/sec이다. B를 지나는 유체의 속도는 얼마인가?
(단, ρ는 일정)

㉮ 5m/sec   ㉯ 2.5m/sec
㉰ 1.25m/sec ㉱ 0.25m/sec

● $A_1 V_1 = A_2 V_2$

$\dfrac{\pi \cdot 5^2}{4} \cdot 5 = \dfrac{\pi \cdot 10^2}{4} \cdot V_2$

3. 고도 약 2,300m에서 비행기가 825m/sec로 비행할 때 마하수는?

(단, 음속 $C = C_0 \sqrt{\dfrac{273+t℃}{273}}$, C_0=330(m/sec))

㉮ 2.0 ㉯ 2.5
㉰ 3.0 ㉱ 3.5

● $M = \dfrac{V}{C} = \dfrac{825}{330}$

$C = 330 \sqrt{\dfrac{(273+2)}{273}} = 330$

4. 헬리콥터의 코닝앵글(coning angle)을 설명한 내용으로 틀린 것은?

㉮ 원심력과 블레이드(blade)의 시위선과 이루는 각이다.
㉯ 헬리콥터에 무거운 하중을 매달았을 때는 코닝 앵글이 크게 된다.
㉰ 원심력과 양력 때문에 생기는 각이다.
㉱ 원심력이 일정하다면 코닝앵글도 일정하다.

5. 사이드 슬립(side slip)에 의한 롤링 모멘트 변화에 가장 크게 작용하는 것은?

㉮ 에이러론(aileron)
㉯ 안정판(stabilizer)
㉰ 후퇴각
㉱ 상반각(dihedral angle)

6. 항공기가 세로안정성이 있다는 것은 다음 중 어느 경우에 해당하는가?

㉮ 받음각이 증가함에 따라 키놀이 모멘트 값이 부(-)의 값을 갖는다.
㉯ 받음각이 증가함에 따라 키놀이 모멘트 값이 정(+)의 값을 갖는다.
㉰ 받음각이 증가함에 따라 옆놀이 모멘트 값이 부(-)의 값을 갖는다.
㉱ 받음각이 증가함에 따라 옆놀이 모멘트 값이 정(+)의 값을 갖는다.

● 정적세로안정: 부(−)의 키놀이 모멘트 값
　정적가로안정: 부(−)의 옆놀이 모멘트 값
　정적방향안정: 정(+)의 빗놀이 모멘트 값

7. 다음의 내용 중 가장 올바른 것은?

㉮ 조종면은 힌지축을 중심으로 위와 아래로, 또는 좌우로 변위한다.
㉯ 조종면이 변해도 캠버는 항상 일정하다.
㉰ 조종면에 발생하는 힌지모멘트는 동압과 힌지모멘트 계수에 반비례한다.
㉱ 조종면의 폭과 시위의 크기를 2배로 하면 조종력은 4배가 된다.

8. 헬리콥터 회전날개의 회전면과 회전날개(원추모서리)사이의 각을 코닝각(Coning Angle)이라 부르는데 이러한 코닝각을 결정하는 가장 중요한 요소는?

㉮ 항력과 원심력의 합력
㉯ 양력과 추력의 합력
㉰ 양력과 원심력의 합력
㉱ 양력과 항력의 합력

9. 비행기의 평형상태를 뜻하는 것이 아닌 것은?

㉮ 작용하는 모든 힘의 합이 무게중심에서 "0"인 상태
㉯ 속도변화가 없는 상태
㉰ 비행기의 기관이 추력을 일정하게 내는 상태
㉱ 비행기의 회전 모멘트 성분들이 없는 상태

10. 고정피치 프로펠러를 장착한 항공기의 비행 속도가 증가하는 경우에 가장 올바른 내용은?

㉮ 깃각이 증가한다.
㉯ 깃의 받음각이 증가한다.
㉰ 깃각이 감소한다.
㉱ 깃의 받음각이 감소한다.

● ① 깃각 : 비행기 날개의 붙임각과 같은 것으로 회전면과 시위선이 이루는 각
② 유입각 : 비행속도와 깃의 회전 선속도를 합하여 하나의 합성속도를 만든 다음 이것과 회전면이 이루는 각으로 유효치를 만들어 주는 각이므로 피치각이라고도 한다.(전진각)
③ 받음각 : 깃 각에서 유입각을 뺀 각

11. 항력계수가 0.02이며, 날개면적이 20[m²]인 항공기가 150[m/sec]로 등속도 비행을 하기 위해 필요한 추력은 약 몇[kgf]인가? (단, 공기의 밀도는 0.125kgf·sec²/m⁴)

㉮ 430　　㉯ 560
㉰ 640　　㉱ 720

● 등속도비행시 $T = D$
$D = 0.02 \cdot \frac{1}{2} \cdot 0.125 \cdot 150^2 \cdot 20$

12. 항공기 날개에 상반각을 주게 되면 다음과 같은 특성을 갖게 한다. 가장 올바른 내용은?

㉮ 유도저항을 적게 하고 방향 안정성을 좋게 한다.
㉯ 옆미끄럼을 방지하고 가로 안정성을 좋게 한다.
㉰ 익단 실속을 방지하고 세로 안정성을 좋게 한다.

㉺ 선회성능을 향상시키나 가로 안정성을 해친다.

13. 비행기 중량 W=5000kg, 날개면적 S=50m², 비행고도가 해면상일 때 최소속도 V_{min} (m/sec)을 구하면?

(단, 비행기의 C_{Lmax}(양력계수)=1.56
밀도 $\rho=1/8 kgf \cdot sec^2/m^4$)

㉮ 0.32 ㉯ 1.32
㉰ 13.2 ㉱ 32

14. 제트기의 항속거리를 최대로 하기 위한 조건 중 가장 올바른 것은?

㉮ 비연료 소비율을 크게 한다.
㉯ $\left(\dfrac{C_L^{1/2}}{C_D}\right)_{MAX}$ 인 상태로 비행한다.
㉰ 추력을 최대로 비행한다.
㉱ 하중계수를 최대로 비행한다.

15. 날개 표면에서는 천이(TRANSITION)현상이 일어난다. 그 현상을 가장 올바르게 설명한 것은?

㉮ 흐름이 날개 표면으로부터 박리되는 현상
㉯ 유체가 진동하면서 흐르는 현상
㉰ 유체의 속도가 시간에 대해서 변화하는 비정상류로 변화하는 현상
㉱ 층류 경계층에서 난류 경계층으로 변화하는 현상

16. 날개의 순환이론에 대한 설명으로 가장 올바른 내용은?

㉮ 날개의 앞쪽에는 출발와류로 인한 빗올림 흐름이 있다.
㉯ 속박와류로 인하여 날개에 양력이 발생한다.
㉰ 날개를 지나는 흐름은 윗면에서는 정(+)압이고, 아랫면에서는 부(-)압이다.
㉱ 날개끝 와류의 중심축은 흐름방향에 직각이다.

17. 압력중심(CENTER OF PRESSURE)에 관한 설명으로 가장 거리가 먼 것은?

㉮ 날개에 압력이 작용하는 합력점이다.
㉯ 압력중심의 위치는 앞전으로부터 압력중심까지의 거리와 시위 길이와의 비(%)로 나타낸다.
㉰ 보통의 날개에서 받음각이 커지면 압력중심은 뒤로 이동한다.
㉱ 압력중심 이동이 크면 비행기의 안정성에 좋지 않다.

18. 프로펠러의 각 단면에서 추력에 해당하는 값은? (단, L: 깃요소 양력, α: 받음각, D: 깃요소 항력, β: 깃각, ψ: 유입각)

㉮ $L \cos(\alpha)$
㉯ $DL \cos(\alpha) - D \sin(\alpha)$
㉰ $L \cos(\beta) - D \sin(\beta)$
㉱ $L \cos(\psi) - D \sin(\psi)$

19. 프로펠러의 깃각에 비틀림을 주는 가장 큰 이유는?

㉮ 깃의 뿌리에서 끝까지 받음각을 일정하게 유지시킨다.
㉯ 깃의 뿌리에서 끝까지 유입각을 일정하게 유지시킨다.
㉰ 깃의 뿌리에서 끝까지 피치를 일정하게 유지시킨다.
㉱ 깃의 뿌리에서 끝으로 감에 따라 피치를 감소시킨다.

20. 비행기가 하강비행을 하는 동안 조종간을 당겨 기수를 올리려 할 때, 받음각과 각속도가 특정값을 넘게 되면 예상한 정도 이상으로 기수가 올라가게 되는 현상은?

㉮ 스핀(spin)　　㉯ 더치롤(Duch roll)
㉰ 버페팅(buffeting)　㉱ 피치 업(pitch up)

1. ㉯	2. ㉰	3. ㉯	4. ㉱	5. ㉱
6. ㉮	7. ㉮	8. ㉰	9. ㉰	10. ㉱
11. ㉯	12. ㉯	13. ㉱	14. ㉯	15. ㉱
16. ㉯	17. ㉰	18. ㉱	19. ㉰	20. ㉱

2004년도 산업기사 3회 항공역학

1. 초음속 흐름 속에 쐐기형 에어포일이 그림과 같이 놓여져 있다. 에어포일 주위에 충격파, 팽창파가 생기고 초음속흐름이 지나고 있다. 다음의 설명에서 틀린 것은?

㉮ ①충격파 $M_1 > M_2$, $P_1 < P_2$
㉯ ②팽창파 $M_2 > M_3$, $P_1 < P_2$
㉰ ①충격파 $M_1 > M_2$, $P_2 > P_3$
㉱ ②팽창파 $M_2 < M_3$, $P_1 < P_2$

2. 프로펠러 항공기가 최대항속시간으로 비행할 수 있기 위한 조건은?

㉮ $\left(\dfrac{C_D}{C_L}\right)$ 최대
㉯ $\left(\dfrac{C_D^{\frac{3}{2}}}{C_L}\right)$ 최대
㉰ $\left(\dfrac{C_L^{\frac{1}{2}}}{C_D}\right)$ 최대
㉱ $\left(\dfrac{C_L}{C_D^{\frac{1}{2}}}\right)$ 최대

● 항공기의 최대항속시간 조건

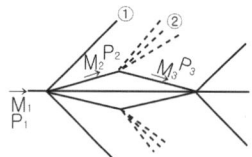

① 프로펠러 비행기 - $\left(\dfrac{C_L^{\frac{3}{2}}}{C_D}\right)_{max}$
② 제트비행기 - $\left(\dfrac{C_L}{C_D}\right)_{max}$

3. 고양력 장치의 원리를 가장 올바르게 설명한 것은?

㉮ 최대양력 계수 C_{Lmax}의 값을 증가시켜 실속속도를 감소시키는 것이다.
㉯ 레이놀즈수를 증가시켜서 항력을 감소시키는 것이다.
㉰ 날개 면적을 줄여서 날개의 항력을 감소시키는 것이다.
㉱ 최대 양력 계수 C_{Lmax}의 값을 증가시켜 이륙속도를 증가시키는 것이다.

4. 레이놀즈수(Reynolds Number: Re)에 대한 설명 중에서 가장 관계가 먼 내용은?

㉮ $Re = \rho VL/\mu = VL/\nu$로 나타낼 수 있다.($\nu$: 동점성계수)
㉯ 관성력과 점성력의 비를 표시한다.
㉰ Re의 단위는 cm^2/sec이다.
㉱ 천이현상이 일어나는 Re를 임계 레이놀즈수라 한다.

5. 비행기가 상승함에 따라 점점 상승율이 떨어진다. 절대상승 한계에서 이용 마력과 필요 마력과의 관계를 가장 올바르게 표현한 것은?

㉮ 이용 마력이 필요 마력보다 크다.
㉯ 이용 마력과 필요 마력이 같다.
㉰ 이용 마력이 필요 마력보다 작다.
㉱ 고도에 따라 마력이 변하므로 비교할 수 없다.

6. 비행기의 수직꼬리날개 앞 동체에 붙어 있는 도살 핀(Dorsal fin)의 가장 중요한 역할은 무엇인가?

㉮ 세로 안정성을 좋게 한다.
㉯ 가로 안정성을 좋게 한다.
㉰ 방향 안정성을 좋게 한다.
㉱ 구조 강도를 좋게 한다.

7. 비행기의 조종간에 걸리는 힘을 적게 하기 위해 여러 가지 장치를 사용하여 힌지 모멘트를 조절한다. 힌지 모멘트를 조절하기 위한 장치가 아닌 것은?

㉮ 혼 밸런스(Horn Balance)
㉯ 오버행 밸런스(Overhang Balance)
㉰ 서보 탭(servo tabs)
㉱ 스포일러(Spoilers)

● 조종력 경감장치
  ① 공력평형장치(balance)
  ② 탭(tab)

8. 프로펠러의 피치 분포(pitch distribution)를 가장 올바르게 설명한 것은?

㉮ 프로펠러 허브로부터 깃 끝까지의 피치각의 점진적인 변화
㉯ 프로펠러 허브로부터 깃 끝까지의 슬립각의 점진적인 변화
㉰ 프로펠러 허브로부터 깃 끝까지의 받음각의 점진적인 변화
㉱ 프로펠러 허브로부터 깃 끝까지의 깃각의 점진적인 변화

9. 실속속도가 160km/h이고 양항비가 5인 비행기가 마찰계수 0.06인 활주로에 착륙하는 경우, 이 비행기의 착륙 활주 거리는 약 얼마가 되는가?

㉮ 1,025m ㉯ 886m
㉰ 775m   ㉱ 630m

● 착륙속도 $V = 1.3 V_S = 208 km/h$, 착륙시 $W = L$

$$S = \frac{W}{2g} \cdot \frac{V^2}{(D+\mu W)} = \frac{1}{2g} \cdot \frac{V^2}{\left(\frac{D}{W}+\mu\right)}$$

$$= \frac{1}{2 \cdot 9.8} \cdot \frac{\left(\frac{208}{3.6}\right)^2}{\left(\frac{1}{5}+0.06\right)}$$

10. 받음각이 클 때 기체전체가 실속되고 그 결과 롤링과 요잉을 수반함으로써 나선을 그리면서 고도가 감소되는 비행 상태는?

㉮ 스핀(spin) 비행 상태
㉯ 더치 롤(Dutch Roll)비행 상태
㉰ 크랩 방식(Crab Method)에 의한 비행 상태
㉱ 윙다운 방식(Wing Down Method)에 의한 비행 상태

● ① 스핀 : 자동회전과 수직강하가 조합된 비행 형태
  ② 더치롤(dutch roll) : 가로 방향 불안정 형태
  ③ 측풍 조건에서 비행을 하기 위한 기본적인 방법
    - 크랩 방식
    - 윙다운 방식

11. 비행기의 실속속도가 150[m/sec]인 비행기가 해면상 가까이에서 60도의 경사각으로 선회 비행하는 경우 실속속도는?

㉮ 150[m/sec] ㉯ 173[m/sec]
㉰ 212[m/sec] ㉱ 300[m/sec]

$V_{ts} = \dfrac{Vs}{\sqrt{\cos\theta}} = \dfrac{150}{\sqrt{\cos 60}}$

12. 유도항력 계수에 대한 설명으로 가장 거리가 먼 것은?

㉮ 양력 계수의 제곱에 비례한다.
㉯ 항공기 속도에 비례한다.
㉰ 스팬 효율 계수에 반비례한다.
㉱ 날개의 유효 가로세로비에 반비례한다.

13. NACA 23015 에서 "3"의 뜻을 가장 올바르게 표현한 것은?

㉮ 최대 캠버의 크기가 시위의 3%
㉯ 최대 캠버의 위치가 시위의 3%
㉰ 최대 캠버의 위치가 시위의 15%
㉱ 최대 두께의 위치가 시위의 15%

14. 상반각(Dihedral angle)에 대한 설명으로 가장 올바른 것은?

㉮ 선회 성능을 좋게 한다.
㉯ 옆미끄럼에 의한 옆놀이에 정적인 안정을 준다.
㉰ 항력을 감소시킨다.
㉱ 익단 실속을 방지한다.

15. 헬리콥터에서 직교하는 세개의 X, Y, Z축에 대한 모든 힘과 모멘트 합이 각각 0이 되는 상태를 무엇이라 하는가?

㉮ 전진상태
㉯ 균형상태
㉰ 자전상태
㉱ 정지상태

16. 헬리콥터의 꼬리회전날개(tail rotor)가 외부 물체 등에 부딪치거나 다른 원인에 의하여 갑자기 정지하게 되면 발생할 수 있는 현상으로서 가장 거리가 먼 것은?

㉮ 테일 붐 마운트의 손상
㉯ 테일 붐의 비틀림(Twist)
㉰ 행거 베어링 마운트의 손상
㉱ 테일 드라이브 샤프트의 비틀림

17. 프로펠러의 추력계수 CT를 가장 올바르게 나타낸 것은?

(단, T: 추력, n: 회전속도, D: 직경, ρ: 밀도)

㉮ $T/(n^2 D^4)$ ㉯ $T/(n^2 D^5)$
㉰ $T/(\rho n^2 D^4)$ ㉱ $T/(\rho n^2 D^5)$

18. 옆놀이 커플링(roll coupling)을 줄이는 방법으로 가장 거리가 먼것은?

㉮ 쳐든각 효과를 감소시킨다.
㉯ 방향 안정성을 증가 시킨다.
㉰ 정상 비행상태에서 불필요한 공력 커플링을 감소시킨다.
㉱ 정상 비행상태에서 하중배수를 제한한다.

● 정상 비행 상태에서 바람축과의 경사를 최대한 줄이며, 옆놀이 운동에서의 하중 배수를 제한한다.

19. 프로펠러의 허브 중심으로부터 길이방향 6인치 간격으로 깃 끝까지 나누어 표시한 것은?

㉮ 스테이션(station) ㉯ 커프스(cuffs)
㉰ 피치(pitch) ㉱ 슬립(slip)

20. 비행기의 안정성과 조종성에 관하여 가장 올바르게 설명한 것은?

㉮ 안정성과 조종성은 정비례한다.
㉯ 안정성과 조종성은 서로 상반되는 성질을 나타낸다.
㉰ 비행기의 안정성은 크면 클수록 바람직하다.
㉱ 정적 안정성이 증가하면 조종성은 증가된다.

1. ㉯	2. ㉯	3. ㉮	4. ㉰	5. ㉯
6. ㉰	7. ㉱	8. ㉱	9. ㉯	10. ㉮
11. ㉰	12. ㉯	13. ㉰	14. ㉯	15. ㉯
16. ㉰	17. ㉰	18. ㉱	19. ㉮	20. ㉯

2005년도 산업기사 1회 항공역학

1. 비행기 무게가 6,000kgf이고, 경사각 60°의 정상선회를 하고 있을 때, 이 비행기의 원심력은 얼마인가?

㉮ 10,392kgf ㉯ 10,676kgf
㉰ 12,176kgf ㉱ 13,126kgf

● $\tan\theta = \dfrac{C.F}{W}$, $C.F = \tan\theta \cdot W$

2. 필요마력에 대한 설명으로 가장 올바른 것은?

㉮ 고도가 높을수록 밀도가 증가하여 필요마력은 커진다.
㉯ 날개하중이 작을수록 필요마력은 커진다.
㉰ 항력계수가 작을수록 필요마력은 작다.
㉱ 속도가 작을수록 필요마력은 크다.

3. 프로펠러가 항공기에 준 동력으로 가장 올바른 것은?

㉮ 추력/비행속도
㉯ 추력 × 비행속도
㉰ 추력 × 비행속도$^{2/3}$
㉱ 추력 × 비행속도^2

4. 조종면의 폭이 2배가 되면 조종력은 몇배가 되어야 하는가?

㉮ 1/2배 ㉯ 변함없음
㉰ 2배   ㉱ 4배

● 조종력은 힌지 모멘트(H)에 비례
$H = C_h \cdot \dfrac{1}{2} \cdot \rho \cdot V^2 \cdot S \cdot c$
$= C_h \cdot \dfrac{1}{2} \cdot \rho \cdot V^2 \cdot b \cdot c^2$

5. 헬리콥터가 Hovering 할 때의 관계식으로 맞는 것은?

㉮ 헬리콥터 무게 < 양력
㉯ 헬리콥터 무게 = 양력
㉰ 헬리콥터 무게 > 양력
㉱ 헬리콥터 무게 = 양력 + 원심력

6. 헬리콥터의 양력분포 불균형을 해결하는 방법으로 가장 올바른 것은?

㉮ 전진하는 깃과 후퇴하는 깃의 받음각을 같게 한다.
㉯ 전진하는 깃과 뒤로 후퇴하는 깃의 피치각을 동시에 증가시킨다.
㉰ 전진하는 깃의 피치각은 감소시키고 뒤로 후퇴하는 깃의 피치각은 증가시킨다.
㉱ 전진하는 깃의 피치각은 증가시키고 뒤로 후퇴하는 깃의 피치각은 감소시킨다.

7. 무게 1,000kgf의 비행기가 7,000m 상공($\rho = 0.06$kgf×S^2/m^4)에서 급강하하고 있다. 항력계수 $C_D = 0.10$이고, 날개하중은 30kgf/m^{2}이다. 이때의 급강하 속도는 얼마인가?

㉮ 100m/sec   ㉯ $100\sqrt{3}$ m/sec
㉰ 200m/sec   ㉱ $100\sqrt{5}$ m/sec

● $W = D = C_D \frac{1}{2}\rho V^2 S$

$V = \sqrt{\frac{2W}{\rho S C_D}} = \sqrt{\frac{2}{\rho C_D} \cdot \frac{W}{S}}$

8. 방향키 부유각(float angle)이란?

㉮ 방향키를 밀었을 때 공기력에 의해 방향키가 변위 되는 각
㉯ 방향키를 당겼을 때 공기력에 의해 방향키가 변위되는 각
㉰ 방향키를 고정했을 때 공기력에 의해 방향키가 변위되는 각
㉱ 방향키를 자유로 했을 때 공기력에 의해 방향키가 자유로이 변위되는 각

9. 비행기가 평형 상태에서 이탈된 후, 그 변화의 진폭이 시간의 경과에 따라 증가하는 경우에 이를 가장 올바르게 설명한 것은?

㉮ 정적으로 불안정하다.
㉯ 동적으로 불안정하다.
㉰ 정적으로는 불안정하지만, 동적으로는 안정하다.
㉱ 정적으로도 안정하고, 동적으로도 안정하다.

10. 항공기 이륙거리를 짧게하기 위한 설명 내용으로 가장 올바른 것은?

㉮ 항공기 무게와는 관계없다.
㉯ 배풍(TAIL WIND)을 받으면서 이륙한다.
㉰ 이륙시 플랩이 항력증가의 요인이 되므로 플랩을 사용하지 않는다.
㉱ 기관의 추력을 가능한 최대가 되도록 한다.

11. 항공기의 날개에서 발생하는 양력으로 인하여 압력항력이 발생하는데, 이것을 무슨 항력이라 하는가?

㉮ 유도항력   ㉯ 조파항력
㉰ 표면 마찰항력   ㉱ 형상압력

12. 프로펠러의 기하학적 피치비(geometric pitch ratio)를 가장 올바르게 정의한 것은?

㉮ 기하학적 피치 / 프로펠러 반지름
㉯ 프로펠러 반지름 / 기하학적 피치
㉰ 기하학적 피치 / 프로펠러 지름
㉱ 프로펠러 지름 / 기하학적 피치

13. 선회(Turns)비행시 외측으로 Slip하는 가장 큰 이유는 무엇인가?

㉮ 경사각이 작고 구심력이 원심력보다 클 때
㉯ 경사각이 크고 구심력이 원심력보다 작을 때
㉰ 경사각이 크고 원심력이 구심력보다 작을 때
㉱ 경사각은 작고 원심력이 구심력보다 클 때

14. NACA 23015의 에어포일에서 최대캠버의 위치는?

㉮ 15%   ㉯ 20%
㉰ 23%   ㉱ 30%

15. 피치 업(pitch up) 현상의 원인이 아닌 것은?

㉮ 뒤젖힘 날개의 날개 끝 실속
㉯ 뒤젖힘 날개의 비틀림

㉰ 받음각의 감소
㉱ 날개의 풍압 중심이 앞으로 이동

16. 다음 중 가로세로비로서 가장 올바른 것은?
(단, s=날개면적, b=날개길이, c=시위)

㉮ s/b²   ㉯ b²/c
㉰ b²/s   ㉱ c/b

17. 차동 도움날개를 가장 올바르게 설명한 것은?

㉮ 좌·우측 도움날개의 위치를 비대칭으로 한다.
㉯ 좌·우측 도움날개의 작동속도를 다르게 한다.
㉰ 도움날개의 올림각과 내림각을 다르게 한다.
㉱ 좌·우측 도움날개의 면적을 다르게 한다.

▶ 차동도움날개(differential aileron): 선회시에 발생하는 역요(adverse yaw)현상을 방지하기 위하여 올라가는 도움날개보다 내려가는 도움날개의 각도를 작게 만들어 준 것

18. 공기의 점성효과에 대한 설명내용으로 가장 올바른 것은?

㉮ 점성력은 속도(V), 면적(S), 점성계수μ에 반비례하고 경계층 두께에 비례한다.
㉯ 비행하는 물체에 작용하는 점성력의 특성을 가장 잘 나타내는 식은 베르누이 정리이다.
㉰ 동점성 계수ν는 밀도ρ를 점성계수μ로 나눈 값이다.

㉱ 점성은 일반적으로 온도에 따라 그 값이 변한다.

19. 지름이 20cm와 30cm로 된 관이 서로 연결되어 있다. 지름 20cm 관에서의 속도가 2.4 m/sec일 때 30cm 관에서의 속도(m/sec)는 얼마인가?

㉮ 0.19   ㉯ 1.07
㉰ 1.74   ㉱ 1.98

20. 프로펠러 효율에 대한 설명 중 가장 거리가 먼 것은?

㉮ 추력에 비례한다.
㉯ 비행속도에 비례한다.
㉰ 진행율에 반비례한다.
㉱ 축동력에 반비례한다.

1. ㉮	2. ㉰	3. ㉯	4. ㉰	5. ㉯
6. ㉰	7. ㉮	8. ㉱	9. ㉯	10. ㉱
11. ㉮	12. ㉰	13. ㉱	14. ㉮	15. ㉰
16. ㉰	17. ㉰	18. ㉱	19. ㉯	20. ㉰

2005년도 산업기사 2회 항공역학

1. 절대상승 한도를 가장 올바르게 설명한 것은? 의 정상선회를 하고 있을 때, 이 비행기의 원심력은 얼마인가?

   ㉮ 상승률이 0m/sec 되는 고도
   ㉯ 상승률이 0.5m/sec 되는 고도
   ㉰ 상승률이 5cm/sec 되는 고도
   ㉱ 상승률이 0.5cm/sec 되는 고도

2. 프로펠러 후류(ship stream)의 공기속도와 비행속도의 차이를 무슨 속도라 하는가?

   ㉮ 가속속도(accelerated velocity)
   ㉯ 후류속도(slip stream velocity)
   ㉰ 유도속도(induced velocity)
   ㉱ 하류속도(down stream velocity)

3. 프로펠러의 진행률을 가장 올바르게 설명한 것은?

   ㉮ 프로펠러의 유효피치와 프로펠러 지름과의 비
   ㉯ 추력과 토오크와의 비
   ㉰ 프로펠러 기하피치와 프로펠러 유효피치와의 비
   ㉱ 프로펠러 기하피치와 프로펠러 지름과의 비

4. 정적으로 안정된 항공기에 해당하는 것으로 가장 올바른 것은?

   (단, C_M: 피칭 모멘트계수, α: 받음각)

   ㉮ C_M이 α에 대한 기울기가 +값
   ㉯ C_M이 α에 대한 기울기가 -값
   ㉰ C_M에 α에 대한 기울기가 0값
   ㉱ $(\frac{dC_M}{d})C \cdot g$가 0값

5. 연속의 방정식을 설명한 내용으로 가장 올바른 것은? (단, 아음속임)

   ㉮ 유체의 점성을 고려한 방정식이다.
   ㉯ 유체의 밀도와는 관계가 없다.
   ㉰ 비압축성 유체에만 적용된다.
   ㉱ 유체의 속도는 단면적과 관계된다.

6. 활공기에서 활공거리를 크게하기 위한 설명중 가장 올바른 것은?

   ㉮ 형상항력을 최대로 한다.
   ㉯ 가로 세로비를 작게한다.
   ㉰ 날개의 가로 세로비를 크게한다.
   ㉱ 표면 박리현상 방지를 위하여 표면을 적절히 거칠게 한다.

7. 헬리콥터 회전날개(Rotor Blade)에 적용되는 기본 힌지(Hinge)로 가장 올바른 것은?

㉮ 플래핑힌지(Plapping), 페더링힌지(Feathering), 전단 힌지(Shear)
㉯ 플래핑힌지, 페더링힌지, 항력힌지(Lead-Lag)
㉰ 페더링힌지, 항력힌지, 전단힌지
㉱ 플래핑힌지, 항력힌지, 경사(Slope)힌지

8. 도움날개(aileron) 및 승강키(elevator)의 힌지 모멘트와 이들 조종면을 원하는 위치에 유지하기 위한 조종력과의 관계로서 가장 올바른 것은?

㉮ 힌지 모멘트가 커져도 필요한 조종력에는 변화가 없다.
㉯ 힌지 모멘트가 크면 조종력은 작아도 된다.
㉰ 힌지 모멘트가 크면 조종력도 커야 한다.
㉱ 아음속 항공기에서는 힌지모멘트가 커질수록 필요한 조종력은 작아진다.

9. 수직 꼬리날개가 실속하는 큰 옆미끄럼각에서도 방향안정성을 유지하기 위하여 사용되는 장치는?

㉮ 플랩(flap) ㉯ 도살핀(dosal fin)
㉰ 스포일러(spoiler) ㉱ 러더(rudder)

10. 항공기 중량 900kgf, 날개면적 10m²인 제트 비행기가 수평등속도로 비행하고 있다. 이때 추력은? (단, $C_L/C_D=3$)

㉮ 300kgf ㉯ 250kgf
㉰ 200kgf ㉱ 150kgf

● $T = W \cdot \dfrac{C_D}{C_L}$

11. 항공기가 기관이 정지한 상태에서 수직강하하고 있을 때 도달할 수 있는 최대속도를 종극속도라 한다. 종극속도는 어떠한 상태에 이를 때의 속도를 말하는가?

㉮ 항공기 총중량과 항공기에 발생되는 양력이 같은 경우
㉯ 항공기 총중량과 항공기에 발생되는 항력이 같아지는 경우
㉰ 항공기 양력의 수평분력과 항력의 수직분력이 같은 경우
㉱ 항공기 양력과 항력이 같은 경우

12. NACA 2415에서 "2"는 무엇을 의미 하는가?

㉮ 최대캠버가 시위의 2%
㉯ 최대두께가 시위의 2%
㉰ 최대캠버 위치가 CHORD의 20%
㉱ 최대두께가 시위의 20%

13. 프로펠러의 효율이 80%인 항공기가 그 기관의 최대출력이 800마력인 경우 이 비행기가 수평 최대속도에서 낼 수 있는 최대 이용마력은?

㉮ 640ps ㉯ 760ps
㉰ 800ps ㉱ 880ps

14. 그림과 같이 상대적으로 갑작스런 실속이 일어나는 특성을 갖는 날개골은?

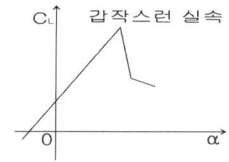

㉮ 두께가 두꺼운 날개골
㉯ 앞전 반지름이 큰 날개골
㉰ 캠버가 큰 날개골
㉱ 층류 날개골

15. 프로펠러의 페더링(feathering)상태란 깃각이 어느 상태인가?

㉮ 깃 각이 0°에 근접한 상태
㉯ 깃 각이 90°에 근접한 상태
㉰ 깃 각이 -90°에 근접한 상태
㉱ 깃 각이 180°에 근접한 상태

16. 피치 업(pitch up) 원인과 가장 거리가 먼 것은?

㉮ 뒤젖힘 날개의 날개끝 실속
㉯ 뒤젖힘 날개의 비틀림
㉰ 쳐든각 효과의 감소
㉱ 날개의 풍압중심이 앞으로 이동

17. 동적가로안정이 불안정할 때 나타나는 현상과 가장 거리가 먼 것은?

㉮ 방향 불안정 ㉯ 세로방향 불안정
㉰ 나선 불안정 ㉱ 가로방향 불안정

18. 날개면적이 100m²이고 평균시위가 5m일 때의 가로 세로비는 얼마인가?

㉮ 1 ㉯ 2
㉰ 3 ㉱ 4

▶ $AR = \dfrac{b}{c} = \dfrac{b^2}{s} = \dfrac{s}{c^2}$

19. 대류권에서 고도가 증가함에 따라 공기의 밀도, 온도, 압력은 어떻게 되는가?

㉮ 밀도, 온도는 감소하고 압력은 증가한다.
㉯ 밀도는 증가하고 압력, 온도는 감소한다.
㉰ 밀도, 압력, 온도 모두 증가한다.
㉱ 밀도, 압력, 온도 모두 감소한다.

20. 비행기가 무동력으로 하강하는 것에 대응하는 헬리콥터가 갖고 있는 가장 큰 특징은?

㉮ 수직상승
㉯ 자전하강(Autorotation)
㉰ 플래핑(Flapping)
㉱ 리드-래그(lead-lag)

1. ㉮	2. ㉰	3. ㉮	4. ㉯	5. ㉱
6. ㉰	7. ㉯	8. ㉰	9. ㉯	10. ㉮
11. ㉯	12. ㉮	13. ㉮	14. ㉱	15. ㉯
16. ㉰	17. ㉯	18. ㉰	19. ㉱	20. ㉯

2005년도 산업기사 3회 항공역학

1. 이륙 활주 거리를 짧게 하기 위해서는 다음 어느 조건이 만족되어야 하는가?

   ㉮ 익면 하중이 크고 양력계수도 클 것
   ㉯ 익면하중이 크고 지면 마찰계수가 작을 것
   ㉰ 익면 하중이 작고 지면 마찰계수가 클 것
   ㉱ 익면 하중이 작고 양력 계수가 클 것

2. 다음 중 항력 버킷을 가장 올바르게 설명 한 것은?

   ㉮ 양 항력 곡선에서 어떤 양력 계수 부근에서 항력 계수가 갑자기 작아지는 부분
   ㉯ 양 항력 곡선에서 어떤 항력 계수 부근에서 항력 계수가 갑자기 작아지는 부분
   ㉰ 양 항력 곡선에서 어떤 항력 계수 부근에서 양력 계수가 갑자기 작아지는 부분
   ㉱ 양 항력 곡선에서 어떤 양력 계수 부근에서 양력 계수가 갑자기 커지는 부분

3. 비행기의 안정과 조종, 그리고 운동의 문제를 다루는데 있어서, 기준이 되는 좌표축(기준축: body axis)은 비행기의 어느 것을 원점으로 하는가?

   ㉮ 공기력 중심
   ㉯ 공기 역학적 중심
   ㉰ 무게 중심
   ㉱ 기하학적 중심

4. 항공기의 세로 안정성(static longitudinal stability)에 대한 설명으로 가장 거리가 먼 내용은?

   ㉮ 무게 중심의치가 공기 역학적 중심보다 전방에 위치할수록 안정성이 좋아진다.
   ㉯ 날개가 무게 중심위치 보다 높은 위치에 있을 때 안정성이 좋다.
   ㉰ 꼬리날개 면적을 크게 하면 안정성이 좋다.
   ㉱ 꼬리날개효율을 작게 할수록 안정성이 좋다.

5. 뒤 젖힘각을 가장 올바르게 설명한 것은?

   ㉮ 25%C(코드길이)되는 점들을 날개 뿌리에서 날개끝까지 연결한 직선과 기체의 가로축이 이루는 각
   ㉯ 날개가 수평을 기준으로 위로 올라간 각도
   ㉰ 기체의 세로축과 날개의 시위선이 이루는 각
   ㉱ 날개끝의 붙임각을 날개뿌리의 붙임각보다 크거나 작게 한 것

6. 헬리콥터에서 유도 속도를 가장 올바르게 표현한 것은?

㉮ 하버링 중의 로우터 회전면의 하류의 풍압이다.
㉯ 로우터 회전면의 하류의 공기의 풍압이다.
㉰ 로우터 회전면의 하류의 공기의 속도이다.
㉱ 로우터 회전면의 상류의 공기의 흐름이다.

7. 프로펠러에서 깃 뿌리에서 깃 끝으로 위치 변화에 따른 기하학적 피치변화는?

㉮ 감소하도록 설계한다.
㉯ 일정하도록 설계한다.
㉰ 증가하도록 설계한다.
㉱ 중간 지점이 최대가 되게 설계한다.

8. 비행속도 360[km/h], 공기밀도 1/8[kg·sec²/m⁴]인 경우 동압은?

㉮ 45[kg/m²]   ㉯ 25[kg/m²]
㉰ 625[kg/m²]   ㉱ 625[kg/m²]

● $q = \frac{1}{2}\rho V^2 = \frac{1}{2} \cdot \frac{1}{8} \cdot (\frac{360}{3.6})^2$

9. 하강비행 중 기수를 올리려 할 때 받음각과 각속도가 특정 값을 넘게 되면 예상한 정도 이상의 기수가 올라가는 현상을 무엇이라 하는가?

㉮ 턱 업(tuck up)
㉯ 피치 업(pitch up)
㉰ 딮 실속(deep stall)
㉱ 기수 업(nose up)

10. 비행기가 옆 미끄럼 상태에 들어갔을 때의 설명으로 가장 올바른 것은?

㉮ 수직 꼬리날개의 받음각에는 변화가 없다.
㉯ 비행기의 기수를 상대풍과 반대방향으로 이동시키려는 힘이 발생한다.
㉰ 수평 꼬리날개에 옆 미끄럼 힘(side force)이 발생된다.
㉱ 무게중심에 대한 빗놀이 모멘트가 발생된다.

11. 4자 계열 날개골의 특징이 아닌 것은?

㉮ 두께가 15~18% 정도까지는 두꺼울수록 앞전 반지름도 커지므로 실속각과 최대 양력 계수가 커진다.
㉯ 두께가 15~18% 이상에서는 큰 받음각일 때 최대 양력 계수값이 떨어진다.
㉰ 캠버의 실용 범위는 4% 정도이다.
㉱ 항력은 두께가 얇고 캠버가 적을수록 작은 받음각에서 작다.

12. 비행기의 세로축(longitudinal axis)을 중심으로 한 운동(rolling)에 가장 관계가 깊은 조종면은?

㉮ 도움 날개(aileron) ㉯ 승강키(elevator)
㉰ 방향키(rudder) ㉱ 플랩(flap)

13. 다음은 열권에 관한 내용이다. 가장 관계가 먼 내용은?

㉮ 열권은 중간권 위에 있다.
㉯ 열권에서는 분자, 원자가 충돌할 수 있는 기회가 아주 적어 각원자, 분자는 지상에서 발사된 탄환과 같은 궤적을 그리며 운동하고 있다.
㉰ 위도가 높은 지방의 하늘에서 극광이나 유성이 길게 밝은 빛의 꼬리를 남기는

것은 주로 열권에서 일어난다.
㉣ 전리층이 있다.

14. 항공기 중량 5000kg, 날개 면적 30m², 실속속도 100m/sec에서 양력계수를 구하면?
(단, $\rho=1/8$ kg·sec²/m⁴)

㉮ 0.2 　　㉯ 0.27
㉰ 0.3 　　㉣ 0.42

15. 프로펠러의 슬립(slip)이란?

㉮ 유효피치에서 기하학적피치를 뺀 값을 평균기하학적 피치의 백분율로 표시
㉯ 기하학적피치에서 유효피치를 뺀 값을 평균 기하학적 피치의 백분율로 표시
㉰ 유효피치에서 기하학적피치를 나눈 값을 백분율로 표시
㉣ 유효피치와 기하학적피치를 합한 값을 백분율로 표시

16. 항공기 날개에 상반각을 주게 되면 다음과 같은 특성을 갖게 한다. 가장 올바른 내용은?

㉮ 유도저항을 적게 하고 방향 안정성을 좋게 한다.
㉯ 옆 미끄럼을 방지하고 세로 안정성을 좋게 한다.
㉰ 익단 실속을 방지하고 세로 안정성을 좋게 한다.
㉣ 선회성능을 향상시키나 가로 안정성을 해친다.

17. 프로펠러의 진행비(advance ratio)를 올바르게 나타낸 것은? (단, V: 속도, n: 프로펠러 회전속도, D: 프로펠러지름)

㉮ J=V/nD 　　㉯ J=nD/v
㉰ J=n/VD 　　㉣ J=D/Vn

18. 이륙 중량이 1,500kg, 엔진 출력이 200HP인 비행기가 5,000m 고도를 출력 50%로 360km/h로 순항하고 있다 양항비를 구하면?

㉮ 5 　　㉯ 10
㉰ 15 　　㉣ 20

▶ $T = W \cdot \dfrac{C_D}{C_L} \to \dfrac{C_L}{C_D} = \dfrac{W}{T} = \dfrac{1,500}{75}$

$P_a = \dfrac{TV}{75} \to T = \dfrac{75 P_a}{V} = \dfrac{75 \cdot 200 \cdot 0.5}{\dfrac{360}{3.6}}$

19. 헬리콥터에서 기하학적 불균형을 제거할 수 있도록 하기 위해 부착된 것은?

㉮ 피치 암 　　㉯ 페더링 힌지
㉰ 플래핑 힌지 　　㉣ 리드-래그 힌지

▶ 양력 불균형 제거 : 플래핑 힌지
기하학적 불균형 해소 : 리드-래그 힌지(항력 힌지)

20. 항공비행의 한 종류인 급강하 비행 시 비행기에 작용하는 힘을 나타낸 식으로 가장 올바른 것은? (단, L=양력, D=항력, W=항공기의 무게)

㉮ L=D 　　㉯ D=W
㉰ D+W=0 　　㉣ D=0

1. ㉣	2. ㉮	3. ㉰	4. ㉣	5. ㉮
6. ㉰	7. ㉯	8. ㉰	9. ㉯	10. ㉣
11. ㉣	12. ㉮	13. ㉯	14. ㉰	15. ㉯
16. ㉯	17. ㉮	18. ㉣	19. ㉣	20. ㉯

2006년도 산업기사 1회 항공역학

1. 정적방향 안정성에 대한 추력효과에 대하여 가장 올바르게 설명한 내용은?

   ㉮ 프로펠러 회전면이나 제트 입구가 무게 중심의 앞에 위치했을 때 불안정을 유발한다.
   ㉯ 수직 꼬리날개에서 추력에 의한 유도속도의 변경에 기인하는 간섭효과는 일반적으로 제트비행기인 경우에 더 심각하다.
   ㉰ 수직 꼬리날개에서 추력에 의한 흐름방향의 변경에 기인하는 간섭효과는 일반적으로 제트비행기인 경우에 더 심각하다.
   ㉱ 추력효과가 정적안정에 불리한 영향을 가장 크게 미치는 경우는 추력이 작고 동압이 클 때이다.

   ▶ 수직 꼬리 날개에서 추력에 의한 유도속도나 흐름 방향의 변경에 의한 간섭효과는 프로펠러 비행기에서 더 심각하며, 제트기에서 가장 영향이 클 때는 추력이 크고 동압이 작을 때이다.

2. 다음 중 비행기의 방향안정에 일차적으로 영향을 주는 것은?

   ㉮ 수평꼬리날개   ㉯ 수직꼬리날개
   ㉰ 플랩   ㉱ 슬랫

3. 헬리콥터의 종류중 꼬리회전날개(Tail Rotor)가 필요한 헬리콥터는?

   ㉮ 단일 회전날개 헬리콥터
   ㉯ 동축 역회전식 회전날개 헬리콥터
   ㉰ 병렬식 회전날개 헬리콥터
   ㉱ 직렬식 회전날개 헬리콥터

4. 날개의 길이(span)가 10m이고, 넓이가 25m^2인 날개의 가로세로비(aspect ratio)는?

   ㉮ 2   ㉯ 4
   ㉰ 6   ㉱ 8

5. 프로펠러 항공기의 비행속도가 V이고 프로펠러의 회전수가 N rpm이면, 이 항공기 프로펠러의 유효피치는?

   ㉮ VN/60   ㉯ 60N/V
   ㉰ 60V/N   ㉱ N/60V

6. 비행기의 조종면 이론에서 힌지 모멘트에 대한 설명 내용으로 가장 관계가 먼 것은?

   ㉮ 힌지모멘트 계수에 비례한다.
   ㉯ 동압에 비례한다.
   ㉰ 조종면의 크기에 비례한다.
   ㉱ 조종면의 폭에 반비례한다.

7. 날개면적이 100m^2이며, 고도 5,000m에서 150m/sec로 비행하고 있는 항공기가 있다. 이때의 항력계수는 0.020이다. 필요마력은?
   (단, 공기의 밀도는 0.070kg · S^2/m^4이다.)

   ㉮ 1,890   ㉯ 2,500
   ㉰ 3,150   ㉱ 3,250

● $P_r = \dfrac{DV}{75} = \dfrac{1}{150} \cdot C_D \cdot \rho \cdot V^3 \cdot S$

8. 프로펠러의 회전에 의한 원심력이 깃각에 주는 영향은?

㉮ 깃각을 작게 한다
㉯ 깃각을 일정하게 유지하게 한다.
㉰ 깃각을 크게한다.
㉱ 영향을 주지 않는다.

9. 비행기의 조종력을 경감시키는 공력평형장치가 아닌 것은?

㉮ 앞전밸런스   ㉯ 혼 밸런스
㉰ 내부 밸런스   ㉱ 조종 밸런스

10. 항공기의 정적안정성이 작아지면 조종성 및 평형을 유지시키려는 힘의 변화로 가장 올바른 것은?

㉮ 조종성은 감소되며, 평형유지는 쉬워진다.
㉯ 조종성은 감소되며, 평형유지가 어렵다.
㉰ 조종성은 증가하며, 평형유지는 쉬워진다.
㉱ 조종성은 증가하나, 평형유지는 어려워진다.

11. 비행기의 중량 W=4,500kg, 주날개면적 S=50m², 비행기 고도가 해면일 때 비행기의 최소속도를 구하면? (단, 이때 비행기의 최대양력계수는 1.6, 밀도는 0.125kg·S²/m⁴)

㉮ 30m/s   ㉯ 40km/h
㉰ 100m/s   ㉱ 120km/h

12. 프로펠러의 깃각이 일정하다면, 깃 끝으로 갈수록 받음각의 변화는?

㉮ 작아진다.
㉯ 일정하다.
㉰ 커진다.
㉱ 중간부분이 최대가 된다.

13. 그림과 같은 항공기의 양항력 곡선에 대한 설명 중 가장 올바른 것은?

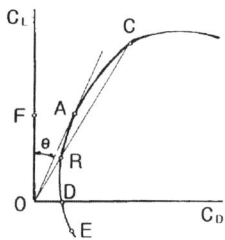

㉮ 최장거리 활공비행은 A점 받음각으로 활공하면 좋다.
㉯ 최장거리 활공비행은 C점 받음각으로 활공하면 좋다.
㉰ 수평 활공비행은 D점 받음각으로 이루어진다
㉱ 수직 활공비행은 F점 받음각으로 이루어진다

14. 유도항력(induced drag)계수에 대한 설명 중 가장 올바른 것은?

㉮ 양력이 발생하지 않을 때는 유도항력은 존재하지 않는다.
㉯ 저속 비행에서 유도항력은 무시될 수 있다.
㉰ 날개의 가로세로비가 클수록 유도항력은 증가한다.

㉣ 동일한 속도에서 항공기 무게가 증가하면 유도항력은 감소한다.

15. 헬리콥터에서 회전날개의 깃은 회전하면 회전면을 밑면으로 하는 원추 모양을 만들게 된다. 이때 이 회전면과 원추 모서리가 이루는 각을 무슨 각이라고 하는가?

㉮ 받음각 ㉯ 코닝각
㉰ 피치각 ㉱ 플래핑각

16. 비행기가 등속도로 수평비행을 하고 있다면 이 비행기에 작용하는 하중계수 g는?

㉮ 0g ㉯ 0.5g
㉰ 1g ㉱ 1.8g

17. 600km/h의 수평속도의 비행기가 같은 받음각 상태에서 30°로 경사하여 선회하는 경우에 있어서 선회속도는?

㉮ 645km/h ㉯ 693km/h
㉰ 850km/h ㉱ 1,200km/h

● $Vts = \dfrac{Vs}{\sqrt{\cos\theta}}$

18. 임계마하수(critical mach number)란?

㉮ 항력이 급격히 증가하는 마하수이다.
㉯ 양력이 급격히 증가하는 마하수이다.
㉰ 날개 위의 임의점에서 최고속도가 M=1.0이 되는 마하수이다.
㉱ 이론상 항공기가 비행할 수 없는 속도 제한 마하수이다.

19. 가로세로비가 큰 날개에서 갑자기 실속하는 경우와 가장 거리가 먼 것은?

㉮ 두께가 얇은 날개골
㉯ 앞전 반지름이 작은 날개골
㉰ 캠버가 큰 날개골
㉱ 레이놀즈수가 작은 날개골

20. 날개의 시위 3m, 대기속도가 360km/h, 공기의 동점성계수 0.15cm²/sec일 때 레이놀즈수는 얼마인가?

㉮ 1×10 ㉯ 1×10
㉰ 2×10 ㉱ 2×10

● $Re = \dfrac{Vl}{\nu} = \dfrac{(\frac{360}{3.6}) \cdot 100 \cdot 3 \cdot 100}{0.15}$

1. ㉮	2. ㉯	3. ㉮	4. ㉯	5. ㉰
6. ㉱	7. ㉰	8. ㉮	9. ㉱	10. ㉱
11. ㉮	12. ㉰	13. ㉮	14. ㉱	15. ㉯
16. ㉰	17. ㉮	18. ㉰	19. ㉰	20. ㉰

2006년도 산업기사 2회 항공역학

1. 프로펠러 슬립(propeller slip)을 가장 올바르게 표현한 것은?
    ㉮ [고 피치/저 피치 각]×100
    ㉯ 진행율/프로펠러 효율
    ㉰ [(기하학적 피치−유효 피치)/기하학적 피치]×100
    ㉱ [(유효 피치−기하학적 피치)/유효피치]×100

2. 제트 항공기가 최대 항속거리로 비행하기 위한 조건은? (단, 연료소비율은 일정)
    ㉮ $(C_L^{1/2}/C_D)$ 최대 및 고고도
    ㉯ $(C_L^{1/2}/C_D)$ 최대 및 저고도
    ㉰ (C_L/C_D) 최대 및 고고도
    ㉱ (C_L/C_D) 최대 및 저고도

3. 항공기의 동적안정성이 (+)인 상태를 설명한 것으로 가장 올바른 것은?
    ㉮ 운동의 진폭이 시간에 따라 점차 감소한다.
    ㉯ 운동의 진폭이 점차 감소하며 비행기 기수가 점점 내림현상을 갖는다.
    ㉰ 운동의 진폭이 시간에 다라 점차 증가한다.
    ㉱ 운동의 진폭이 점차 증가하며 비행기 기수가 점점 올림현상을 갖는다.

4. 활공비행에서 활공각을 나타내는 식으로 가장 올바른 것은?
    (단, θ=활공각, C_L=양력계수, C_D=항력 계수, T=추력, W=항공기 무게)
    ㉮ $\sin\theta=C_L/C_D$ ㉯ $\cos\theta=W/C_L$
    ㉰ $\tan\theta=C_D/C_L$ ㉱ $\tan\theta=C_L/C_D$

5. ( ) 안에 가장 알맞은 것은?
    "비압축성이란? 공기의 ( ) 변화를 무시할 수 있다는 것이다."
    ㉮ 밀도   ㉯ 온도
    ㉰ 압력   ㉱ 점성력

6. 비행기 날개의 가로 세로비(종횡비)가 커졌을 때 다음 중 가장 올바른 내용은?
    ㉮ 유도항력이 감소한다.
    ㉯ 유도항력이 증가한다.
    ㉰ 양력이 감소한다.
    ㉱ 스팬효율과 양력이 증가한다.

7. 날개의 뒤젖힘각 효과(sweepback effect)에 대한 설명으로 가장 올바른 것은?
    ㉮ 방향안정(directional stability)에는 영향이 있지만 가로안정(lareral stability)에는 영향이 없다.
    ㉯ 방향안정(directional stability)에는 영향이 있지만 가로안정(lareral stability)에는

영향이 없다.
㉰ 방향안정(directional stability)과, 가로안정(lareral stability) 모두에 영향이 있다.
㉯ 방향안정(directional stability)과, 가로안정(lareral stability) 모두에 영향이 없다.

8. 비행기의 날개에 사용되는 에어포일(Airfoil)의 요구조건으로 가장 올바른 것은?

㉮ 얇은 날개골은 받음각이 작을 때 항력이 크다.
㉯ C_L 특히 C_{Lmax}가 클 것
㉰ C_D 특히 C_{Dmax}가 클 것
㉯ 앞전 반경은 클수록 좋다.

9. 항공기 왕복기관의 상승비행에 대한 설명으로 가장 올바른 것은?

㉮ 이용마력과 필요마력이 같다.
㉯ 이용마력이 필요마력보다 크다.
㉰ 이용마력이 필요마력보다 적다.
㉯ 필요마력의 1.5배에 이르렀을 때에 상승비행이 가능하다.

10. 공력 평균시위(MAC)에 대한 설명으로 가장 거리가 먼 내용은?

㉮ 이것은 날개를 가상적으로 직사각형 날개라고 가정했을 때의 시위이다.
㉯ 꼬리날개와 착륙장치의 비치 및 중심위치의 이동범위 등을 고려할 때 이용된다.
㉰ 실용적으로는 날개 모양에 면적 중심을 통과하는 기하학적 평균시위를 말한다.
㉯ 중심위치가 MAC의 25%라는 것은 중심이 뒷전으로부터 25%가 되는 점이다.

11. 항공기 날개의 시위 길이가 5m, 대기속도가 360km/h, 동점성계수가 0.2cm²/sec일 때 레이놀즈수(R.N)는 얼마인가?

㉮ 2.5×10^6 ㉯ 2.5×10^7
㉰ 5×10^6 ㉯ 5×10^7

12. 무게 100kgf인 비행기가 해발고도 위를 수평 등속비행하고 있다. 날개면적이 5m²이면 최소속도는 얼마인가? (단, $C_{Lmax}=1.2$, 밀도 $\rho = 1/8$kgf·sec²/m⁴)

㉮ 160.33 (m/sec)   ㉯ 16.33 (m/sec)
㉰ 1.629 (m/sec)   ㉯ 26.29 (m/sec)

13. 조종면에서 앞전 밸런스(leading edge balance)를 설치하는 가장 큰 목적은?

㉮ 양력 증가
㉯ 조종력 경감
㉰ 항력 감소
㉯ 항공기 속도 증가

14. 항공기의 비행방향에 대해서 양력과 중력이 같고 추력과 항력이 동일하다면 항공기의 운동은?

㉮ 공중에 정지한다.
㉯ 수평 가속비행을 한다.
㉰ 수평 등속비행을 한다.
㉯ 등속 상승비행을 한다.

15. 비행기 날개에 작용하는 공기력은 무엇에 비례하는가?
(단, ρ : 공기밀도, μ : 공기의 절대 점성계수, S : 프로펠러 깃의 면적, V : 프로펠러의 속도)

㉮ μSV^2 ㉯ $\mu V^2/S$
㉰ ρSV^2 ㉱ $\rho V^2/S$

16. 비행기의 가로안정에 날개가 가장 중요한 요소이다. 가로 안정을 유지시키는 가장 좋은 방법은?

㉮ 날개의 캠버를 크게 한다.
㉯ 날개에 쳐든각(diheadral angle)을 준다.
㉰ 날개의 시위선을 최대로 한다.
㉱ 밸런스 탭(balance tab)을 장착한다.

17. 전진하는 헬리콥터의 주 회전 날개에 있어서 전진 및 후진깃의 양력차를 보정하기 위한 방법으로 가장 올바른 것은?

㉮ 페더링 힌지에 의해 조정
㉯ 플래핑 힌지에 의해 조정
㉰ 주회전날개의 전단 힌지에 의한 조정
㉱ 항력 힌지에 의한 조정

18. 프로펠러의 효율에 대한 설명 내용으로 가장 옳은 것은?

㉮ 프로펠러의 효율을 좋게 하기 위해서 진행율이 작을 때는 깃각을 크게 해야 한다.
㉯ 비행기가 이륙하거나 상승 시에는 깃각을 크게 해야 한다.
㉰ 비행속도가 증가하면 깃각이 작아져야 한다.
㉱ 비행중 프로펠러 깃각이 변하는 가변피치 프로펠러를 사용하면 프로펠러 효율이 좋다.

19. 헬리콥터에서 필요마력을 구성하는 마력과 가장 관계가 먼 것은?

㉮ 유도항력마력 ㉯ 형상항력마력
㉰ 조파항력마력 ㉱ 유해항력마력

20. 총 중량이 5,200kgf인 비행기가 선회각 30°로 정상선회를 하고 있을 때, 이 비행기에 작용하는 원심력은 약 얼마인가? (단, sin30°=0.5, cos30°=0.866, tan30°=0.577)

㉮ 2,600kgf ㉯ 3,000kgf
㉰ 4,503kgf ㉱ 5,200kgf

● $\tan\theta = \dfrac{CF}{W}$, $CF = W\tan\theta$

1. ㉰	2. ㉮	3. ㉮	4. ㉰	5. ㉮
6. ㉮	7. ㉰	8. ㉯	9. ㉯	10. ㉱
11. ㉯	12. ㉯	13. ㉯	14. ㉯	15. ㉰
16. ㉯	17. ㉯	18. ㉱	19. ㉰	20. ㉯

2006년도 산업기사 3회 항공역학

1. 키놀이 운동을 위한 조종면은?

㉮ 에어러론   ㉯ 엘리베이터
㉰ 러더   ㉱ 스포일러

2. 고도 1,500M에서 M=0.7로 비행하는 항공기가 있다. 고도 12,000m에서 같은 속도로 비행할 때 Mach 수는? (단, 고도 1,500m에서 음속 a는 335m/s이며, 고도 12,000m에서 음속 a는 295m/s이다.)

㉮ 약 0.3   ㉯ 약 0.5
㉰ 약 0.8   ㉱ 약 1.0

● $M = \dfrac{V}{C}, \quad V = M \cdot C$

고도 1500m의 비행속도 = 0.7×335 = 234.5

고도 1200m의 마하수 = $\dfrac{234.5}{295}$

3. 글라이더가 고도 2,000m 상공에서 양항비 20인 상태로 활공한다면 도달할 수 있는 수평 활공거리는?

㉮ 40,000   ㉯ 6,000
㉰ 3,000   ㉱ 2,000

● $\tan\theta = \dfrac{H}{X} = \dfrac{1}{\frac{C_L}{C_D}}, \quad X = H \cdot \dfrac{C_L}{C_D}$

4. 프로펠러의 한 단면 그림에서 도면에 표시된 표시 내용이 맞는 것은?

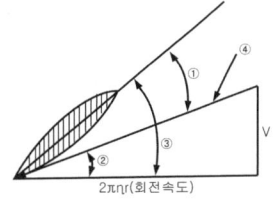

㉮ ①피치각   ㉯ ②받음각
㉰ ③깃각   ㉱ ④전진속도

5. 이륙중량이 1,500kg, 엔진출력이 250HP인 비행기가 해면 고도를 80%의 출력으로 180 km/h 순항비행할 때 양항비는?

㉮ 5.25   ㉯ 5.0
㉰ 6.0   ㉱ 6.25

● $T = W \cdot \dfrac{C_D}{C_L} \rightarrow \dfrac{C_L}{C_D} = \dfrac{W}{T} = \dfrac{1{,}500}{300}$

$P_a = \dfrac{TV}{75} \rightarrow T = \dfrac{75 P_a}{V} = \dfrac{75 \cdot 250 \cdot 0.8}{\frac{180}{3.6}}$

6. 압력중심에 가장 큰 영향을 끼치는 요소는 어느 것인가?

㉮ 양력   ㉯ 받음각
㉰ 항력   ㉱ 추력

7. 날개 밑에 장착되는 보틸론의 가장 큰 역할은?

㉮ 가로안정 유지   ㉯ 딥 실속 방지
㉰ 유도항력 감소   ㉱ 옆 미끄럼 방지

● 딥 실속(deep stall) : T형 꼬리 날개를 가지는 비행기가 실속할 때 생기는 현상으로, 비행기

가 실속할 때 후류의 영향을 받아 꼬리날개가 안정성을 상실하고, 조작을 해도 승강키 효율이 떨어져 실속회복이 불가능한 현상이며, 이 현상을 방지하기 위해 날개 윗면에 판을 설치하거나 보틸론, 실속 스트립, 또는 스핀 스트립을 장착한다.

8. 헬리콥터는 자동회전을 행하기 위하여 프리휠 장치를 필요로 한다. 이 장치의 가장 중요한 역할은?

㉮ 회전날개는 기관에 의해서 구동되나 회전날개가 기관을 구동시킬 수 없도록 하는 장치
㉯ 회전날개는 기관에 의해 구동되며, 기관정지시 회전날개가 기관을 구동시킬 수 있도록 하는 장치
㉰ 회전날개는 기관에 의해서 구동되나, 자전강하시 회전날개가 기관을 구동시킬 수 있는 장치
㉱ 기관 정지시 회전날개의 회전력으로 비상장비를 작동시킬 수 있게 만든 장치

9. 착륙거리를 짧게 하기 위한 고항력 장치가 아닌 것은?

㉮ 지상 스포일러 ㉯ 역추진장치
㉰ 드래그 슈트   ㉱ 경계층 제어장치

10. 비행기의 받음각이 외부적인 교란에 의해 진동을 시작해서 점차적으로 진동이 감소하여 처음의 상태로 돌아갈 경우를 가장 올바르게 표현한 것은?

㉮ 정적안정   ㉯ 동적안정
㉰ 동적불안정   ㉱ 정적불안정

11. 유효피치를 설명한 것 중 틀린 것은?

㉮ 공기 중에서 프로펠러가 1회전 할 때 실제 전진한 거리이다.
㉯ V×(60/n) (V는 비행속도, n은 프로펠러 회전속도)로 표시할 수 있다.
㉰ 일반적으로 기하학적 피치보다 작다.
㉱ r은 프로펠러 중심부터의 거리, β는 깃각일 때 날개골은 $2\pi r*\tan\beta$의 유효피치를 가진다.

12. 관의 단면이 $10cm^2$인 곳에서 10m/s로 비압축성 유체가 흐르고 있다. 관의 단면이 $25cm^2$인 곳에서의 유체흐름 속도는?

㉮ 3m/s   ㉯ 4m/s
㉰ 5m/s   ㉱ 8m/s

13. 비행기의 도살핀을 사용하는 이유를 가장 올바르게 설명한 것은?

㉮ 도살 핀은 롤링 모멘트를 적게 하여 비행기를 불안정하게 한다.
㉯ 수직 꼬리날개가 실속하는 큰 옆미끄럼각에서도 방향 안정을 유지 한다.
㉰ 도살핀은 세로안정을 크게 한다.
㉱ 도살핀은 플랩의 보조역할을 한다.

14. 동점성계수를 나타내는 것은?

㉮ 점성계수/밀도   ㉯ 밀도/점성계수
㉰ 관성력/점성력   ㉱ 점성력/중력

15. 헬리콥터 회전날개에 추력을 구하는 이론은?
㉮ 회전면 상하 유동의 운동량 차이를 이용한 운동량 이론
㉯ 로터 브레이드의 코닝각 변화 이론
㉰ 엔진의 연소 소비율에 따른 연소 이론
㉱ 로터 브레이드 회전관성을 이용한 관성 이론

▶ 헬리콥터 회전날개의 추력을 구하는 방법이론
① 운동량 이론(momentum theory)
② 깃 요소 이론(blade element theory)
③ 와류 이론(vortex theory)

16. 형상항력의 표현으로 가장 올바른 것은?
㉮ 유도항력+조파항력
㉯ 표면마찰항력+유도항력
㉰ 간섭항력+조파항력
㉱ 압력항력+표면마찰항력

17. 프로펠러 회전에 의해 깃이 허브 중심에서 밖으로 빠져나가려는 힘은?
㉮ 추력   ㉯ 원심력
㉰ 비틀림응력   ㉱ 구심력

18. NACA 23015에서 3의 뜻을 가장 올바르게 표현한 것은?
㉮ 최대 캠버의 크기가 시위의 3%
㉯ 최대 캠버의 위치가 시위의 3%
㉰ 최대 캠버의 위치가 시위의 15%
㉱ 최대 두께의 위치가 시위의 15%

19. 다음 중에서 비행기의 세로 안정을 좋게 하기 위한 방법으로 가장 올바른 것은?
㉮ 중심위치가 날개의 공력중심 전방에 위치할수록 좋다.
㉯ 중심위치가 날개의 공력중심 후방에 위치할수록 좋다.
㉰ 꼬리날개 부피계수 값이 작을수록 좋다.
㉱ 꼬리날개 효율이 작을수록 좋다.

20. 프로펠러 비행기의 항속거리를 나타내는 식은?
(단, R=항속거리, B=연료탑재량, V=순항속도, P=순항중의 기관의 출력, t=항속시간, C=마력당 1시간에 소비하는 연료량)
㉮ R=V/t   ㉯ R=CP/VB
㉰ R=VB/CP   ㉱ R=PB/CV

▶ $R = V \cdot t = V \cdot \dfrac{B}{C \cdot P}$

1. ㉯	2. ㉰	3. ㉮	4. ㉰	5. ㉯
6. ㉯	7. ㉯	8. ㉮	9. ㉱	10. ㉯
11. ㉱	12. ㉯	13. ㉯	14. ㉮	15. ㉮
16. ㉱	17. ㉯	18. ㉰	19. ㉮	20. ㉰

2007년도 산업기사 1회 항공역학

1. 비행 중에 비행기에 단주기 운동이 발생되었을 때 가장 좋은 대처방법은?

㉮ 조종간을 자유롭게 놓는다.
㉯ 조종간을 고정시킨다.
㉰ 조종간을 당긴다.(상승비행)
㉱ 조종간을 밀어 놓는다.(하강비행)

● 비행기의 동적 세로 안정은 일반적으로 장주기 운동, 단주기 운동, 승강키 자유 운동과 같은 세 가지의 기본 진동 형태로 구성되며, 그 중 단주기 운동은 키놀이 진동으로 전형적인 진동주기는 0.5초에서 5초 사이이다.

2. 날개를 wash out 시키는 이유로 가장 올바른 내용은?

㉮ 실속이 날개 뿌리(Root)에서 생기는 것을 방지하기 위해서
㉯ 공력중심을 날개시위에 일정하게 갖도록 하기 위해서
㉰ 날개의 양력을 증가시키기 위해서
㉱ 실속이 날개 뿌리(Root)에서부터 시작하게 하기 위해서

● wash out(앞내림) : 날개 끝 실속 방지법 중의 하나로서 날개 끝으로 감에 따라 받음각이 작아지도록 한 것으로 기하학적 비틀림이라고도 한다.

3. 프로펠러에 전달되는 기관의 동력 P를 가장 올바르게 표현한 것은?

(단, C_p : 동력계수, D : 프로펠러의 직경
ρ : 공기밀도, n : 프로펠러 회전속도)

㉮ $P = C_p \rho n^2 D^3$ ㉯ $P = C_p \rho n^2 D^4$
㉰ $P = C_p \rho n^3 D^4$ ㉱ $P = C_p \rho n^3 D^5$

4. 그림에서 최대 상승률을 얻을 수 있는 지점은?

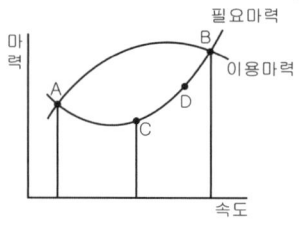

㉮ A   ㉯ B
㉰ C   ㉱ D

● 최대 상승률은 여유마력(이용마력-필요마력)이 가장 클 때 얻어진다.

5. 비행기가 천음속 영역에서 비행할 때 한쪽 날개의 충격 실속에 의한 가로불안정의 특별한 현상은 무엇인가?

㉮ 나선 불안정(spiral devergence)
㉯ 날개 드롭(wing drop)
㉰ 턱 언더(tuck under)
㉱ 디프 실속(deep stall)

6. 2,000m의 고도에서 활공기가 최대 양항비 8.5인 상태로 활공한다면 이 비행기가 도달할 수 있는 최대 수평거리는 얼마인가?

㉮ 25,500m ㉯ 21,300m
㉰ 17,000m ㉱ 12,300m

● $\tan\theta = \dfrac{고도}{수평활공거리} = \dfrac{1}{양항비}$

7. 헬리콥터는 수평 최대속도로 비행기와 같이 고속도로 비행할 수 없다. 그 이유에 대한 설명 중 가장 관계가 먼 내용은?

㉮ 회전날개(Rotor Blades)의 강도상 문제 때문에
㉯ 후퇴하는 깃의 날개 끝 실속 때문에
㉰ 후퇴하는 깃 뿌리의 역풍범위가 커지기 때문에
㉱ 전진하는 깃 끝의 충격실속 때문에

8. NACA 23012에서 날개골의 최대 두께는 얼마인가?

㉮ 시위의 12% ㉯ 시위의 15%
㉰ 시위의 20% ㉱ 시위의 30%

● 2: 최대 캠버가 시위선의 2%
3: 최대 캠버의 위치가 앞전에서부터 시위선의 15%
0: 평균캠버선의 뒤쪽 반이 직선
12: 최대 두께가 시위선의 12%

9. 형상항력에 대한 설명 중 가장 관계가 먼 내용은?

㉮ 이상유체에는 나타나지 않는 항력이다.
㉯ 공기가 점성을 가지기 때문에 생기는 항력이다.
㉰ 날개골의 형태에 따라 다른 값을 가지는 항력이다
㉱ 날개표면의 유도항력에 의해 발생한다.

10. 비행 중 항공기가 항력과 추력이 같으면 어떻게 되는가?

㉮ 감속전진 비행한다.
㉯ 가속전진 비행한다.
㉰ 정지한다
㉱ 수평 등속도 비행을 한다.

11. 비행기의 무게가 7,000kgf이고, 큰 날개 면적이 $60m^2$, C_{Lmax}가 1.56일 때의 최소속도는 약 얼마인가?

(단, 공기의 밀도 ρ는 $1/8 kgf\cdot s^2/m^4$이다.)

㉮ 28.7m/s ㉯ 34.6m/s
㉰ 38.7m/s ㉱ 41.6m/s

● $V_s = \sqrt{\dfrac{2W}{\rho \cdot S \cdot C_{Lmax}}}$

12. 다음 중 마하수(mach number) M_a를 옳게 표현한 것은?

㉮ M_a=비행체속도/음속
㉯ M_a=비행체속도/(음속)^2
㉰ M_a=(비행체속도)^2/음속
㉱ M_a=음속/비행체속도

13. 최근의 초음속기에서 옆놀이 커플링 현상을 막기 위해 가장 많이 사용하는 방법은?

㉮ 벤트럴 핀(Ventral pin) 부착
㉯ 볼텍스 플랩(Vortex flap) 사용
㉰ 실속 스트립(Stall strip) 사용
㉱ 윙넷(Wingnet) 부착

● 최근 초음속기에서는 수직 꼬리 날개의 면적을 크게 하거나, 배지느러미(ventral fin)를 붙여서 고속비행시에 도움날개나 방향키의 변위각을 자동적으로 제한

14. 레이놀즈 수(Reynold's Number)에 대한 설명으로 가장 올바른 것은?

㉮ 유체의 동압과 정압의 비이다.
㉯ 관성력과 중력의 비이다.
㉰ 관성력과 유체 탄성의 비이다.
㉱ 관성력과 점성력의 비이다.

15. 프로펠러 항공기가 최대 항속거리로 비행할 수 있는 조건으로 가장 올바른 것은?

㉮ $(\frac{C_D}{C_L})$ 최대
㉯ $(\frac{C_L}{C_D})$ 최대
㉰ $(\frac{C_L^{\frac{1}{2}}}{C_D})$ 최대
㉱ $(\frac{C_D^{\frac{1}{2}}}{C_L})$ 최대

16. 다음 대기권 중에서 전파를 흡수, 반사하는 작용을 하여 통신에 영향을 끼치는 곳은?

㉮ 성층권   ㉯ 열권
㉰ 극외권   ㉱ 중간권

17. 비행속도가 증가함에 따라 최대 프로펠러 효율을 얻고자 한다. 이 때 깃 각의 변화는 어떻게 되어야 하는가?

㉮ 증가한 후 감소해야 한다.
㉯ 증가해야 한다.
㉰ 감소한 후 증가해야 한다.
㉱ 감소해야 한다.

▶ 비행속도 증가가 증가하면 엔진 회전수도 증가하므로 일정한 회전수를 맞추어 최대 프로펠러 효율을 위해서는 회전수를 감소(깃 각을 크게) 시켜야 한다.

18. 조종력은 힌지 모멘트 값에 따라 변화한다. 다음 중 힌지 모멘트 값에 영향을 주는 요소로 가장 거리가 먼 것은?

㉮ 비행속도   ㉯ 양력계수
㉰ 조종면의 폭   ㉱ 밀도

▶ $H = C_h \cdot \frac{1}{2} \cdot \rho \cdot V^2 \cdot S \cdot c$

19. 헬리콥터 회전날개의 회전면과 원추 모서리와 이루는 각을 코닝 각(Coning Angle)이라 부르는 데, 이러한 코닝 각을 결정하는 가장 중요한 요소는?

㉮ 항력과 원심력의 합력
㉯ 양력과 추력의 합력
㉰ 양력과 원심력의 합력
㉱ 양력과 항력의 합력

20. 비행기의 방향 조종에서 방향키 부유각(float angle)을 가장 올바르게 설명한 것은?

㉮ 방향키를 밀었을 때 공기력에 의해 방향키가 변위 되는 각
㉯ 방향키를 당겼을 때 공기력에 의해 방향키가 변위 되는 각
㉰ 방향키를 고정했을 때 공기력에 의해 방향키가 변위 되는 각
㉱ 방향키를 자유로 했을 때 공기력에 의해 방향키가 자유로이 변위되는 각

1. ㉮	2. ㉱	3. ㉱	4. ㉰	5. ㉯
6. ㉰	7. ㉮	8. ㉮	9. ㉱	10. ㉱
11. ㉯	12. ㉮	13. ㉮	14. ㉱	15. ㉯
16. ㉯	17. ㉯	18. ㉯	19. ㉰	20. ㉱

2007년도 산업기사 2회 항공역학

1. 항공기의 활공각을 θ라고 할 때 $\tan\theta$의 특성을 가장 올바른 것은?

   ㉮ 양항비와 비례한다.
   ㉯ 양항비와 반비례 한다.
   ㉰ 고도와 반비례한다.
   ㉱ 활공속도와 반비례한다.

2. 항공기가 45°의 경사각(bank angle)으로 정상수평 선회비행을 하고 있다 이때 이 항공기에 작용하는 하중배수(load factor)는 얼마인가?

   ㉮ $\sqrt{2}$ ㉯ $\sqrt{3}$
   ㉰ $\frac{\sqrt{2}}{2}$ ㉱ $\frac{\sqrt{3}}{2}$

3. 유체의 운동상태에 관계없이 항상 모든 방향으로 작용하는 유체의 압력을 정압이라고 하고 유체가 가진 속도에 의해 생기는 압력을 동압이라고 한다. 이때 동압의 관계식으로 옳은 것은?

   ㉮ 동압=정압+$1/2\rho \cdot v^2$
   ㉯ 동압=$1/2\rho \cdot v^2$
   ㉰ 동압=$\sqrt{\rho} \cdot v^2/g$
   ㉱ 동압=$\rho \cdot v^2$

4. 스팬의 길이가 15m, 시위의 길이가 2m인 날개에 속도가 360km/h의 바람이 지나가면 이때의 레이놀즈 지수는 얼마인가?
   (단, 동점성 계수는 0.2×10^{-4} m²/s이다.)

   ㉮ 1×10^7 ㉯ 7.5×10^7
   ㉰ 1×10^8 ㉱ 7.5×10^8

   ▶ $Re = Re = \frac{V \cdot l}{\nu} = \frac{(\frac{360}{3.6} \cdot 2)}{0.2 \times 10^{-4}}$

5. 헬리콥터의 동시피치제어간을 올리면 나타나는 현상에 대하여 가장 올바르게 설명한 것은?

   ㉮ 피치가 커져 전진비행을 가능하게 한다.
   ㉯ 피치가 커져 수직으로 상승할 수 있다.
   ㉰ 피치가 작아져 추진비행을 바르게 한다.
   ㉱ 피치가 작아져 수직으로 상승할 수 있다.

6. 날개의 양력분포가 타원 모양이고 $C_L=1.2$, 가로세로비가 6일 때 유도항력계수는 약 얼마인가?

   ㉮ 1.076 ㉯ 1.012
   ㉰ 0.076 ㉱ 0.012

   ▶ $C_{di} = \frac{C_L^2}{\pi \cdot e \cdot AR} = \frac{1.2^2}{\pi \cdot 1 \cdot 6}$

7. 이륙과 착륙에 대한 비행성능의 설명으로 가장 올바른 것은?

   ㉮ 이륙할 때 장애물 고도란 위험한 비행 상태의 고도를 말한다.
   ㉯ 이륙할 때 항력은 속도의 제곱에 반비례한다. 따라서 속도를 증가시키면 항력은 감소하게 되어 이륙한다.

㉰ 착륙 활주시에 항력은 아주 작으므로 이를 보통 무시한다.
㉱ 착륙거리란 지상활주거리에 착륙진입 거리를 더한 것이다.

8. 헬리콥터가 비행기와 같이 빠르게 날 수 없는 이유로 가장 거리가 먼 것은?

㉮ 후퇴하는 깃의 날개 끝 실속 때문에
㉯ 후퇴하는 깃 뿌리의 역풍범위 때문에
㉰ 전진하는 깃 끝의 항력이 감소하기 때문에
㉱ 전진하는 깃 끝의 마하수의 영향 때문에

9. 비행기가 230km/h로 수평비행하고 있다. 이 비행기의 상승률이 8m/s라고 하면, 이 비행기 상승각은 약 얼마로 볼 수 있는가?

㉮ 4.8°   ㉯ 5.2°
㉰ 7.2°   ㉱ 9.4°

● $RC = V \cdot \sin\theta$, $\sin\theta = \dfrac{RC}{V} = \dfrac{8}{\left(\dfrac{230}{3.6}\right)}$

$\theta = \sin^{-1}\dfrac{8}{\left(\dfrac{230}{3.6}\right)}$

10. 에어포일의 호칭 중 "NACA 23015"에서 15가 나타내는 것은?

㉮ 최대 두께가 CHORD의 15%
㉯ 최대 캠버 위치가 CHORD의 15%
㉰ 최대 캠버가 CHORD의 15%
㉱ 최대 두께 위치가 CHORD의 15%

11. 수평 꼬리날개에 의한 모멘트의 크기를 가장 올바르게 설명한 것은?
(단, 양(+), 음(-)의 부호는 고려하지 않는다.)

㉮ 수평 꼬리날개의 면적이 클수록, 그리고 수평 꼬리날개주위의 동압이 작을수록 커진다.
㉯ 수평꼬리날개의 면적이 클수록 그리고 수평 꼬리날개 주위의 동압이 클수록 커진다.
㉰ 수평 꼬리 날개의 면적이 작을수록, 그리고 수평 꼬리날개 주위의 동압이 클수록 커진다.
㉱ 수평 꼬리날개의 면적이 작을수록, 그리고 수평 꼬리날개 주위의 동압이 작을수록 커진다.

12. 항력발산 마하수를 높게 하기 위한 날개의 설계 방법으로 가장 관계가 먼 것은?

㉮ 날개에 뒤젖힘 각을 준다.
㉯ 얇은 날개를 사용하여 표면에서의 속도 증가를 줄인다.
㉰ 가로세로비가 큰 날개를 사용한다.
㉱ 경계층을 제어한다.

13. 왼쪽과 오른쪽이 서로 반대로 움직이는 도움날개에서 발생되는 힌지 모멘트가 서로 상쇄되도록 하여 조종력을 경감시키는 장치는?

㉮ horn balance
㉯ leading edge balance
㉰ frise balance
㉱ internal balance

14. 쳐든각에 대한 설명으로 가장 올바른 것은?

㉮ 선회 성능을 좋게 한다.
㉯ 옆 미끄럼에 의한 옆놀이에 정적인 안정을 준다.
㉰ 항력을 감소시킨다.
㉱ 익단 실속을 방지한다.

15. 프로펠러의 고형비를 가장 옳게 표현한 것은?

㉮ 모든 깃의 부피/프로펠러 원판 부피
㉯ 프로펠러 원판 부피/모든 깃의 부피
㉰ 모든 깃의 면적/프로펠러 원판 면적
㉱ 프로펠러 원판 면적/모든 깃의 면적

● 강률(solidity)이라고도 하며, 코드의 길이나 브레이드 수를 늘리면 강률이 커지며, 프로펠러의 마력 흡수 능력을 증가시키게 된다.

16. 프로펠러의 진행비를 가장 올바르게 나타낸 것은?

㉮ 비행속도/(회전수×깃 끝의 선속도)
㉯ 비행속도/(회전수×프러펠러 직경)
㉰ (회전수×깃 끝의 선속도)/비행속도
㉱ (회전수×프로펠러 직경)/비행속도

● $J = \dfrac{V}{n \cdot D}$

17. 프로펠러의 추력에 대한 설명으로 가장 올바른 것은?

㉮ 프로펠러의 추력은 공기밀도에 비례하고 회전면의 넓이에 반비례한다.
㉯ 프로펠러의 추력은 회전면의 넓이에 비례하고 깃의 선속도의 자승에 반비례한다.
㉰ 프로펠러의 추력은 공기밀도에 반비례하고 회전면의 넓이에 비례한다.
㉱ 프로펠러의 추력은 회전면의 넓이에 비례하고 깃의 선속도의 자승에 비례한다.

18. 비행기에 있어서 정적안정을 가장 올바르게 설명한 것은?

㉮ 수평 비행시에 가속도를 일정하게 유지하려는 경향
㉯ 평형상태에서 이탈된 후, 시간에 따라 운동의 진폭이 감소하려는 경향
㉰ 항력의 크기에 비하여 양력의 크기가 큰 상태
㉱ 평형상태에서 벗어난 뒤에 다시 평형상태로 되돌아가려는 초기의 경향

19. 대기권에서 태양이 방출하는 자외선에 의하여 대기가 전리되어 자유 전자의 밀도가 커지는 대기권 층은?

㉮ 중간권   ㉯ 성층권
㉰ 열권   ㉱ 극외권

20. 마하 트리머의 기능으로 가장 올바른 것은?

㉮ 자동적으로 턱 언더 현상을 수정한다.
㉯ 자동적으로 더치롤 현상을 수정한다.
㉰ 자동적으로 방향 불안정현상을 수정한다.
㉱ 자동적으로 나선 불안정 현상을 수정한다.

1. ㉯	2. ㉮	3. ㉯	4. ㉮	5. ㉯
6. ㉰	7. ㉱	8. ㉰	9. ㉮	10. ㉮
11. ㉯	12. ㉰	13. ㉰	14. ㉯	15. ㉰
16. ㉯	17. ㉱	18. ㉱	19. ㉰	20. ㉮

2007년도 산업기사 4회 항공역학

1. 유체흐름을 쉽게 해석하기 위하여 이상유체(IDEAL FLUID)를 설정한다. 이상유체의 전제조건으로 가장 옳은 것은?

   ㉮ 압력변화가 없다.
   ㉯ 온도변화가 없다.
   ㉰ 흐름속도가 일정하다.
   ㉱ 점성의 영향을 무시한다.

2. 유체흐름에서 베르누이 방정식을 나타내는 것은?(단, ρ : 밀도, V : 속도, A : 단면적, P : 정압, Pt : 전압)

   ㉮ ρ · V · A = 일정
   ㉯ A · V = 일정
   ㉰ P + ½V₂ = Pt
   ㉱ 정압 + 동압 = 전압

3. 프로펠러의 깃각 (blade angle)이 β 일 때 기하학적 피치는 어떻게 표현할 수 있는가? (단, D ; 프로펠러의 직경)

   ㉮ πD·½ tanβ   ㉯ πDtanβ
   ㉰ πD·½ sinβ   ㉱ πDsinβ

   ● G.P(기하학적 피치) = 2πrtanβ = π Dtanβ

4. 실용 상승한도를 가장 옳게 표현한 것은?

   ㉮ 항공기의 상승률이 0.5m/s 인 고도
   ㉯ 항공기의 상승률이 1000ft/min 인 고도
   ㉰ 항공기의 상승률이 100m/min 인 고도
   ㉱ 항공기의 상승률이 1ft/s 인 고도

5. 특정한 헬리콥터에서는 회전날개(Roter Blades)에 비틀림각을 주는데, 그 이유로 가장 옳은 것은?

   ㉮ 정지비행시 균일한 유도속도의 분포를 얻기 위해
   ㉯ 회전날개의 강도를 보장하기 위해
   ㉰ 회전날개 후류의 영향을 최소화하기 위해
   ㉱ 회전날개의 회전속도를 증가시키기 위해

6. 헬리콥터가 Hovering 할 때의 관계를 옳게 나타낸 것은?

   ㉮ 헬리콥터 무게 < 양력
   ㉯ 헬리콥터 무게 = 양력
   ㉰ 헬리콥터 무게 > 양력
   ㉱ 헬리콥터 무게 = 양력 + 원심력

7. 글라이더가 고도 2000m 상공에서 양항비 30인 상태로 활공한다면 도달할 수 있는 수평 활공거리는 얼마인가?

   ㉮ 40000m   ㉯ 50000m
   ㉰ 60000m   ㉱ 70000m

   ● $\tan\theta = \dfrac{1}{양항비} = \dfrac{고도}{수평활공거리}$

8. 항공기가 상승비행하려면 다음 중 어느 조건이 만족되어야 하는가?

㉮ 필요마력이 최소한 이용마력보다는 커야 한다.
㉯ 필요마력과 이용마력이 같으면 된다.
㉰ 필요마력이 이용마력보다 작아야 한다.
㉱ 이용마력과 필요마력의 합이 그 비행기의 중력에 속도를 곱한 값과 같아야 한다.

9. 항공기의 착륙거리를 짧게 하기 위한 내용으로 가장 올바른 것은?

㉮ 항력을 작게 한다.
㉯ 착륙속도를 크게 한다.
㉰ 마찰계수가 큰 활주로에 착륙한다.
㉱ 활주시 비행기 양력을 크게 한다.

10. 무게가 5000kgf 인 비행기가 경사각 30°로 200km/h 의 속도로 정상 선회하는 경우 선회 반지름 R 은 약 얼마인가?

㉮ 480m   ㉯ 546 m
㉰ 672m   ㉱ 880 m

▶ $R = \dfrac{V^2}{g \cdot \tan\theta} = \dfrac{(\frac{200}{3.6})^2}{9.8 \cdot \tan 30}$

11. 다음 중 종극속도를 가장 올바르게 설명한 것은?

㉮ 항공기가 수직 강하시 도달할 수 있는 최대속도
㉯ 항공기가 이 착륙시 도달할 수 있는 최대 속도
㉰ 실속속도의 1.2배 속도
㉱ 순항 비행시에 최대 출력상태에서의 속도

▶ $V_t (종극속도) = \sqrt{\dfrac{2W}{\rho S C_d}}$

12. 날개의 폭(span)이 20 m, 평균시위의 길이가 2m 인 타원날개에서 양력계수가 0.7 일 때 유도항력계수는 약 얼마인가?

㉮ 0.016   ㉯ 0.16
㉰ 1.6   ㉱ 16

▶ $Cdi = \dfrac{C_L^2}{\pi \cdot e \cdot AR} = \dfrac{0.7^2}{\pi \cdot 1 \cdot (\frac{20}{2})}$

13. 플랩 앞전이 시일로 밀폐되어 있어서 플랩 상하면의 압력차에 의해서 over hang blance 와 같은 역할을 하는 것은?

㉮ internal balance   ㉯ Horn balance
㉰ frise balance   ㉱ Tap balance

▶ frise balance : 도움날개에 많이 사용

14. 수직꼬리날개와 더불어 큰 미끄럼각에도 방향안정성을 유지하기 위한 가장 효과적인 장치는?

㉮ 윙렛(winglet)
㉯ 도살핀(Dorsal Fin)
㉰ 서보탭(Servo Tap)
㉱ 파울러 플랩 (Fowler Flap)

15. 날개드롭(wing drop)에 대한 설명으로 가장 관계가 먼 내용은?

㉮ 받음각이 작을 때 강하게 나타나서 한쪽 날개에만 충격실속이 생긴다.
㉯ 도움날개의 효율이 떨어져서 회복하기 어렵다.

㈐ 두꺼운 날개를 사용한 비행기가 천음속으로 비행시 발생한다.
㈑ 아음속에서 충격파가 과도할 경우 날개가 동체에서 떨어져 나갈 수 있다.

16. 비행기의 운동과 조종면과의 관계가 잘못된 것은?

㈎ Yawing - Elevator
㈏ Pitching-Elevator
㈐ Yawing-rudder
㈑ rolling-Aileron

17. 항공기의 구조 중에서 정적안정과 가장 관계가 먼 것은?

㈎ 날개 ㈏ 동체
㈐ 꼬리날개 ㈑ 도어(Door)

18. 프로펠러의 각 단면에서 추력(T)에 해당하는 값은?(단, L : 깃 요소 양력, α : 받음각 D : 깃 요소 항력, ∅ : 유입각)

㈎ T=Lsin(α)−Dcos(α)
㈏ T=Lcos(α)−Dsin(α)
㈐ T=Lsin(∅)−Dcos(∅)
㈑ T=Lcos(∅)−Dsin(∅)

19. 날개의 쳐든각 (dihedral angle)을 가지고 있는 비행기가 왼쪽으로 옆미끄럼을 하게 되었을 때의 현상으로 가장 올바른 것은?

㈎ 왼쪽 날개 및 오른쪽 날개의 받음각이 동시에 증가한다.
㈏ 왼쪽 날개 및 오른쪽 날개의 받음각이 동시에 감소한다.
㈐ 왼쪽 날개의 받음각은 증가하고 오른쪽 날개의 받음각은 감소한다.
㈑ 왼쪽 날개의 받음각은 감소하고 오른쪽 날개의 받음각은 증가한다.

20. 미끈한 평판의 층류가 형성되었을 때 표면마찰 항력계수를 가장 올바르게 설명한 것은?

㈎ 레이놀즈수의 제곱에 비례한다.
㈏ 레이놀즈수의 제곱근에 비례한다.
㈐ 레이놀즈수의 제곱에 반비례한다.
㈑ 레이놀즈수의 제곱근에 반비례한다.

① 층류 경계층의 두께
$\delta = \dfrac{5.2x}{\sqrt{R_N}}$ (x 는 임의의 위치)
② 층류 경계층의 표면마찰 항력계수
$C_f = \dfrac{1.328}{\sqrt{R_N}}$
③ 난류 경계층의 두께
$\delta = \dfrac{0.37x}{R_N^{0.2}}$
④ 난류 경계층의 표면마찰 항력계수
$C_f = \dfrac{0.074}{R_N^{0.2}}$

1. ㈑	2. ㈑	3. ㈏	4. ㈎	5. ㈎
6. ㈏	7. ㈐	8. ㈐	9. ㈐	10. ㈏
11. ㈎	12. ㈎	13. ㈎	14. ㈏	15. ㈑
16. ㈎	17. ㈑	18. ㈐	19. ㈐	20. ㈑

2008년도 산업기사 1회 항공역학

1. 항공기 무게가 5000kg이고, 해발고도에서 잉여마력이 50HP일 때, 이 비행기의 상승률은 몇 m/min인가?

㉮ 35 ㉯ 45
㉰ 51 ㉱ 62

● $R.C(상승률) = \frac{75(Pa-Pr)}{W} = \frac{75 \cdot Pe}{W} = \frac{75 \cdot 50}{5000}$
  $= 0.75 \text{ m/sec} = (0.75 \times 60) \text{m/min}$

2. 어떤 비행기가 1000km/h의 속도로 10000m 상공을 비행하고 있다. 이 때 마하수는 약 얼마인가? (단, 10000m 상공에서의 음속은 300 m/s이다.)

㉮ 0.50 ㉯ 0.93
㉰ 1.20 ㉱ 3.33

● $M = \frac{V}{a} = \frac{(\frac{1000}{3.6})}{300}$

3. 지구의 대기는 4개의 기류층으로 구성되어 있다. 지구에서 가장 가까운 층부터 기류층의 순서는?

㉮ 성층권, 대류권, 중간권, 외기권
㉯ 대류권, 성층권, 중간권, 외기권
㉰ 대류권, 중간권, 성층권, 외기권
㉱ 성층권, 중간권, 대류권, 외기권

4. 유체의 흐름 중 층류 경계층과 난류 경계층을 비교한 설명으로 가장 관계가 먼 것은?

㉮ 난류 경계층의 두께는 층류경계층의 두께보다 두껍다.
㉯ 층류경계층에서의 표면 마찰항력은 난류 경계층보다 크고 압력항력은 적다.
㉰ 임계레이놀즈수란 층류에서 난류로 변하는 천이현상이 일어나는 레이놀즈수를 말한다.
㉱ 난류 경계층은 속도구배와 층류 경계층의 속도구배는 다르다.

5. 항공기가 트림(trim)상태로 비행한다는 것은?

㉮ CL=CD인 상태
㉯ Cmcg>0인 상태
㉰ Cmcg=0인 상태
㉱ Cmcg<0인 상태

6. 최대 양항비가 12인 항공기가 고도 2400m에서 활공을 시작하였다. 최대 수평 도달거리[m]는?

㉮ 14400 ㉯ 24000
㉰ 28800 ㉱ 48000

● $\tan\theta = \frac{1}{양항비} = \frac{고도}{수평활공거리} = \frac{1}{12} = \frac{2400}{x}$

7. 날개면적이 100m²인 비행기가 400km/h 의 속도로 수평비행하는 경우에 이 항공기의 중량은 약 몇 kg인가? (단, 양력계수는 0.6, 공기밀도는 0.125 kgf·s²/m⁴ 이다.)
   - ㉮ 60000
   - ㉯ 46300
   - ㉰ 23300
   - ㉱ 15600

   ▶ 수평 비행시
   $$W = L = C_L \cdot \frac{1}{2} \cdot \rho \cdot V^2 \cdot S$$
   $$= 0.6 \cdot \frac{1}{2} \cdot 0.125 \cdot \left(\frac{400}{3.6}\right)^2 \cdot 100$$

8. 날개 끝 실속을 방지하기 위한 노력이 아닌 것은?
   - ㉮ 날개 끝 부분에 Slot를 설치한다.
   - ㉯ Stall Fence를 장착한다.
   - ㉰ 날개 끝으로 갈수록 Wash out을 준다.
   - ㉱ 받음각을 크게 한다.

9. 밸런스 탭(Balance Tab)에 대한 설명으로 옳은 것은?
   - ㉮ 조종면과 반대로 움직여 조종력을 경감시켜 준다.
   - ㉯ 조종면과 같은 방향으로 움직여 조종력을 경감시켜준다.
   - ㉰ 조종면과 반대로 움직여 조종력을 제로(Zero)로 만들어 준다.
   - ㉱ 조종면과 같은 방향으로 움직여 조종력을 제로(Zero)로 만들어 준다.

10. 프로펠러 항공기가 최대항속시간으로 비행할 수 있기 위한 조건은?
    - ㉮ $\dfrac{C_L}{C_D}$ 이 최대
    - ㉯ $\dfrac{(C_L)^{\frac{3}{2}}}{C_D}$ 이 최대
    - ㉰ $\dfrac{(C_L)^{\frac{1}{2}}}{C_D}$ 이 최대
    - ㉱ $\dfrac{C_L}{(C_D)^{\frac{1}{2}}}$ 이 최대

11. 공기력 중심과 풍압 중심에 대한 설명 중 가장 올바른 것은?
    - ㉮ 공기력 중심과 풍압 중심은 항상 일치된다.
    - ㉯ 받음각의 변화에도 불구하고 피칭 모멘트가 일정한 점을 공기력 중심이라 한다.
    - ㉰ 받음각의 변화에도 불구하고 피칭 모멘트가 일정한 점을 풍압 중심이라 한다.
    - ㉱ 양력과 항력의 합성력이 날개시위 선상의 어떤 점에 작용할 때 그 점에서의 피칭 모멘트가 0 이라면 그 점은 날개의 공기력 중심이다.

12. 키놀이 운동의 고유 진동수에 가깝게 비행기를 조종하였을 때 비행기에 나타나는 현상으로 가장 올바른 것은?
    - ㉮ 비행기는 감쇠 진동을 하게 된다.
    - ㉯ 비행기는 발산 진동을 하게 된다.
    - ㉰ 동적으로 안정한 상태로 된다.
    - ㉱ 비행기로부터 에너지가 발산된다.

    ▶ 에너지가 비행기에 추가되는 현상이 일어나고 이로 인해 비행기는 발산진동을 하게 된다.

13. 헬리콥터에서 동시 피치조종(collective pitch control)을 가장 올바르게 설명한 것은?

㉮ 전진하는 주회전날개 깃의 피치를 증가시킨다.
㉯ 후진하는 주회전날개 깃의 피치를 증가시킨다.
㉰ 주회전날개 깃 모두의 피치를 동시에 증가, 감소시킨다.
㉱ 주회전날개 깃의 피치를 주기적으로 증가, 감소시킨다.

● ① 주기적 피치 조종(cyclic pitch control) : 전후 좌우 이동
② 동시피치 조종(collective pitch control) : 상승, 강하

14. 프로펠러의 효율은 비례하게 되는데 진행율이란 무엇인가?

㉮ 추력과 토크와의 비율
㉯ 유효피치와 프로펠러 지름과의 비율
㉰ 유효피치와 추력과의 비율
㉱ 기하피치와 프로펠러 지름과의 비율

● $J = \dfrac{V}{nD} = \dfrac{V}{n} \cdot \dfrac{1}{D}$

15. 비행기의 무게가 2000kgf이고, 큰날개 면적이 30m²이며 해발고도(공기밀도:1/8kgf·s²/m⁴)에서의 실속속도가 120km/h 인 비행기의 최대 양력계수 (CLmax)는 약 얼마인가?

㉮ 0.96   ㉯ 1.24
㉰ 1.45   ㉱ 1.67

● $V_s = \sqrt{\dfrac{2W}{\rho \cdot S \cdot C_{Lmax}}}$ 이므로

$C_{Lmax} = \dfrac{2W}{\rho \cdot S \cdot (V_s)^2} = \dfrac{2 \cdot 2000}{0.125 \cdot 30 \cdot (\frac{120}{3.6})^2}$

16. 착륙 접지시 역추력을 발생시키는 비행기에 작용하는 순 감속력(Fa)에 대한 식을 가장 올바르게 나타낸 것은? (단, 추력:T 항력:D 중력:W 양력:L 활주로마찰계수:m)

㉮ Fa=T−D+m(W−L)
㉯ Fa=T+D+m(W+L)
㉰ Fa=T−D+m(W+L)
㉱ Fa=T+D+m(W−L)

● 감속시 역추력과 항력과 마찰력이 모두 한방향으로 작용

17. 프로펠러의 깃의 미소길이 dr에 발생하는 미소양력이 dL, 항력이 dD이고, 이때 유효 유입각 (effective advance angle)이 a라면 이 미소길이에서 발생하는 미소추력dT는?

㉮ dT=dLcosa−dDsina
㉯ dT=dLcosa+dDsina
㉰ dT=dLsina−dDcosa
㉱ dT=dLsina+dDcosa

18. 다음중 프로펠러의 효율(n)을 잘못 표현한 것은? (단, T:추력 D:지름 V:비행속도 J:진행율 n:회전수 P:동력 Cp:동력계수 Ct:추력계수)

㉮ $n = \dfrac{TV}{P}$ ㉯ $n = \dfrac{C_t}{C_p} \dfrac{nD}{V}$

㉰ $n = \dfrac{C_t}{C_p} \cdot J$ ㉱ $n < 1$

19. 헬리콥터 회전날개 (Rotor Blade)에 적용되는 기본힌지(Hinge)로 가장 올바른 것은?

㉮ 플래핑(Flapping)힌지, 페더링(Feathering)힌지, 전단(Shear)힌지
㉯ 플래핑힌지, 페더링힌지, 리드래그(Lead-Lag)힌지
㉰ 페더링힌지, 리드래그힌지, 전단힌지
㉱ 플래핑힌지, 리드래그힌지. 경사(Slope)힌지

20. NACA 2415에서 "2"는 무엇을 의미하는가?

㉮ 최대캠버가 시위의 2%
㉯ 최대두께가 시위의 2%
㉰ 최대두께가 시위의 20%
㉱ 최대캠버의 위치가 시위의 20%

1. ㉯	2. ㉯	3. ㉰	4. ㉯	5. ㉰
6. ㉰	7. ㉯	8. ㉱	9. ㉮	10. ㉯
11. ㉯	12. ㉯	13. ㉰	14. ㉯	15. ㉮
16. ㉱	17. ㉮	18. ㉯	19. ㉯	20. ㉮

2008년도 산업기사 2회 항공역학

1. 온도가 섭씨 0도인 고도 약 2300m에서 비행기가 825m/s로 비행할 때의 마하수는 약 얼마인가?

(단, 음속 $C = C_o\sqrt{\dfrac{273+t}{273}}$, $C_o = 331.2 m/s$)

㉮ 2.0   ㉯ 2.5
㉰ 3.0   ㉱ 3.5

▶ $M = \dfrac{V}{C} = \dfrac{825}{331.2}$

2. 수평등속도 비행을 하던 비행기의 속도를 증가시켰을 때 그 상태에서 수평비행을 하기 위해서는 받음각은 어떻게 하여야 하는가?

㉮ 감소시킨다.
㉯ 증가시킨다.
㉰ 감소하다 증가시킨다.
㉱ 변화시키지 않는다.

3. 다음 중 고속 비행시 턱 언더(tuck under)현상을 수정하기 위해 장치된 계통은 무엇인가?

㉮ 고속 트림머 (high speed trimmer)
㉯ 밸런스 트림머 (balance trimmer)
㉰ 조정 트림머 (control trimmer)
㉱ 마하 트림머 (mach trimmer)

▶ tuck under 현상을 수정하는 장치에는 mach trimmer와 PTC(pitch trim compensator)가 있다.

4. 다음 중 ( ) 안에 알맞은 것은?

" 비행기에서 무게중심이 공기역학적 중심보다 앞쪽에 위치할수록 세로안정은 (①) 하고, 조종성은 (②) 진다."

㉮ ① 감소 ② 높아
㉯ ① 감소 ② 낮아
㉰ ① 증가 ② 높아
㉱ ① 증가 ② 낮아

5. 해면 고도에서의 표준대기상태에 대한 값으로 옳은 것은?

㉮ 중력가속도는 $32.2 m/s^2$으로 한다.
㉯ 해면 고도에서의 온도는 15℃이다.
㉰ 해면 고도에서의 밀도는 $0.3 kg/m^3$이다.
㉱ 해면 고도에서의 압력은 760cmHg이다.

6. 다음 중 아음속흐름에서 날개의 총항력으로 옳은 것은?

㉮ 유도항력 − 형상항력
㉯ 유도항력 + 형상항력
㉰ 마찰항력 − 조파항력
㉱ 마찰항력 + 조파항력

7. 비행기 속도가 2배로 증가했을 때 조종력은 어떻게 변화하는가?

㉮ $\frac{1}{2}$로 감소한다.

㉯ $\frac{1}{4}$로 감소한다.

㉰ 2배로 증가한다.

㉱ 4배로 증가한다.

● $F = K \cdot He = K \cdot Ch \frac{1}{2}\rho V^2 S \cdot h$

조종력은 속도의 제곱에 비례한다.

8. 다음의 제원 및 성능을 가진 프로펠러 비행기의 항속 거리는 약 몇 Km인가? (단, 프로펠러 효율 $\eta = 0.7$, 연료무게 : 5000kg, 연료소비율 : 0.25kg/HP·h, 이륙무게 : 11300Kg 양항비 $\frac{C_L}{C_D} = 7.0$)

㉮ 2502　　㉯ 3007
㉰ 3514　　㉱ 4005

● $R = V \cdot t = \frac{75\eta \times BHP}{\frac{W_1 + W_2}{2}} \cdot \frac{C_L}{C_D} \cdot \frac{W_1 - W_2}{c \cdot BHP \cdot 3600}$

$= \frac{540\eta}{c} \cdot \frac{C_L}{C_D} \cdot \frac{W_1 - W_2}{W_1 + W_2} (km)$

$= \frac{540 \cdot 0.7}{0.25} \cdot 7.0 \cdot \frac{11300 - 6300}{11300 + 6300} (km)$

9. 항공기 이륙거리를 줄이기 위한 조건으로 가장 관계가 먼 내용은?

㉮ 항공기의 무게를 가볍게 하여 이륙거리를 단축시킨다.

㉯ 플랩과 같은 고양력 장치를 사용하면 양력이 증가하여 이륙거리가 단축된다.

㉰ 기관의 추력을 작게 하면 이륙 활주 중 가속도가 크게 되어 이륙거리가 단축된다.

㉱ 맞바람을 받으면서 이륙하면 바람의 속도만큼 항공기의 속도가 증가하여 이륙거리가 짧아진다.

10. 에어포일 (Airfoil) "NACA 23012"에서 숫자 "3"이 의미하는 것은?

㉮ 최대캠버의 크기가 시위(chord)의 15%이다.

㉯ 최대캠버의 크기가 시위(chord)의 30%이다.

㉰ 최대캠버의 위치가 시위(chord)의 15%이다.

㉱ 최대캠버의 위치가 시위(chord)의 30%이다.

11. 다음 중 마찰항력에 대한 설명으로 옳은 것은?

㉮ 점성 유체 속을 이동하는 물체의 표면과 유체사이에 생기는 항력

㉯ 점성 유체 속을 이동하는 물체의 내부와 외부사이에 발생하는 항력

㉰ 흐름이 물체 표면에서 떨어져 하류 쪽으로 와류를 발생시켜 생기는 항력

㉱ 흐름이 물체 표면에서 붙어 상류 쪽으로 와류를 발생시켜 생기는 항력

12. 헬리콥터 구동 계통에서 자유회전장치(Free-wheeling Unit)의 주 목적으로 옳은 것은?

㉮ 주 회전날개 제동장치를 풀어서 작동일 가능하게 한다.
㉯ 기관이 정지되거나 제한된 주 회전날개의 회전수보다 느릴 때 주 회전날개 와 기관을 분리한다.
㉰ 시동 중에 주 회전날개 깃의 굽힘응력을 제거한다.
㉱ 착륙을 위해서 기관의 과회전을 허용한다.

13. 비행속도가 300m/s인 항공기가 상승각 30°로 상승 비행시 상승률 즉, 수직방향의 속도는 몇 m/s인가?

㉮ 100 ㉯ 150
㉰ $150\sqrt{3}$ ㉱ 200

● $R.C = V \cdot \sin\theta = 300 \cdot \sin 30$

14. 헬리콥터가 V1속도로 전진비행시 조종사 오른쪽에 위치한 전진하는 회전날개에서 발생하는 양력은? (단, 회전날개는 원주속도 V2로 회전한다.)

㉮ V1+V2에 비례
㉯ (V1+V2)2에 비례
㉰ (V1-V2)에 비례
㉱ (V1-V2)2에 비례

15. 공기를 강체로 가정하여 프로펠러를 1회전시킬 때 전진하는 거리를 무엇이라 하는가?

㉮ 유효 피치 ㉯ 기하학적 피치
㉰ 프로펠러 슬립 ㉱ 프로펠러 피치

16. 항공기가 기관이 정지한 상태에서 수직강하하고 있을 때 도달할 수 있는 최대속도를 종극속도라 한다. 종극속도는 어떠한 상태에 이를 때의 속도를 말하는가?

㉮ 항공기 양력과 항력이 같은 경우
㉯ 항공기 총중량과 항공기에 발생되는 항력이 같아지는 경우
㉰ 항공기 양력의 수평분력과 항력의 수직분력이 같은 경우
㉱ 항공기 총중량과 항공기에 발생되는 양력이 같은 경우

17. 다음 중 비행기의 안정성과 조종성에 관한 설명으로 가장 옳은 것은?

㉮ 안정성과 조종성은 상호간에 정비례한다.
㉯ 정적 안정성이 증가하면 조종성도 증가된다.
㉰ 비행기의 안정성은 크면 클수록 바람직하다.
㉱ 안정성과 조종성은 서로 상반되는 성질을 나타낸다.

18. 음속을 구하는 식으로 옳은 것은? (단, K는 비열비, R은 공기의 기체상수, g는 중력 가속도, T는 공기의 온도이다.)

㉮ $\sqrt{K \cdot g \cdot R \cdot T}$
㉯ $\sqrt{\dfrac{g \cdot R \cdot T}{K}}$
㉰ $\sqrt{\dfrac{R \cdot T}{g \cdot K}}$
㉱ $\sqrt{\dfrac{K \cdot R \cdot T}{g}}$

19. 프로펠러에 의해 형성되는 프로펠러 주위에서 공기흐름에 의해 구성되는 유관 (stream tube)의 단면적 형태는?

㉮ 점점 증가하다가 감소한다.
㉯ 점점 감소하다가 증가한다.
㉰ 점진적으로 증가한다.
㉱ 점진적으로 감소한다.

20. 비행기의 가로안정에서 날개는 가장 중요한 요소이다. 가로안정을 유지시키는 가장 좋은 방법은?

㉮ 날개의 캠버를 크게 한다.
㉯ 날개에 쳐든각(dihedral angle)을 준다
㉰ 날개의 시위선을 최대로 한다.
㉱ 밸런스 탭(balance tab)을 장착한다.

1. ㉯	2. ㉮	3. ㉱	4. ㉱	5. ㉯
6. ㉰	7. ㉱	8. ㉯	9. ㉰	10. ㉰
11. ㉮	12. ㉯	13. ㉯	14. ㉰	15. ㉯
16. ㉯	17. ㉱	18. ㉮	19. ㉱	20. ㉯

2008년도 산업기사 4회  항공역학

1. 경계층의 박리현상에 대한 설명으로 가장 옳은 것은?

㉮ 레이놀즈수가 작을 때 잘 일어난다.
㉯ 흐름 속에 진동이 있는 현상을 말한다.
㉰ 층류가 난류로 변하는 현상을 말한다.
㉱ 물체표면의 경계층이 떨어져 나가는 현상을 말한다.

2. 다음 중 힌지 모멘트에 영향을 주는 요소가 아닌 것은?

㉮ 밀도   ㉯ 양력계수
㉰ 비행속도   ㉱ 조종면의 폭

▶ He(힌지모멘트) $= C_h \cdot \frac{1}{2} \cdot \rho \cdot V^2 \cdot S \cdot c$

3. 항공기가 등속수평비행을 하기 위한 조건으로 옳은 것은?(단, L은 양력, D는 항력, T는 추력, W는 항공기 무게이다.)

㉮ L = W, T > D
㉯ L = W, T = D
㉰ T = W, L > D
㉱ T = W, L = D

4. 수직 꼬리날개가 실속하는 큰 옆 미끄럼 각에서도 방향 안정을 유지하기 위한 목적의 장치는?

㉮ 윙릿(Winglet)
㉯ 도살 핀(Dorsal Fin)
㉰ 드루프 플랩(Droop flap)
㉱ 쥬리 스트러트(Jury strut)

5. 조종사의 무게 70kg, 낙하산의 지름 7m, 항력계수 1.3일 때 1000m의 상공을 일정속도로 강하하고 있다면 이 속도는 약 몇 m/s인가? (단, 공기밀도는 0.102 kg·sec2/m4 이다.)

㉮ 4.85   ㉯ 5.23
㉰ 6.12   ㉱ 6.85

▶ $W = D = C_d \frac{1}{2} \rho V^2 S$,
$V = \sqrt{\frac{2W}{\rho S C_d}} = \sqrt{\frac{2 \cdot 70}{0.102 \cdot \frac{\pi \cdot 7^2}{4} \cdot 1.3}}$

6. 무게가 500kgf 인 어떤 비행기가 30도의 경사로 정상선회를 하고 있다면 이때 비행기의 원심력은 약 몇 kgf 인가?

㉮ 250   ㉯ 289
㉰ 353   ㉱ 433

▶ $\tan\theta = \frac{C.F}{W}$, $C.F = W \cdot \tan\theta$

7. 플랩을 사용하여 날개의 최대양력계수를 2배로 증가시켰다면 실속속도는 약 몇 배가 되는가?

㉮ 0.5   ㉯ 0.7
㉰ 1.4   ㉱ 2.0

▶ $V_s = \sqrt{\frac{2W}{\rho S C_{Lmax}}}$ 이므로 $\frac{1}{\sqrt{2}}$
실속속도는 최대양력계수의 제곱근에 반비례한다.

8. 항공기가 수평선과 날개의 시위선이 20도를 유지하고, 17도의 각도로 상승비행을 하고 있다면 이 때 받음각은 몇 도인가?
   - ㉮ 3
   - ㉯ 17
   - ㉰ 23
   - ㉱ 37

9. 다음 중 정적안정과 동적안정의 관계를 가장 옳게 설명한 것은?
   - ㉮ 동적안정은 정적안정의 전제 조건이 된다.
   - ㉯ 정적안정이 있다고 해서 반드시 동적안정도 있다고는 할 수 없다.
   - ㉰ 정적안정이 있는 대부분의 경우에는 동적안정은 기대할 수 없다.
   - ㉱ 정적안정과 동적안정은 진폭의 면에서 서로 반대되는 개념이다.

10. 제트 비행기의 실제적인 이륙거리를 가장 옳게 설명한 것은?
    - ㉮ 비행기 기관이 작동한 후 이륙할 때까지의 모든 이동거리를 말한다.
    - ㉯ 비행기 기관이 작동한 후 고도 50ft까지 도달하는데 소요된 이륙상승거리의 합을 말한다.
    - ㉰ 지상활주거리와 고도 35ft까지 도달하는데 소요된 이륙상승거리의 합을 말한다.
    - ㉱ 지상활주거리와 고도 50ft까지 도달하는데 소요된 이륙상승거리의 합을 말한다.
    - ▶ 프로펠러 비행기의 이륙거리 = 지상활주거리 + 고도 50ft(15m)까지 도달하는데 소요된 이륙상승거리

11. 다음 중 헬리콥터 회전날개의 추력을 계산하는데 사용되는 이론은?
    - ㉮ 엔진의 연료 소비율에 따른 연소 이론
    - ㉯ 로우터 브레이드의 코닝각의 속도변화 이론
    - ㉰ 로우터 브레이드의 회전관성을 이용한 관성 이론
    - ㉱ 회전면 앞에서의 공기유동량과 회전면 뒤에서의 공기 유동량의 차이를 운동량에 적용한 이론.
    - ▶ 헬리콥터 회전날개의 추력 계산하는 방법
      ① 운동량 이론
      ② 깃요소 이론
      ③ 와류 이론

12. 다음 중 제트항공기가 최대항속시간을 비행하기 위한 조건으로 옳은 것은?
    - ㉮ $(\dfrac{C_L}{C_D})$가 최대일때
    - ㉯ $(\dfrac{C_L^{\frac{3}{2}}}{C_D})$가 최대일때
    - ㉰ $(\dfrac{C_L^{\frac{1}{2}}}{C_D})$가 최대일때
    - ㉱ $(\dfrac{C_L}{C_D^{\frac{1}{2}}})$가 최대일때

13. 비행기 날개의 상반각(Dihedral angle)으로 얻을 수 있는 주된 효과는?
    - ㉮ 세로안정을 준다.
    - ㉯ 익단 실속을 방지한다.
    - ㉰ 방향의 동적인 안정을 준다.
    - ㉱ 옆 미끄럼에 의한 옆놀이에 정적인 안정을 준다.

14. 다음 중 항공기 받음각이 α인 날개의 양력계수를 구하는 식은?

㉮ $\pi \sin \alpha$ ㉯ $2\pi \sin \alpha$
㉰ $\pi \cos \alpha$ ㉱ $2\pi \cos \alpha$

15. 지름이 6.7ft인 프로펠러가 2800rpm으로 회전하면서 50mph로 비행하고 있다면 이 프로펠러의 진행율은 약 얼마인가?

㉮ 0.23 ㉯ 0.37
㉰ 0.62 ㉱ 0.76

● $J = \dfrac{V}{nD} = \dfrac{50 \times \dfrac{5280}{3600}}{\dfrac{2800}{60} \times 6.7}$

(1 mile = 5280 ft, 1 hour = 3600 sec)

16. 다음 중 항공기 축에 대한 조종면과 회전 동작명칭을 옳게 짝지은 것은?

㉮ 가로축-방향 키-키놀이
㉯ 가로축-방향 키-옆놀이
㉰ 세로축-승강 키-빗놀이
㉱ 세로축-도움 날개-옆놀이

17. 블레이드(blade) 3개를 장착한 중량이 7500 lb인 헬리콥터가 날기 위하여 하나의 블레이드에 발생해야 하는 최소한 양력은 몇 lb인가?

㉮ 1500 ㉯ 2000
㉰ 2500 ㉱ 3000

18. 유도항력계수를 감소시키기 위한 방법이 아닌 것은?

㉮ 스팬효율을 높인다.
㉯ 항공기 속도를 낮춘다.
㉰ 양력 계수를 감소시킨다.
㉱ 날개의 유효 가로세로비를 증가시킨다.

● $C_{di} = \dfrac{C_L^2}{\pi \cdot e \cdot AR}$

19. 주어진 한 점에서의 정상흐름과 비정상흐름을 구별할 수 있는 요소가 아닌 것은?

㉮ 점성 ㉯ 속도
㉰ 밀도 ㉱ 압력

20. 프로펠러가 1020rpm으로 회전하고 있을 때 이 프로펠러의 각속도는 몇 deg/s인가?

㉮ 17 ㉯ 106
㉰ 750 ㉱ 6120

● $\omega = 2\pi n = 2 \cdot \pi \cdot \dfrac{1020}{60} = 106(rad/sec)$,

∴ $106 \times \dfrac{180}{\pi}$ (deg/sec)

(1 rad = $\dfrac{180}{\pi}$ deg)

1. ㉱	2. ㉯	3. ㉰	4. ㉯	5. ㉯
6. ㉯	7. ㉯	8. ㉮	9. ㉯	10. ㉰
11. ㉱	12. ㉮	13. ㉱	14. ㉯	15. ㉮
16. ㉱	17. ㉰	18. ㉯	19. ㉮	20. ㉱

2009년도 산업기사 1회 항공역학

1. 특정한 헬리콥터에서 회전날개(Rotor Blade)에 비틀림각을 주는 이유로 가장 옳은 것은?

㉮ 회전날개의 강도를 보장하기 위하여
㉯ 회전날개의 회전속도를 증가시키기 위하여
㉰ 전진비행에서 발생하는 잔동을 줄이기 위하여
㉱ 정지비행시 균일한 유도속도의 분포를 얻기 위하여

2. 다음 중 정적 중립을 나타낸 것은?

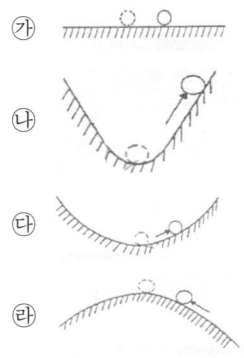

● ㉯ 증가된 정적 안정
㉰ 양(+)의 정적 안정
㉱ 음(-)의 정적 안정(정적 불안정)

3. 다음 중 테이퍼형 날개(taper wing)의 실속 특성으로 옳은 것은?

㉮ 날개 뿌리에서부터 실속이 일어난다.
㉯ 날개 끝에서부터 실속이 일어난다.
㉰ 초음속에서 와류의 형태로 실속이 일어난다.
㉱ 스팬(span)방향으로 균일하게 실속이 발생한다.

● ㉮ 직사각형 날개, ㉯ 삼각 날개, ㉱ 타원형 날개

4. 다음 중 프로펠러 비행기의 이용마력과 필요마력을 비교할 때 필요마력이 최소가 되는 비행속도는?

㉮ 최고 속도
㉯ 최저 상승률일 때의 속도
㉰ 최대항속거리를 위한 속도
㉱ 최대항속시간을 위한 속도

5. 유체의 점성을 고려한 마찰력에 대한 설명으로 옳은 것은?

㉮ 마찰력은 유체의 속도에 반비례한다.
㉯ 마찰력은 온도변화에 따라 그 값이 변한다.
㉰ 유체의 마찰력은 이상유체에서만 고려된다.
㉱ 마찰력은 유체의 종류에 관계없이 일정하다.

6. 날개 시위가 2.5m 인 비행기가 360km/h 인 속도로 비행하고 있을 때, 공기 흐름의 레이놀즈수는 약 얼마인가?(단, 공기의 동점성계수는 0.14cm²/sec 이다.)

㉮ 1.54×10⁴ ㉯ 1.76×10⁵
㉰ 1.54×10⁶ ㉱ 1.79×10⁷

▶ $Re = \dfrac{V \cdot l}{\nu} = \dfrac{360 \times (\dfrac{1000}{3600}) \times 100 \times 2.5 \times 100}{\dfrac{14}{100}}$

7. 프로펠러 항공기의 비행속도를 옳게 나타낸 식은?(단, 프로펠러의 진행률: J, 회전면의 지름: D, 회전수: n 이다.)

㉮ $\dfrac{J}{nD}$ ㉯ $\dfrac{nD}{J}$
㉰ JnD   ㉱ $\dfrac{JD}{n}$

▶ $J(\text{진행률}) = \dfrac{V}{nD}$

8. 프로펠러의 동력(P)와 추력(T)에 관한 식으로 옳은 것은?(단, n: 프로펠러 회전수, D: 프로펠러 회전면의 지름, CP: 동력계수, Ct: 추력계수, ρ: 공기밀도이다.)

㉮ P=CPρn²D³, T=Ctρn²D⁵
㉯ P=CPρn³D⁵, T=Ctρn²D⁵
㉰ P=CPρn²D³, T=Ctρn²D⁴
㉱ P=CPρn³D⁵, T=Ctρn²D⁴

▶ Q(토큐) = Cqρn²D⁵

9. 항공기의 동적안정성이 양(+)인 상태에서의 설명으로 옳은 것은?

㉮ 운동의 진폭이 시간에 따라 점차 감소한다.
㉯ 운동의 주기가 시간에 따라 점차 감소한다.
㉰ 운동의 진동수가 시간에 따라 점차 감소한다.
㉱ 운동의 고유진동수가 시간에 따라 점차 감소한다.

10. 프로펠러 항공기가 최대 항속거리를 비행하기 위한 조건으로 옳은 것은?(단, CL은 양력계수, CD는 항력계수이다.)

㉮ $\dfrac{C_L}{C_D}$ 가 최대일 때   ㉯ $\dfrac{C_L^{\frac{3}{2}}}{C_D}$ 가 최대일 때
㉰ $\dfrac{C_L^{\frac{1}{2}}}{C_D}$ 가 최대일 때   ㉱ $(\dfrac{C_L}{C_D})^{\frac{1}{2}}$ 가 최대일 때

11. 비행기의 무게가 5000kg 이고 큰 날개 면적이 60m² 이며, 해면 위를 100km/h 의 속도로 비행할 때 양력계수는 약 얼마인가?(단, 공기의 밀도는 0.125 kg·s²/m⁴ 이다.)

㉮ 0.13   ㉯ 0.86
㉰ 1.73   ㉱ 2.46

▶ $W = L = C_L \dfrac{1}{2} \rho V^2 S$ 이므로, $C_L = \dfrac{2W}{\rho V^2 S}$

12. 고양력 장치인 플랩(flap)의 종류 중 양력계수가 제일 큰 것은?

㉮ Plain Flap   ㉯ Split Flap
㉰ Slotted Flap   ㉱ Fowler Flap

13. 해발고도에서의 표준대기압을 나타내는 단위 중 수은주가 지시하는 값은?

㉮ 29.92mmHg   ㉯ 760mmHg
㉰ 2116mmHg   ㉱ 1013mmHg

14. 활공각 30°로 활공하고 있는 항공기의 양력이 1500kgf 일 때 이 항공기에 작용하는 항력은 약 몇 kgf 인가?

㉮ 748   ㉯ 866
㉰ 937   ㉱ 1328

▶ 활공비행시의 힘의 관계식
$L = W\cos\theta, \ D = W\sin\theta$
$W = \dfrac{L}{\cos\theta} = \dfrac{1500}{\cos 30} = 1732, \ D = 1732 \cdot \sin 30$

15. 대기권을 〔보기〕와 같이 고도에 따른 온도분포에 의해 구분할 때 ( )안에 알맞은 것은?

〔보 기〕
대류 — 성층권 — 중간권 — 열권 — ( )

㉮ 전리권   ㉯ 제트권
㉰ 극외권   ㉱ 이탈권

16. 양력계수에 대한 설명으로 틀린 것은?

㉮ 날개골의 두께와는 무관하다.
㉯ 받음각에 관계되는 무차원수이다.
㉰ 받음각을 증가시키면 양력계수가 최대값까지 증가한다.
㉱ 일정한 받음각을 넘으면 양력계수가 급격히 감소하는 현상을 실속이라 한다.

17. 비행기의 세로축(longtudinal axis)을 중심으로 한 운동(rolling)과 가장 관계가 깊은 조종면은?

㉮ 플랩(flap)
㉯ 승강키(elevator)
㉰ 방향키(rudder)
㉱ 도움 날개(aileron)

18. 날개 드롭(wing drop)에 대한 설명으로 틀린 것은?

㉮ 옆놀이와 관련된 현상이다.
㉯ 두꺼운 날개를 사용한 비행기가 천음속으로 비행시 발생한다.
㉰ 한쪽 날개가 충격 실속을 일으켜서 갑자기 양력을 상실하며 발생하는 현상이다.
㉱ 아음속에서 충격파가 과도할 경우 날개가 동체에서 떨어져 나가는 현상을 말한다.

▶ ① 고속기의 세로불안정
  : tuck under, pitch up, deep stall
  ② 고속기의 가로불안정
  : wing drop, roll coupling

19. 평형상태에 있는 비행기가 교란을 받았을 때 처음의 상태로 돌아가려는 힘이 자체적으로 발생하게 되는 데 이와 같은 정적안정상태에서 작용하는 힘을 무엇이라 하는가?

㉮ 가속력   ㉯ 기전력
㉰ 감쇠력   ㉱ 복원력

20. 헬리콥터에 기체진동을 주는 원인 중 한 가지로 래그각(lag angle)이 주기적으로 증가하는 운동을 의미하는 것은?

㉮ 위빙(weaving)
㉯ 플래핑(flapping)
㉰ 헌팅(haunting)
㉱ 페더링(feathering)

1. ㉱	2. ㉮	3. ㉯	4. ㉱	5. ㉯
6. ㉱	7. ㉰	8. ㉱	9. ㉮	10. ㉮
11. ㉰	12. ㉮	13. ㉯	14. ㉯	15. ㉱
16. ㉮	17. ㉱	18. ㉱	19. ㉱	20. ㉰

2009년도 산업기사 2회 항공역학

1. 헬리콥터 회전날개의 각 요소를 결정하는 것에 대한 설명으로 틀린 것은?

   ㉮ 진동을 줄이기 위해서는 깃의 수는 많아야 한다.
   ㉯ 깃의 면적은 고속에서의 기동성을 위해서는 작아야 한다.
   ㉰ 회전날개 지름은 좋은 정지비행성능을 위해서는 커야한다.
   ㉱ 전진 비행시 작은 진동과 균일한 깃 하중을 위해서는 깃 비틀림 각은 작아야 한다.

   ● 우수한 정지 비행 성능을 위해서는 지름이 클수록 좋다. 그러나 가벼운 무게와 적은 비용을 위해서는 지름이 작을수록 좋다.

2. 비행기가 날개를 내리거나 올려 비행기의 전후축(세로축: Longitudinal axis)을 중심으로 움직이는 것과 관련된 모멘트는?

   ㉮ 옆놀이 모멘트(Rolling moment)
   ㉯ 빗놀이 모멘트(Yawing moment)
   ㉰ 키놀이 모멘트(Pitching moment)
   ㉱ 방향 모멘트(Directional moment)

3. 압축성 유체의 연속방정식 $\rho_1 A_1 V_1 = \rho_2 A_2 V_2$에 대한 설명중 틀린 것은?(단, ρ: 유체의 밀도, V: 유체의 속도, A: 단면적이다.)

   ㉮ $\rho_1 = \rho_2$이라면 비압축성 유체이다.
   ㉯ 에너지 보존법칙으로부터 유도된다.
   ㉰ $\rho A V$=일정 이라고도 표현할 수 있다.
   ㉱ 단면적과 속도가 반비례함을 알 수 있다.

   ● 연속 방정식은 질량(유량) 보존의 법칙이 적용되며, 에너지 보존의 법칙은 열역학 제1법칙으로 적용된다.

4. 헬리콥터 날개의 후류가 지면에 영향을 줌으로써 회전면 아래의 압력이 증가되어 양력의 증가를 일으키는 현상은?

   ㉮ 위빙효과   ㉯ 랜드업효과
   ㉰ 지면효과   ㉱ 자동회전효과

5. 다음 중 항공기 날개의 절대 받음각(Absolute angle of attack)을 옳게 설명한 것은?

   ㉮ 항공기 동체기준선과 무양력시위선이 이루는 각
   ㉯ 날개의 평균 캠버선과 시위선이 이루는 각
   ㉰ 항공기 진행방향과 평균 캠버선이 이루는 각
   ㉱ 항공기의 진행방향과 무양력시위선이 이루는 각

6. 프로펠러의 이상적인 효율을 비행속도(V)와 프로펠러를 통과할 때 순수 유도속도(ν)로 옳게 표현한 것은?

㉮ $\dfrac{V}{V+\nu}$ ㉯ $\dfrac{\nu}{V+\nu}$
㉰ $\dfrac{2V}{V+\nu}$ ㉱ $\dfrac{2\nu}{V-\nu}$

7. 다음 중 프로펠러 효율에 대한 설명으로 틀린 것은?

㉮ 추력에 비례한다.
㉯ 비행속도에 비례한다.
㉰ 진행율에 반비례한다.
㉱ 축동력에 반비례한다.

● $\eta_p = \dfrac{T \cdot V}{P} = \dfrac{C_t}{C_P} \cdot \dfrac{V}{nD} = \dfrac{C_t}{C_p} \cdot J$

8. 항공기의 무게가 6ton, 날개면적이 30㎡ 인 제트기가 해발고도를 950km/h 로 수평 비행 하고 있을 때 추력은 몇 kgf 인가?(단, 양항비는 6 이다.)

㉮ 1000 ㉯ 6000
㉰ 7500 ㉱ 7800

● $T = W \cdot \dfrac{C_D}{C_L}$

9. 조종력 경감장치 중 밸런스 역할을 하는 조종면을 그림과 같이 플랩의 일부분에 집중시키는 공력평형장치의 명칭은?

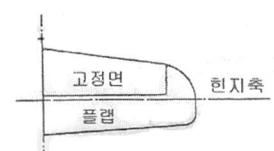

㉮ 혼 밸런스   ㉯ 앞전 밸런스
㉰ 내부 밸런스 ㉱ 프리즈 밸런스

10. 프로펠러 진행율(Advance ratio)의 단위로 옳은 것은?

㉮ m   ㉯ m/s
㉰ rps   ㉱ 무차원

11. 이륙시 활주거리를 짧게 하기 위한 방법으로 가장 옳은 것은?

㉮ 실속속도를 크게 하도록 플랩의 작동을 멈춘다.
㉯ 가속력을 크게 하기 위하여 최대 추력을 낸다.
㉰ 항력을 증가시키기 위하여 양항비를 높인다.
㉱ 실속 속도를 증가시키기 위하여 양항비를 높인다.

12. 조종면에 발생되는 힌지 모멘트에 대한 설명으로 옳은 것은?

㉮ 조종면의 폭이 클수록 작다.
㉯ 조종면의 평균 시위가 클수록 작다.
㉰ 비행기 속도가 빠를수록 크다.
㉱ 조종면 주위 유체의 밀도가 작을수록 크다.

● $H = C_h \dfrac{1}{2} \rho V^2 Sc = C_h \dfrac{1}{2} \rho V^2 bc^2$

13. 항공기가 선회할 때 관계되는 축을 모두 짝지은 것은?

㉮ 세로축
㉯ 수직축
㉰ 세로축 및 수직축
㉱ 수직축과 가로축

14. 항공기 날개에 상반각을 주게 되면 미치는 영향으로 가장 옳은 것은?

㉮ 유도저항을 적게 하고 방향 안정성을 좋게 한다.
㉯ 옆미끄럼을 방지하고 가로 안정성을 좋게 한다.
㉰ 익단 실속을 방지하나 세로 안정성을 해친다.
㉱ 선회성능을 향상시키나 가로 안정성을 해친다.

15. 날개의 최대 양력계수를 증가시키는 요소가 아닌 것은?

㉮ 캠버   ㉯ 시위길이
㉰ 스포일러   ㉱ 날개면적

16. 자동 회전과 수직 강하가 조합된 비행으로 조종간을 잡아 당겨서 실속시킨 후, 방향키 페달을 한쪽만 밟아 주는 조종동작으로 발생되는 비행은?

㉮ 스핀비행   ㉯ 스톨비행
㉰ 선회비행   ㉱ 슬립비행

17. 항공기의 양항비가 10인 상태로 고도 500m에서 활공을 한다면 수평 활공 거리는 몇 m 인가?

㉮ 500   ㉯ 2500
㉰ 5000   ㉱ 10000

● $\tan\theta = \dfrac{H}{X} = \dfrac{1}{양항비}$

18. 다음 중 2차원 날개와 비교하여 3차원 날개의 이론을 고려하면서 장착한 것은?

㉮ 플랩   ㉯ 윙렛
㉰ 슬롯   ㉱ 패널

● winglet은 날개 끝에 장착하는 판으로 유도항력의 감소를 위해 장착한다. 2차원 날개는 airfoil(날개골)을 의미한다.

19. 제트 비행기가 290m/s 의 속도로 비행할 때 Mach 수는 약 얼마인가?(단, 기온 : 20℃, 기체상수 : 287㎡/(s²·K), 비열비 : 1.40이다.)

㉮ 0.787   ㉯ 0.845
㉰ 0.894   ㉱ 0.926

● $a = \sqrt{\gamma RT} = \sqrt{1.4 \cdot 287 \cdot (273+20)}$, $M = \dfrac{V}{a}$

20. 비행기의 무게가 2000kgf 이고 경사각이 40°, 150km/h의 속도로 정상선회하고 있을 때 선회 반지름은 약 몇 m 인가?

㉮ 200   ㉯ 211
㉰ 231   ㉱ 276

● $R = \dfrac{V^2}{g \cdot \tan\theta} = \dfrac{(\frac{150}{3.6})^2}{9.8 \cdot \tan 40}$

1. ㉯	2. ㉮	3. ㉯	4. ㉰	5. ㉱
6. ㉮	7. ㉰	8. ㉮	9. ㉮	10. ㉱
11. ㉯	12. ㉰	13. ㉰	14. ㉯	15. ㉰
16. ㉮	17. ㉰	18. ㉯	19. ㉯	20. ㉯

2009년도 산업기사  항공역학

1. 옆놀이 커플링을 줄이는 방법으로 틀린 것은?

   ㉮ 방향 안정성을 증가시킨다.
   ㉯ 옆놀이 운동에서 옆놀이 율이나 기간을 제한한다.
   ㉰ 정상 비행 상태에서 바람 축과의 경사를 최대한 크게 한다.
   ㉱ 정상 비행 상태에서 불필요한 공력 커플링을 감소시킨다.

2. 날개의 가로세로비에 대한 설명으로 옳은 것은?

   ㉮ 가로세로비가 커지면 양항비는 작아진다.
   ㉯ 가로세로비가 커지면 횡 안정이 나빠진다.
   ㉰ 가로세로비가 커지면 유도항력계수는 작아진다.
   ㉱ 가로세로비는 익폭의 제곱에 날개 면적을 곱한 것이다.

   ● $cd_i = \dfrac{C_L^2}{\pi \cdot e \cdot AR}$

3. 프로펠러의 회전수가 $N[rpm]$이라면 프로펠러의 각속도(rad/s)를 구하는 식으로 옳은 것은?

   ㉮ $\dfrac{60}{\pi N}$ ㉯ $\dfrac{\pi N}{60}$

   ㉰ $\dfrac{60}{2\pi N}$ ㉱ $\dfrac{2\pi N}{60}$

   ● $\varpi = 2 \cdot \pi \cdot N$
   (시간을 sec로 환산하려면 ÷ 60)

4. 프로펠러의 슬립을 옳게 설명한 것은?

   ㉮ 프로펠러 이론 회전수와 기관의 회전수의 합을 프로펠러의 실제 회전수에 대한 백분율로 표시한 것
   ㉯ 프로펠러 이론 회전수와 기관의 회전수의 차를 프로펠러의 실제 회전수에 대한 백분율로 표시한 것
   ㉰ 기하학적피치와 유효피치의 차를 평균 기하학적피치에 대한 백분율로 표시한 것
   ㉱ 유효피치와 기하학적피치의 합을 평균 기하학적피치에 대한 백분율로 표시한 것

   ● $slip = \dfrac{GP - EP}{GP} \times 100$

5. 다음 중 수평선회에 대한 설명으로 틀린 것은?

   ㉮ 선회반경은 속도가 클수록 커진다.
   ㉯ 경사각이 크면 선회반경은 작아진다.
   ㉰ 경사각이 클수록 선회속도를 크게 해야 한다.
   ㉱ 선회 시 실속속도는 수평비행 실속 속도보다 작다.

   ● $(V_S)_{turn} = \dfrac{V_S}{\sqrt{\cos\theta}}$

6. 일반적으로 비행기의 안정성과 조종성에 대한 관계를 옳게 설명한 것은?

㉮ 안정성이 좋아지면 조종성도 향상된다.
㉯ 안정성이 좋아지면 조종성은 저하된다.
㉰ 안정성을 향상시키기 위하여 조종성은 일정하게 유지해야 한다.
㉱ 조종성을 향상시키기 위하여 안정성을 일정하게 유지해야 한다.

7. 날개의 시위길이가 6m, 공기의 흐름 속도가 360 km/h, 공기의 동점성 계수가 0.3cm²/s 일 때 레이놀즈수는 약 얼마 인가?

㉮ 1×10^7 ㉯ 2×10^7
㉰ 1×10^8 ㉱ 2×10^8

8. 다음 중 항공기의 방향 안정성이 주된 목적인 것은?

㉮ 수직 안정판 ㉯ 주익의 상반각
㉰ 수평안정판 ㉱ 주익의 붙임각

9. 다음 중 비행기가 장주기 운동을 할 때 변화가 없는 요소는?

㉮ 받음각 ㉯ 비행속도
㉰ 키놀이 자세 ㉱ 비행고도

● 장주기(phugoid) 운동은 동적 세로 안정 가운데 주기가 가장 긴 진동으로 대개 20초에서 100초 사이의 값을 가진다. 진동이 아주 미약하여 진동을 없애기 위한 특별한 공기 역학적 장치는 필요하지 않다.

10. 그림과 같이 유체 속에서 평판이 벽에서 일정한 거리 h 만큼 떨어져 속도 V로 이동할 때 작용하는 힘(F)과 비례 하지 않는 요소는?

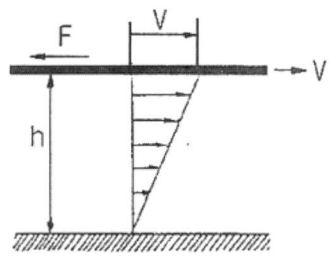

㉮ 점성계수 ㉯ 거리
㉰ 작용면적 ㉱ 평판의 속도

● $F = \mu \cdot S \cdot \dfrac{V}{h}$

11. 중량이 일정한 항공기가 등속도 수평비행을 할 경우 항공기의 추력과 양항비와의 관계를 가장 옳게 설명한 것은?

㉮ 추력은 양항비에 비례한다.
㉯ 추력은 양항비에 반비례한다.
㉰ 추력은 양항비의 제곱에 비례한다.
㉱ 추력은 양항비의 제곱에 반비례한다.

● $T = W \cdot \dfrac{C_d}{C_L}$

12. 항공기에 쳐든 각을 주는 주된 이유로 옳은 것은?

㉮ 익단 실속을 방지할 수 있다.
㉯ 임계 마하수를 높일 수 있다.
㉰ 가로 안정성을 높일 수 있다.
㉱ 피칭 모멘트를 증가 시킬 수 있다.

13. 헬리콥터의 메인 로터 브레이드에 플래핑 힌지를 장착함으로써 얻을 수 있는 장점이 아닌 것은?

㉮ 돌풍에 의한 영향을 제거할 수 있다.
㉯ 지면효과를 발생시켜 양력을 증가 시킬 수 있다.
㉰ 회전축을 기울이지 않고 회전면을 기울일 수 있다.
㉱ 주 회전날개 깃뿌리에 걸린 굽힘 모멘트를 줄일 수 있다.

14. 다음 중 항공기 날개 단면 주위에 발생하는 미지량 Υ의 크기를 결정하여 양력을 구하는데 사용되는 이론은?

㉮ Pascal 정리
㉯ Bernoulli 정리
㉰ Prandtl 정리
㉱ Kutta-joukowski 정리

15. 해면에서의 온도가 20도 일 때 고도 5km의 온도는 약 몇 도 인가?

㉮ -12.5 ㉯ -13.5
㉰ -14.5 ㉱ -15.5

16. 항공기의 스핀에 대한 설명으로 틀린 것은?

㉮ 수직스핀은 수평수핀보다 회전 각속도가 크다.
㉯ 스핀 중에는 일반적으로 옆미끄럼이 발생한다.
㉰ 강하속도 및 옆놀이 각속도가 일정하게 유지되면서 강하하는 상태를 정상스핀이라 한다.
㉱ 스핀상태를 탈출하기 위하여 방향키를 스핀 반대 방향으로 밀고, 동시에 승강키를 앞으로 밀어낸다.

● 수평 스핀은 수직 스핀의 상태에서 기수가 들린 형태로 수평 자세가 되면서 회전속도가 빨라지고 회전 반지름이 작아져서 회복이 불가능한 상태에 이르게 되는 스핀으로 낙하 속도는 수직 스핀보다 작지만 회전 각속도는 상당히 크다.

17. 무게 1000 kgf의 항공기가 30도의 활공각으로 활공하고 있을 경우 항공기에 작용하고 있는 양력은 약 몇 kgf인가?

㉮ 577 ㉯ 866
㉰ 1000 ㉱ 1732

● 활공시 힘의 평형식
$L = W \cdot \cos\theta, \quad D = W \cdot \sin\theta$

18. 다음 중 헬리콥터의 프리휠 장치의 주된 역할은?

㉮ 회전 날개가 기관을 구동시킬 수 없도록 하는 장치
㉯ 기관 정지 시 회전날개가 기관을 구동시킬 수 있도록 하는 장치
㉰ 자전 강하 시 회전날개가 기관을 구동시킬 수 있도록 하는 장치
㉱ 기관 정지 시 회전날개의 회전력으로 비상 장비를 작동시킬 수 있게 하는 장치

● Freewheel clutch: Autorotation시 회전 날개만 회전할 수 있도록 엔진과 분리시키는 장치

19. 이륙 중량이 1500kgf, 기관의 출력이 200HP인 비행기가 5000m고도를 50% 출력으로 270km/h 등속도 순항비행하고 있을 때 양항비는 얼마인가?

㉮ 5 ㉯ 10
㉰ 15 ㉱ 20

◉ $T = W \cdot \dfrac{C_d}{C_L} = W \cdot \dfrac{1}{\text{양항비}}$,

∴ 양항비 $= \dfrac{W}{T} = \dfrac{1500}{200 \times 0.5}$

20. 다음 중 초음속 날개의 에어포일로 가장 적당한 것은?

㉮ 두께가 얇은 것
㉯ 가로세로비가 큰 것
㉰ 앞전 반경이 큰 것
㉱ 캠버(Camber)가 큰 것

1	2	3	4	5	6	7	8	9	10
㉰	㉰	㉱	㉰	㉱	㉯	㉯	㉮	㉮	㉯
11	12	13	14	15	16	17	18	19	20
㉯	㉰	㉯	㉱	㉮	㉮	㉯	㉮	㉰	㉮

2010년도 산업기사 1회 항공역학

1. 비행기의 선회 반지름을 줄이기 위한 방법으로 옳은 것은?

   ㉮ 선회각을 작게 한다.
   ㉯ 선회속도를 작게 한다.
   ㉰ 날개면적을 작게 한다.
   ㉱ 중력 가속도를 작게 한다.

   ● $R = \dfrac{V^2}{g \cdot \tan\theta}$

2. 날개의 상반각(Dihedral angle)을 갖고 있는 비행기가 왼쪽으로 옆미끄럼을 하게 되었을 때의 현상으로 옳은 것은?

   ㉮ 왼쪽날개 및 오른쪽날개의 받음각이 동시에 증가한다.
   ㉯ 왼쪽날개 및 오른쪽날개의 받음각이 동시에 감소한다.
   ㉰ 왼쪽날개의 받음각은 증가하고, 오른쪽날개의 받음각은 감소한다.
   ㉱ 왼쪽날개의 받음각은 감소하고, 오른쪽날개의 받음각은 증가한다.

3. 항공기의 활공각을 θ라 할 때, tanθ 의 특성을 옳게 설명한 것은?

   ㉮ 양항비와 비례한다.
   ㉯ 고도와 반비례한다.
   ㉰ 양항비와 반비례한다.
   ㉱ 활공속도와 반비례한다.

4. 정적 안정과 동적 안정의 관계에 대한 설명으로 가장 옳은 것은?

   ㉮ 동적안정이 (+)이면 정적안정은 반드시 (+)이다.
   ㉯ 동적안정이 (−)이면 정적안정은 반드시 (−)이다.
   ㉰ 정적안정이 (+)이면 동적안정은 반드시 (−)이다.
   ㉱ 정적안정이 (−)이면 동적안정은 반드시 (+)이다.

5. 다음 중 날개 주위에서 경계층(Boundary Layer)의 박리(Separation)가 발생되는 조건은?

   ㉮ 음속에 도달하였을 때
   ㉯ 역압력구배가 형성될 때
   ㉰ 경계층이 정지되었을 때
   ㉱ 날개표면의 점성이 줄어들 때

   ● 역압력구배: 날개골 뒤쪽으로 갈수록 흐름 속도가 감소하고, 압력이 증가하여, 압력차에 의한 흐름의 역작용이 발생

6. 가로세로비가 9인 사각 날개의 시위길이가 1m 라면 스팬의 길이는 몇 m 인가?

   ㉮ 3   ㉯ 4.5
   ㉰ 9   ㉱ 18

7. 헬리콥터가 비행기처럼 고속으로 비행할 수 없는 이유가 아닌 것은?

㉮ 후퇴하는 깃의 날개 끝 실속 때문에
㉯ 후퇴하는 깃 뿌리의 역풍 범위 때문에
㉰ 전진하는 깃 끝의 마하수 영향 때문에
㉱ 전진하는 깃 끝의 항력이 감소하기 때문에

8. 헬리콥터 정지 비행시 회전면에 의해 가속되는 유도속도가 V1 이라면 회전면 후방으로 가속된 공기의 압력이 대기압 상태가 되었을 때 그 지점에서의 속도 V2 를 옳게 나타낸 식은?

㉮ V1 = V2 ㉯ V1 = 2V2
㉰ V1 = 4V2 ㉱ V2 = 0

9. 항공기 날개의 받음각(Angle of Attack)에 대한 설명으로 옳은 것은?

㉮ 시위선과 평균캠버선이 이루는 각이다.
㉯ 윗 캠버와 아래 캠버가 이루는 각이다.
㉰ 상대풍 방향과 시위선이 이루는 각이다.
㉱ 상대풍 방향과 평균캠버선이 이루는 각이다.

10. 해면고도에서 표준대기의 특성값으로 틀린 것은?

㉮ 표준온도는 15 °F 이다.
㉯ 밀도는 1.23 kg/m3 이다.
㉰ 대기압은 760 mmHg 이다.
㉱ 중력가속도는 32.2 ft/s2 이다.

11. 항공기가 트림 상태(Trim condition)에 있다는 의미로 옳은 것은?

㉮ 무게 중심에 관한 피칭 모멘트가 "0" 인 상태
㉯ 무게 중심에 관한 피칭 모멘트가 "1" 인 상태
㉰ 무게 중심에 관한 피칭 모멘트가 감소하는 상태
㉱ 무게 중심에 관한 피칭 모멘트가 증가하는 상태

● Trim(평형): 항공기에 작용하는 모든 힘의 합이 0 이고, 모든 모멘트의 합이 0 인 상태

12. 수평 비행중인 비행기의 항력이 추력보다 커진다면 비행기에 발생하는 현상은?

㉮ 상승한다.
㉯ 등속도 비행을 한다.
㉰ 감속전진 운동을 한다.
㉱ 가속전진 운동을 한다.

13. 프로펠러가 항공기에 가해준 소요동력을 구하는 식은?

㉮ 추력/비행속도
㉯ 추력× 비행속도
㉰ 추력× 비행속도2/3
㉱ 추력× 비행속도2

● $P = \dfrac{W}{t} = \dfrac{F \cdot S}{t} = F \cdot V$

14. 대기가 안정하여 구름이 없고, 기온이 낮으며, 공기가 희박하여 제트기의 순항고도로 적합한 곳은?

㉮ 대류권계면   ㉯ 열권계면
㉰ 중간권계면   ㉱ 성층권계면

15. 중량이 2000 kgf 인 항공기가 20 m/s 로 비행할 때 양항비가 8 이라면 필요한 출력은 몇

kgf · m/s 인가?

㉮ 4000 ㉯ 4500
㉰ 5000 ㉱ 6000

● $P = T \cdot V = W \cdot \dfrac{C_d}{C_L} \cdot V = 2000 \cdot \dfrac{1}{8} \cdot 20$

16. 지름이 각각 5cm 와 10cm 로 된 관에서 지름 10cm 관을 흐르는 유체의 속도가 1.4 m/s 일 때 지름 5cm 관내의 유체속도는 몇 m/s 인가?

㉮ 2.6 ㉯ 3.6
㉰ 4.6 ㉱ 5.6

17. 100 lbs 의 항력을 받으며 200 mi/h 로 비행하는 비행기가 같은 자세로 300 mi/h 로 비행시 작용하는 항력은 몇 lbs 인가?

㉮ 225 ㉯ 230
㉰ 235 ㉱ 240

● 항력은 속도의 제곱에 비례
$\dfrac{D_2}{D_1} = (\dfrac{V_2}{V_1})^2, \therefore D_2 = D_1 \cdot (\dfrac{V_2}{V_1})^2 = 100 \cdot (\dfrac{300}{200})^2$

18. 무게 중심과 날개의 공기역학적 중심의 위치에 따른 정적안정과의 관계를 옳게 설명한 것은?

㉮ 무게중심이 공기역학적 중심의 앞에 있는 경우 정적안정성이 좋다.
㉯ 무게중심이 공기역학적 중심이 일치할 경우 정적안정성이 좋다.
㉰ 무게중심이 공기역학적 중심의 시위선 만큼 뒤에 있는 경우 정적안정성이 좋다.
㉱ 무게중심이 공기역학적 중심의 시위선 1/2 만큼 뒤에 있는 경우 정적안정성이 좋다.

19. 다음 중 가장 큰 조종력이 필요한 경우는?

㉮ 비행속도가 빠르고 조종면의 크기가 큰 경우
㉯ 비행속도가 빠르고 조종면의 크기가 작은 경우
㉰ 비행속도가 느리고 조종면의 크기가 큰 경우
㉱ 비행속도가 느리고 조종면의 크기가 작은 경우

● $F = K \cdot He = K \cdot C_h \dfrac{1}{2} \rho V^2 S C$

20. 날개골의 모양에 따른 특성 중 캠버에 대한 설명으로 틀린 것은?

㉮ 캠버가 크면 양력은 증가하나 항력은 비례적으로 감소한다.
㉯ 받음각이 0 도 일 때도 캠버가 있는 날개골은 양력을 발생한다.
㉰ 두께나 앞전 반지름이 같아도 캠버가 다르면 받음각에 대한 양력과 항력의 차이가 생긴다.
㉱ 저속비행기는 캠버가 큰 날개골을 이용하고 고속 비행기는 캠버가 작은 날개골을 사용한다.

1	2	3	4	5	6	7	8	9	10
㉯	㉰	㉮	㉯	㉯	㉱	㉯	㉰	㉯	㉮
11	12	13	14	15	16	17	18	19	20
㉮	㉰	㉯	㉮	㉰	㉱	㉮	㉮	㉮	㉮

2010년도 산업기사 2회 항공역학

1. 에어포일(Airfoil) "ACA 23012"서 첫 번째 자리 숫자 "2"가 의미하는 것은?

    ㉮ 최대캠버의 크기가 시위(Chord)의 2%이다.
    ㉯ 최대캠버의 크기가 시위(Chord)의 20%이다.
    ㉰ 최대캠버의 위치가 시위(Chord)의 15%이다.
    ㉱ 최대캠버의 위치가 시위(Chord)의 20%이다.

2. 지름이 6.7ft 인 프로펠러가 2800rpm으로 회전하면서 80mph로 비행하고 있다면 이 프로펠러의 진행율은 약 얼마인가?

    ㉮ 0.23   ㉯ 0.37
    ㉰ 0.62   ㉱ 0.76

   ● 계산에 앞서 단위 환산 필요
   $(1\frac{mile}{hour} = 1\frac{5280ft}{3600\sec} = 1.46\frac{ft}{\sec})$
   $J = \frac{V}{nD} = \frac{80 \cdot 1.46}{\frac{2800}{60} \cdot 6.7}$

3. 고속 항공기에서 방향키 조작으로 빗놀이와 동시에 옆놀이 운동이 함께 일어나는 것처럼 비행기 좌표축에서 어떤 한 축 주위에 교란을 줄 때 다른 축 주위에도 교란이 생기는 현상을 무엇이라 하는가?

    ㉮ 실속(Stall)
    ㉯ 스핀(Spin) 운동
    ㉰ 커플링(Coupling) 효과
    ㉱ 자동 회전(Autorotation)

   ● 커플링의 종류: 공력 커플링과 관성 커플링

4. 다음과 같은 조건에서 헬리콥터의 원판하중은 약 몇 Kgf/m² 인가?

   (조건) · 헬리콥터의 총중량 : 800kgf
          · 기관 출력 : 160 HP
          · 회전날개의 반경 : 2.8m
          · 회전날개 깃의 수 : 2개

    ㉮ 28.5   ㉯ 30.5
    ㉰ 32.5   ㉱ 35.5

   ● 원판하중(Disk Loading) = $\frac{W}{\pi R^2} = \frac{800}{3.14 \cdot 2.8^2}$

5. 비행기가 정상비행시 110 km/h 로 실속한다면 하중배수가 1.3 인 경우 실속속도는 약 몇 km/h 인가?

    ㉮ 34   ㉯ 68
    ㉰ 125   ㉱ 250

   ● $n = (\frac{V}{V_s})^2, \therefore V = \sqrt{n} \cdot V_s = \sqrt{1.3} \cdot 110$

6. 비행기의 최소속도를 나타낸 식으로 옳은 것은?
   (단, W : 비행기 무게, ρ : 밀도, S : 기준면적, CLmax : 최대양력계수이다.)

㉮ $\sqrt{\dfrac{2W}{\rho S C_{Lmax}}}$　　㉯ $\sqrt{\dfrac{W}{\rho S C_{Lmax}}}$

㉰ $\sqrt{\dfrac{W}{2\rho S C_{Lmax}}}$　　㉱ $\sqrt{\dfrac{1.5W}{\rho S C_{Lmax}}}$

7. 항력계수가 0.02이며, 날개면적이 20m² 인 항공기가 150 m/s 로 등속도 비행을 하기 위해 필요한 추력은 약 몇 kgf 인가?

(단, 공기의 밀도는 0.125 kgf · s²/m⁴ 이다.)

㉮ 433　　㉯ 563
㉰ 643　　㉱ 723

● 등속 비행 조건 T = D
　수평 비행 조건 L = W

8. 비행기의 조종력을 경감시키는 공력평형장치가 아닌 것은?

㉮ 혼 밸런스(Horn balance)
㉯ 조종 밸런스(Control balance)
㉰ 내부 밸런스(Internal balance)
㉱ 앞전 밸런스(Leading edge balance)

9. 운항중인 항공기에서 조종면의 조종효과를 발생시키기 위해서 주로 변화시키는 것은?

㉮ 날개골의 면적　　㉯ 날개골의 두께
㉰ 날개골의 캠버　　㉱ 날개골의 길이

10. 항공기에는 층류가 난류로 바뀌는 것을 지연시키기 위해 층류 에어포일(Laminar airfoil)을 사용하는데 이는 무엇을 감소시키기 위한 것인가?

㉮ 간섭항력　　㉯ 마찰항력
㉰ 조파항력　　㉱ 형상항력

● 난류 흐름은 흐름의 떨어짐으로 인한 압력항력이 작으며, 층류 흐름에서는 점성에 의한 마찰항력이 작다.

11. 항공기의 비행성능을 좋게 하기 위하여 날개 끝부분에 장착하는 윙렛(Winglet)의 직접적인 역학적 효과는?

㉮ 양력증가　　㉯ 마찰항력감소
㉰ 실속방지　　㉱ 유도항력감소

12. 선회각 φ로 정상 수평 선회비행하는 비행기의 하중배수를 나타낸 식은?

(단, W는 항공기 무게이다.)

㉮ $W\cos\phi$　　㉯ $\dfrac{W}{\cos\phi}$

㉰ $\cos\phi$　　㉱ $\dfrac{1}{\cos\phi}$

13. 공기력 중심(Aerodynamic center)을 옳게 설명한 것은?

㉮ 날개에 발생하는 합성력이 작용하는 점
㉯ 받음각이 변해도 피칭모멘트 값이 일정한 점
㉰ 받음각이 변하면 피칭모멘트 값이 변화하지만 양력계수가 일정한 점
㉱ 받음각이 변화함에 따라 피칭모멘트 값이 0(zero)이 되는 점

14. 비행기가 230 km/h 로 수평비행할 때 비행기의 상승률이 8 m/s 라고 하면, 이 비행기의 상승각은 약 몇 ° 인가?

㉮ 4.8　　㉯ 5.2
㉰ 7.2　　㉱ 9.4

● $RC = V \cdot \sin\theta$, $\sin\theta = \dfrac{RC}{V}$,

$\therefore \theta = \sin^{-1}(\dfrac{RC}{V}) = \sin^{-1}(\dfrac{8}{\frac{230}{3.6}})$

15. 프로펠러의 효율에 대한 설명으로 가장 옳은 것은?

㉮ 비행속도가 증가하면 깃각이 작아져야 한다.
㉯ 비행기가 이륙하거나 상승 시에는 깃각을 크게 해야한다.
㉰ 프로펠러의 효율을 좋게 하기 위해서 진행율이 작을 때는 깃각을 크게 해야 한다.
㉱ 비행 중 프로펠러 깃각이 변하는 가변피치 프로펠러를 사용하면 프로펠러 효율이 좋다.

16. 비행기에 옆놀이 모멘트(Rolling moment)를 주는 조종면은?

㉮ 승강키   ㉯ 도움날개
㉰ 방향키   ㉱ 고양력장치

17. 면적이 20 m2 인 도관을 공기가 15 m/s 의 속도로 흐른다면 도관을 지나는 공기의 질량 유량은 몇 kg/s 인가?

(단, 공기의 밀도는 2 kg/m3 이다.)

㉮ 30   ㉯ 40
㉰ 300   ㉱ 600

● $m = \rho AV$

18. 헬리콥터의 정지비행 상승한도(Hovering ceiling)를 마력을 이용하여 옳게 표현한 것은?

㉮ 이용마력 > 필요마력
㉯ 이용마력 = 필요마력
㉰ 이용마력 < 필요마력
㉱ 유도항력마력 = 이용마력 + 필요마력

19. 다음 중 날개 상면에 공중 스포일러(Flight spoiler)를 설치하는 이유로 옳은 것은?

㉮ 양력을 증가시키기 위하여
㉯ 활공각을 감소시키기 위하여
㉰ 최대 항속거리를 얻기 위하여
㉱ 고속에서 도움날개의 역할을 보조하기 위하여

● Ground spoiler: 착륙시 제동 장치로 사용

20. 지구의 중력가속도가 일정한 것으로 가정하여 정한 고도는?

㉮ 압력 고도
㉯ 기하학적 고도
㉰ 밀도 고도
㉱ 지구 포텐셜 고도

1	2	3	4	5	6	7	8	9	10
㉮	㉯	㉰	㉰	㉰	㉮	㉯	㉯	㉰	㉯
11	12	13	14	15	16	17	18	19	20
㉱	㉱	㉯	㉰	㉰	㉯	㉯	㉯	㉱	㉯

2010년도 산업기사 4회 항공역학

1. 뒤젖힘각을 가장 옳게 설명한 것은?

㉮ 날개가 수평을 기준으로 위로 올라간 각
㉯ 기체의 세로축과 날개의 시위선이 이루는 각
㉰ 날개 끝의 붙임각을 날개 뿌리의 붙임각보다 크거나 작게 한 각
㉱ 25%C(코드길이) 되는 점들을 날개뿌리에서 날개끝까지 연결한 직선과 기체의 가로축이 이루는 각

2. 양력계수가 0.25 인 날개면적 20m²의 항공기가 시속 720 km의 속도로 비행할 때 발생하는 양력은 몇 N 인가?

(단, 공기의 밀도는 1.23kg/m³이다.)

㉮ 6150   ㉯ 10000
㉰ 123000   ㉱ 246000

3. 항공기가 상승하기위한 수평비행시 필요마력과 상승시 이용마력의 관계로 옳은 것은?

㉮ 이용마력 = 필요마력
㉯ 이용마력 > 필요마력
㉰ 이용마력 ≤ 필요마력
㉱ 이용마력 < 필요마력

4. 날개골의 명칭 중 평균 캠버선에 대한 설명으로 옳은 것은?

㉮ 두께의 2등분점을 연결한 선
㉯ 앞전과 뒷전을 연결하는 직선
㉰ 날개골의 위쪽과 아래쪽의 곡면
㉱ 시위선에서 수직선을 그었을 때 윗면과 아랫면사이의 수직거리

5. 가장 큰 쳐든각(Dihedral angle)을 필요로 하는 경우는?

㉮ 날개가 동체의 상부에 위치하는 경우
㉯ 날개가 동체의 하부에 위치하는 경우
㉰ 날개가 동체의 중심부에 위치하는 경우
㉱ 날개가 동체의 상부로부터 약 25% 위치에 있는 경우

● 쳐든각 효과: 가로 안정성 증가

6. 대류권에서는 지표에서 복사되는 열로 인하여 1 km 올라갈 때마다 기온이 어떻게 변하는가?

㉮ 6.5℃ 씩 증가한다.
㉯ 6.5℃ 씩 감소한다.
㉰ 4.5℃ 씩 증가한다.
㉱ 4.5℃ 씩 감소한다.

7. 비행기가 등속도 수평비행을 하고 있다면 이 비행기에 작용하는 하중배수는?

㉮ 0   ㉯ 0.5
㉰ 1   ㉱ 1.8

8. 비행기의 받음각이 외부적인 교란에 의해 진동을 시작해서 점차적으로 진동이 감소하여 처음의 상태로 돌아갈 경우를 가장 올바르게 표현한 것은?

   ㉮ 정적 안정   ㉯ 동적 불안정
   ㉰ 동적 안정   ㉱ 정적 불안정

9. 다음 중 비행기의 세로 안정성에 가장 적은 영향을 미치는 것은?

   ㉮ 항공기 중심위치
   ㉯ 수직 안정판의 면적
   ㉰ 수평 안정판의 면적
   ㉱ 수평 안정판의 장착위치

   ● 방향 안정에 가장 중요한 요소: 수직 안정판

10. 압축성 유동에 대한 설명 중 틀린 것은?

    ㉮ 유체의 밀도 변화를 고려해야 한다.
    ㉯ 압축성 유동에서 음속은 유한한 크기를 갖는다.
    ㉰ 압축성 유동에서 압축계수의 최대값은 1.0을 넘지 못한다.
    ㉱ 배관 내에서 발생하는 수격 현상은 압축성 유동의 한 예이다.

    ● 수격현상: 유체가 흐르는 관로 내의 물이 밸브에 의해 급격히 닫히게 되면 밸브 직전의 압력이 급격히 상승하거나, 정지해 있는 관로 내의 물이 밸브를 급격히 개방하는 것에 의해 흘러나가면 압력이 급격히 강하하는 현상

11. 직경 20cm인 원형 배관이 직경 10cm인 원형 배관과 연결되어 있다. 직경 20cm 인 원형 배관을 지난 공기가 직경 10cm 인 원형 배관을 지나게 되면 유속의 변화는 어떻게 되는가?

    ㉮ 2배로 증가한다.
    ㉯ $\frac{1}{2}$로 감소한다.
    ㉰ 4배로 증가한다.
    ㉱ $\frac{1}{4}$로 감소한다.

    ● 유속은 단면적에 반비례하므로, 지름에는 제곱에 반비례한다.

12. 비행기의 조종면을 작동하는데 필요한 조종력을 옳게 설명한 것은?

    ㉮ 중력 가속도에 반비례한다.
    ㉯ 힌지 모멘트에 반비례한다.
    ㉰ 비행속도의 제곱에 비례한다.
    ㉱ 조종면의 폭의 제곱에 비례한다.

    ● $F = K \cdot He = K \cdot C_h \frac{1}{2} \rho V^2 SC$

13. 고정 날개 항공기의 자전운동(Auto rotation)이 발생할 수 있는 조건은?

    ㉮ 낮은 받음각 상태
    ㉯ 실속 받음각 이전 상태
    ㉰ 최대 받음각 상태
    ㉱ 실속 받음각 이후 상태

14. 프로펠러 항공기의 경우 항속거리를 최대로 하기 위한 조건으로 가장 옳은 것은?

    ㉮ $\frac{C_L}{\sqrt{C_D}}$가 최대인 상태로 비행한다.
    ㉯ $\frac{\sqrt{C_L}}{C_D}$가 최대인 상태로 비행한다.
    ㉰ 양항비가 최대인 상태로 비행한다.
    ㉱ 양항비가 최소인 상태로 비행한다.

    ● 제트 비행기 최대 항속 거리 조건: $\frac{\sqrt{C_L}}{C_D}$

15. 다음 중 좋은 날개골이라고 할 수 있는 것은?

㉮ 양력계수가 크고 항력계수도 클 것
㉯ 양력계수가 작고 항력계수도 작을 것
㉰ 양력계수가 작고 항력계수는 클 것
㉱ 양력계수가 크고 항력계수가 작을 것

16. 프로펠러 효율은 진행율에 비례하게 되는데 진행율이란 무엇인가?

㉮ 추력과 토크와의 비율
㉯ 유효피치와 프로펠러 지름과의 비율
㉰ 유효피치와 기하학적 피치와의 비율
㉱ 기하학적 피치와 프로펠러 지름과의 비율

● $J = \dfrac{V}{nD} = \dfrac{V}{n} \cdot \dfrac{1}{D}$

17. 헬리콥터의 주기피치(Cyclic Pitch) 조종간에 대한 설명으로 옳은 것은?

㉮ 기관회전수를 조절한다.
㉯ 수직상승비행을 가능하게 한다.
㉰ 꼬리회전날개의 피치를 조절한다.
㉱ 주회전날개(Main rotor)의 피치를 주기적으로 변화시키며 원하는 수평방향으로 비행하게 한다.

● 동시 피치 제어간(collective pitch control lever): 수직 상승 및 강하 비행

18. 다음 중 선회비행성능에 대한 설명 중 옳지 않은 것은?

㉮ 정상선회를 하려면 원심력과 양력의 수평성분이 같아야 한다.
㉯ 원심력이 양력의 수평성분인 구심력보다 더 크면 스키드(Skid)가 나타난다.
㉰ 선회반경을 최소로 하기 위해서는 비행속도를 최소로 하고, 경사각 또한 최소로 하는 것이 좋다.
㉱ 슬립(Slip)은 경사각이 너무 크거나 러더의 조작량이 부족할 경우 일어나기 쉽다.

● $R = \dfrac{V^2}{g \cdot \tan\theta}$

19. 고도 1500m 에서 마하수 0.7로 비행하는 항공기가 있다. 고도 12000m 에서 같은 속도로 비행할 때 마하수는?

(단, 고도 1500m에서 음속은 335m/s 이며, 고도 12000m에서 음속은 295m/s 이다.)

㉮ 약 0.3   ㉯ 약 0.5
㉰ 약 0.8   ㉱ 약 1.0

● 고도 12000 m에서의 마하수 $= \dfrac{V}{a} = \dfrac{V}{295}$
V는 고도 15000 m에서 구한다.
$M = \dfrac{V}{a}, \therefore V = M \cdot a = 0.7 \cdot 335$

20. 최대 양항비가 10인 항공기가 고도 2400m 에서 활공을 시작했다면 최대 수평도달 거리는 몇 m인가?

㉮ 14400   ㉯ 24000
㉰ 28800   ㉱ 48000

● $\tan\theta = \dfrac{H}{X} = \dfrac{1}{양항비}$

1	2	3	4	5	6	7	8	9	10
㉱	㉰	㉯	㉮	㉯	㉯	㉰	㉰	㉯	㉰
11	12	13	14	15	16	17	18	19	20
㉰	㉰	㉱	㉱	㉱	㉯	㉱	㉰	㉰	㉯

2011년도 산업기사 1회 항공역학

1. 프로펠러가 n rps 로 회전하고 있을 때 이 프로펠러의 각속도는?

   ㉮ πn
   ㉯ $\frac{\pi n}{60}$
   ㉰ 2πn
   ㉱ $\frac{2\pi n}{60}$

● n의 단위가 rpm 일 때 각속도: $\frac{2\pi n}{60}$

2. 고양력 장치의 하나인 파울러 플랩(Fowler flap)이 양력을 증가시키는 원리만으로 짝지어진 것은?

   ㉮ 날개면적과 받음각의 증가
   ㉯ 캠버의 변화와 경계층의 제어
   ㉰ 받음각의 증가와 캠버의 변화
   ㉱ 날개면적의 증가와 캠버의 변화

3. 프로펠러 작동시 프로펠러를 통과하는 공기흐름의 유관(Stream tube)에서 프로펠러 앞면과 뒷면의 단면적 형태는?

   ㉮ 점진적으로 감소한다.
   ㉯ 점진적으로 증가한다.
   ㉰ 점점 감소하다가 증가한다.
   ㉱ 점점 증가하다가 감소한다.

4. 공기역학적 힘을 공력계수를 이용하여 단위계나 스케일에 상관없이 일관되게 표현할 때 공력계수에 영향을 미치는 요소가 아닌 것은?

   ㉮ 마하수
   ㉯ 레이놀즈수
   ㉰ 받음각
   ㉱ 비행경로각

5. 무게 22000kgf, 날개면적 80m²인 비행기가 양력계수 0.45 및 경사각 30° 상태로 정상선회(균형선회)비행을 하는 경우 선회반경은 약 몇 m 인가?(단, 공기밀도는 1.22 kg/m³)

   ㉮ 1000
   ㉯ 2000
   ㉰ 3000
   ㉱ 4000

● $R = \frac{V^2}{g \cdot \tan\phi}$, $V = \frac{V_s}{\sqrt{\cos\phi}}$, $V_s = \sqrt{\frac{2W}{\rho S C_L}}$

$\rho = 1.22 kg/m^3 = (\frac{1.22}{9.8})kg \cdot \sec^2/m^4$
$= 0.124 kg \cdot \sec^2/m^4$

$V_s = \sqrt{\frac{2 \cdot 22000}{0.124 \cdot 80 \cdot 0.45}} = 99.3 m/\sec$

$\therefore V = \frac{99.3}{\sqrt{\cos 30}} = 106.7 m/\sec$, $R = \frac{106.7^2}{9.8 \cdot \tan 30}$

6. 회전익장치가 하나뿐인 헬리콥터는 질량이 큰 동체가 하나의 점에 매달려 있는 것과 같아 한 번 흔들리면 전후좌우로 자연스럽게 진동운동을 하게 되는데 이런 현상을 무엇이라 하는가?

   ㉮ 지면효과(Ground effect)
   ㉯ 시계추작동(Pendular action)
   ㉰ 코리올리 효과(Coriolis effect)
   ㉱ 편류(Drift or Translating tendency)

7. 동쪽으로 100mi/h의 속도로 부는 제트기류 속에서 북서쪽 방향으로 대기속도(공기에 대한 비행기의 속도) 500mi/h로 비행하는 항공기의

대지에 대한 속도는 약 몇 mi/h 인가?

㉮ 345.5 ㉯ 435.1
㉰ 475.5 ㉱ 520.1

8. 헬리콥터 비행시 블로우백 현상으로 추력성분이 줄어들어 속도가 떨어지게 되는데 이를 보완하기 위한 방법은?

㉮ 위상지연 ㉯ 상향 플래핑
㉰ 사이클릭 조종 ㉱ 하향 플래핑

9. 다음 중 유해항력(Parasite drag)이 아닌 것은?

㉮ 간섭항력 ㉯ 유도항력
㉰ 형상항력 ㉱ 조파항력

10. 그림과 같은 항공기의 운동을 무엇이라 하는가?

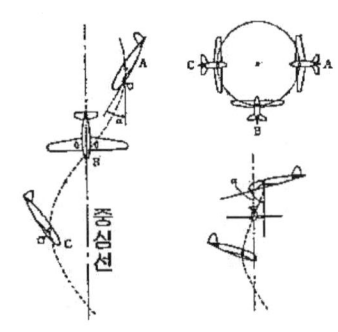

㉮ 스핀 ㉯ 턱언더
㉰ 선회 ㉱ 버피팅

11. ICAO에서 정한 표준대기에 대한 설명으로 옳은 것은?

㉮ 일반적인 기상현상이 발생되는 곳은 성층권이다.
㉯ 대류권의 경우 고도가 증가하여도 온도가 일정하다.
㉰ 표준 대기의 값으로 대류권의 최대 높이는 약 36000 ft이다.
㉱ 성층권에서는 고도변화에 관계없이 압력과 밀도가 일정하다.

12. 비행기 날개의 상반각(Dihedral angle)으로 얻을 수 있는 주된 효과는?

㉮ 세로안정을 준다.
㉯ 익단 실속을 방지한다.
㉰ 방향의 동적인 안정을 준다.
㉱ 옆 미끄럼에 의한 옆놀이에 정적인 안정을 준다.

13. 글라이더가 1000m 상공에서 활공하여 수평활공 거리가 2000m 라면, 이때의 양항비는 얼마인가?

㉮ 1 ㉯ 2
㉰ 3 ㉱ 4

▶ $\tan\theta = \dfrac{1}{\text{양항비}} = \dfrac{\text{고도}}{\text{수평활공거리}}$

14. 수직 꼬리날개와 방향안정의 관계에 대한 설명으로 옳은 것은?

㉮ 큰 마하수에서 충분한 방향 안정성을 갖기 위해서 초음속기의 경우 상대적으로 작은 수직 꼬리날개를 가진다.
㉯ 마하수가 큰 초음속 비행기에서는 꼬리날개에 의한 안정성이 증가한다.
㉰ 수직 꼬리날개 면적의 증가는 항력의 감소를 수반하므로 되도록 큰 값으로 설계하도록 하고, 그 대신 주날개의 면적도 증가시키도록 해야 한다.

㉣ 정적 방향안정에 미치는 수직 꼬리날개의 영향은 수직꼬리날개 양력 변화와 모멘트 팔 길이에 의존한다.

15. 프로펠러 항공기의 항속거리를 최대로 하기 위한 방법은?

㉮ 연료소비율 최대, 양항비 최대조건으로 비행한다.
㉯ 연료소비율 최소, 양항비 최대조건으로 비행한다.
㉰ 연료소비율 최대, 양항비 최소조건으로 비행한다.
㉱ 연료소비율 최소, 양항비 최소조건으로 비행한다.

● 제트 비행기의 최대 항속거리 조건: $\dfrac{C_L^{\frac{1}{2}}}{C_d}$

16. 도움날개에 주로 사용되는 조종력 경감장치로 양쪽 힌지모멘트가 서로 상쇄하도록 하여 조종력을 감소시키는 장치는?

㉮ 혼 밸런스(Horn balance)
㉯ 프리즈 밸런스(Frise balance)
㉰ 내부 밸런스(Internal balance)
㉱ 앞전 밸런스(Leading edge balance)

17. 세로 정안정성에 관련된 용어를 설명한 것으로 틀린 것은?

㉮ 무게중심(CG)은 중력의 총합을 대표하는 점이다.
㉯ 중립점(NP)은 무게중심의 전방한계를 결정짓는다.
㉰ 정적여유(SM)는 무게중심과 중립점 간의 거리이다.
㉱ 공력중심(AC)에서는 받음각에 따라 피칭모멘트의 변화가 없다.

18. 다음 중 아랫면과 윗면이 대칭인 날개골은?

㉮ NACA4412   ㉯ NACA2414
㉰ NACA0012   ㉱ NACA2424

19. 다음 중 종극속도(Terminal velocity)의 정의로 옳은 것은?

㉮ 비행기가 수평 비행시 도달할 수 있는 최대속도
㉯ 비행기가 회전 비행시 도달할 수 있는 최대속도
㉰ 비행기가 수직 상승시 도달할 수 있는 최대속도
㉱ 비행기가 수직 강하시 도달할 수 있는 최대속도

● $V_t = \sqrt{\dfrac{2W}{\rho S C_d}}$

20. 정지상태인 항공기가 30초 후에 900m 지점을 통과하며 이륙을 했을 때 이 항공기의 가속도는 몇 m/s²인가?

㉮ 2   ㉯ 3
㉰ 4   ㉱ 5

● $S = \dfrac{1}{2}at^2, \therefore a = \dfrac{2S}{t^2} = \dfrac{2 \cdot 900}{30^2}$

1	2	3	4	5	6	7	8	9	10
㉰	㉱	㉮	㉱	㉯	㉯	㉯	㉰	㉯	㉮
11	12	13	14	15	16	17	18	19	20
㉰	㉱	㉯	㉱	㉯	㉯	㉯	㉰	㉱	㉮

2011년도 산업기사 2회 항공역학

1. 항공기 이륙거리를 짧게 하기 위한 설명으로 옳은 것은?

   ㉮ 항공기 무게와는 관계없다.
   ㉯ 배풍(tail wind)을 받으면서 이륙한다.
   ㉰ 기관의 추력을 가능한 최대가 되도록 한다.
   ㉱ 이륙시 플랩이 항력증가의 요인이 되므로 플랩을 사용하지 않는다.

2. 아음속 영역에 해당하는 마하수 (M)의 범위는?

   ㉮ M<0.8
   ㉯ 0.8<M<1.2
   ㉰ 1.2<M<5.0
   ㉱ 5.0<M

   ▶ 아음속, 천음속, 초음속, 극초음속

3. 항공기 횡(가로)운동 중 나타날 수 있는 동적 불안정성에 대한 설명으로 틀린 것은?

   ㉮ 항공기가 방향 안정성이 결여되었을 경우 방향운동의 발산이 일어나며 외란이 주어질 경우 항공기는 회전을 하여 미끄러짐 각이 계속해서 증가하게 된다.
   ㉯ 방향과 가로 안정성이 높을 경우 나선형 발산 운동이 나타나 외란이 주어지게 되면, 항공기는 점차적으로 나선형 운동에 진입하게 된다.
   ㉰ 더치롤(Dutch roll) 진동은 같은 주파수에 서로 위상이 다른 롤과 요우방향의 진동으로 특징지어지는 가로 진동과 방향진동이 결합된 현상이다.
   ㉱ 윙록(Wing rock)이란 여러 개의 자유도에 동시에 영향을 미치는 복잡한 운동이며, 가장 기본이 되는 운동은 롤에서의 진동 현상이다.

   ▶ 나선 불안정은 정적 방향 안정성이 정적 가로 안정보도 훨씬 클 때 나타난다.

4. 항공기의 무게가 6000kgf, 날개면적이 30㎡ 인 제트기가 해발고도를 950km/h 로 수평비행하고 있을 때 추력은 몇 kgf 인가? (단, 양항비는 6 이다.)

   ㉮ 1000
   ㉯ 6000
   ㉰ 7500
   ㉱ 7800

   ▶ $T = W \cdot \dfrac{C_d}{C_L}$

5. 유체에 완전히 잠겨있는 일정한 부피(V)를 갖는 물체에 작용하는 부력을 옳게 나타낸 것은? (단, ρ 밀도, γ 비중량, 아래첨자는 해당 물질을 의미한다.)

   ㉮ $\rho_\text{유체} \times V$
   ㉯ $\gamma_\text{유체} \times V$
   ㉰ $\rho_\text{물체} \times V$
   ㉱ $\gamma_\text{물체} \times V$

   ▶ 아르키메데스의 원리: 물체를 유체에 넣었을 때 물체가 받는 부력의 크기는 물체의 부피와 같은 양의 유체에 작용하는 중력의 크기와 같다는 원리

6. 다음 중 날개길이 방향의 양력분포가 균일한 날개는?

㉮ 테이퍼 날개 ㉯ 뒤젖힘 날개
㉰ 타원형 날개 ㉱ 직사각형 날개

7. 항공기에 작용하는 공기역학적 힘, 관성력, 탄성력이 상호작용에 의하여 생기는 주기적인 불안정한 진동을 무엇이라 하는가?

㉮ 플러터(Flutter)
㉯ 피치 업(Pitch up)
㉰ 디프 실속(Deep stall)
㉱ 피치 다운(Pitch down)

8. 프로펠러의 중심으로부터 35in 위치에서 프로펠러 깃각이 25라면 기하학적 피치는 약 몇 in 인가?

㉮ 102   ㉯ 110
㉰ 1633 ㉱ 1795

● $GP = 2\pi R \cdot \tan\beta = 2\pi \cdot 35 \cdot \tan 25$

9. 전진 비행중인 헬리콥터의 진행방향 변경은 어떻게 이루어지는가?

㉮ 꼬리 회전날개를 경사시킨다.
㉯ 꼬리 회전날개의 회전수를 변경시킨다.
㉰ 주 회전날개깃의 피치각을 변경시킨다.
㉱ 주 회전날개 회전면을 원하는 방향으로 경사시킨다.

10. 다음 중 ( ) 안에 알맞은 것은?

"비행기에서 무게중심이 날개의 공기역학적 중심보다 앞쪽에 위치할수록 세로안정은 (①) 하고, 조종성은 (②)한다."

㉮ ①감소 ②증가   ㉯ ①감소 ②감소
㉰ ①증가 ②증가   ㉱ ①증가 ②감소

● 무게 중심은 공기역학적 중심보다 앞쪽에 위치할수록, 아래에 위치할수록 세로안정성이 증가한다.

11. 프로펠러 깃단(tip)에서의 슬립(slip)을 나타낸 식으로 옳은 것은?

(단, 유효피치 : $\frac{V}{n}$, 기하피치 : $\pi D \tan\beta$, D : 프로펠러 회전면 지름, β : 깃각, n : 회전수(rps), V : 비행속도이다.)

㉮ $\dfrac{\pi D \tan\beta - \dfrac{V}{n}}{\pi D \tan\beta} \times 100\%$

㉯ $\dfrac{\pi D \tan\beta + \dfrac{V}{n}}{\pi D \tan\beta} \times 100\%$

㉰ $\dfrac{\pi D \tan\beta + \dfrac{V}{n}}{\dfrac{V}{n}} \times 100\%$

㉱ $\dfrac{\pi D \tan\beta - \dfrac{V}{n}}{\dfrac{V}{n}} \times 100\%$

● $GP = 2\pi R \cdot \tan\beta = \pi D \cdot \tan\beta$, $EP = \dfrac{V}{n}$
$slip = \dfrac{GP - EP}{GP} \times 100$

12. 자동 회전과 수직 강하가 조합된 비행으로 조종간을 잡아당겨서 실속시킨 후, 방향키 페달을 한쪽만 밟아주는 조동종작으로 발생되는 비행은?

㉮ 슬립비행   ㉯ 실속비행
㉰ 스핀비행   ㉱ 선회비행

13. 프로펠러 비행기의 항속거리에 관한 설명으로 틀린 것은?

   ㉮ 연료탑재량을 늘리며 항속거리가 증가된다.
   ㉯ 프로펠러 효율이 크면 항속거리가 감소된다.
   ㉰ 연료소비율을 작게 하면 항속거리가 증가된다.
   ㉱ 양항비가 가장 작은 값으로 비행하면 항속거리가 감소된다.

14. 날개골 두께의 2등분점을 연결한 선을 무엇이라 하는가?

   ㉮ 캠버   ㉯ 앞전 반지름
   ㉰ 받음각   ㉱ 평균 캠버선

15. 헬리콥터가 정지비행 상태에서 전진비행 상태로 전환할 때 주회전날개에 의하여 추가되는 양력을 무엇이라 하는가?

   ㉮ 유도흐름(Induced flow)
   ㉯ 세차양력(Precession lift)
   ㉰ 전이양력(Translational lift)
   ㉱ 불균형양력(Dissymmetry lift)

   ● 전진 비행시에 회전 날개에 유입되는 공기 유량이 증가되고, 이 증가된 공기 유량이 회전 날개의 회전면을 통과하는 공기 질량을 증가시키고 순차적으로 양력을 증가시킨다.

16. 항공기가 경사각60°로 정상 선회할 때 발생하는 하중배수는 얼마인가?

   ㉮ 0   ㉯ 0.5
   ㉰ 1   ㉱ 2

17. 다음 중 경계층 제어와 가장 관계 깊은 날개요소는?

   ㉮ Tab   ㉯ Spoiler
   ㉰ Slot   ㉱ Split flap

18. 전리층이 존재하기 때문에 전파를 흡수, 반사하는 작용을 하여 통신에 영향을 주는 대기층은?

   ㉮ 대류권   ㉯ 중간권
   ㉰ 성층권   ㉱ 열권

19. 항공기에서 사용되는 실용상승한도(Service ceiling)란 상승률이 약 몇 m/s 가 되는 고도인가?

   ㉮ 0.1   ㉯ 0.5
   ㉰ 1.0   ㉱ 1.5

   ● 절대상승한계(Absolute ceiling) : 상승률 0
   실용상승한계(Service ceiling) : 상승률 0.5m/sec
   운용상승한계(Operating ceiling) : 상승률 2.5m/sec

20. 날개 시위선(chord line)상의 점으로서 받음각이 변화하더라도 키놀이 모멘트(pitching moment)값이 변화하지 않는 점을 무엇이라고 하는가?

   ㉮ 무게중심   ㉯ 공기력중심
   ㉰ 풍압중심   ㉱ 공력평균시위

1	2	3	4	5	6	7	8	9	10
㉰	㉮	㉯	㉮	㉯	㉰	㉮	㉮	㉱	㉱
11	12	13	14	15	16	17	18	19	20
㉮	㉰	㉯	㉱	㉰	㉱	㉰	㉱	㉯	㉯

2011년도 산업기사 4회 항공역학

1. 항공기가 세로안정성이 있다는 것은 다음 중 어느 경우에 해당하는가?

   ㉮ 받음각이 증가함에 따라 키놀이 모멘트 값이 부(-)의 값을 갖는다.
   ㉯ 받음각이 증가함에 따라 빗놀이 모멘트 값이 정(+)의 값을 갖는다.
   ㉰ 받음각이 증가함에 따라 빗놀이 모멘트 값이 부(-)의 값을 갖는다.
   ㉱ 받음각이 증가함에 따라 옆놀이 모멘트 값이 정(+)의 값을 갖는다.

   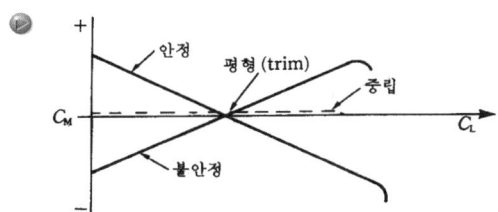

2. 옆놀이 커플링(Roll coupling)을 줄이는 방법으로 틀린 것은?

   ㉮ 방향 안정성을 증가시킨다.
   ㉯ 쳐든각 효과를 감소시킨다.
   ㉰ 정상 비행 상태에서 바람축과의 경사를 최대한 크게 한다.
   ㉱ 정상 비행 상태에서 불필요한 공력 커플링을 감소시킨다.

3. 한쪽 날개 끝에서 반대쪽 날개 끝까지 길이가 260cm 이고 날개뿌리 시위길이가 100cm 인 삼각형 날개의 가로세로비는?

   ㉮ 1.0   ㉯ 2.6
   ㉰ 5.2   ㉱ 6.0

   ● $AR = \dfrac{b}{c(MAC)} = \dfrac{260}{\frac{100}{2}}$

4. 그림과 같은 프로펠러의 한 단면에서 번호와 해당하는 명칭이 옳게 짝지어진 것은?

   (단, V : 항공기의 진행속도, V_L : 프로펠러의 회전 속도이다.)

   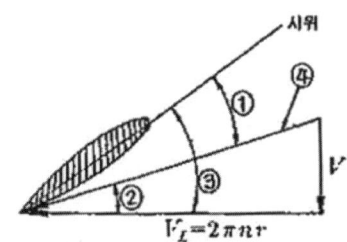

   ㉮ ① - 피치각   ㉯ ② - 받음각
   ㉰ ③ - 깃각   ㉱ ④ - 전진속도

   ● ① - 받음각   ② - 전진각(유입각, 피치각)
     ③ - 깃각   ④ - 바람 방향

5. 가로세로비가 10, 양력계수가 1.2, 스팬효율계수가 0.8인 날개의 유도항력계수는 약 얼마인가?

   ㉮ 0.018   ㉯ 0.046
   ㉰ 0.048   ㉱ 0.057

● $C_{di} = \dfrac{C_L^2}{\pi e AR} = \dfrac{1.2^2}{\pi \cdot 0.8 \cdot 10}$

6. 항공기의 승강키(Elevator) 조작은 어떤 축에 대한 운동을 하는가?

㉮ 세로축(Longitudinal Axis)
㉯ 가로축(Lateral Axis)
㉰ 방향축(Directional Axis)
㉱ 수직축(Vertical Axis)

7. 프로펠러의 추력을 나타내는 식으로 옳은 것은?
(단, A : 프로펠러의 회전면적, ρ : 공기의 밀도, V : 비행속도, υ : 프로펠러의 유도속도이다.)

㉮ $\rho A(V+\upsilon)\upsilon$ ㉯ $2\rho A(V+\upsilon)\upsilon$
㉰ $\rho A(V-\upsilon)\upsilon$ ㉱ $2\rho A(V-\upsilon)\upsilon$

8. 대기권에서 기온이 가장 낮은 층은?

㉮ 성층권   ㉯ 성층권 계면
㉰ 대류권   ㉱ 중간권 계면

9. 수평비행시 실속속도가 80km/h인 비행기가 60°로 경사 선회한다면 이 때 실속속도는 약 몇 km/h 인가?

㉮ 90   ㉯ 109
㉰ 113   ㉱ 120

● $V_{ts} = \dfrac{V_s}{\sqrt{\cos\theta}} = \dfrac{80}{\sqrt{\cos 60}}$

10. 항공기 왕복기관의 상승비행시 마력의 관계로 옳은 것은?

㉮ 이용마력과 필요마력이 같다.
㉯ 이용마력이 필요마력보다 크다.
㉰ 이용마력이 필요마력보다 작다.
㉱ 이용마력이 필요마력의 1.5배가 되었을 때 상승비행을 멈춘다.

11. 방향안정성과 관련한 설명으로 틀린 것은?

㉮ 수직꼬리날개의 위치를 비행기의 무게중심으로부터 멀리 할수록 방향안전성이 증가한다.
㉯ 도살핀(Dorsal fin)을 붙여주면 큰 옆미끄럼각에서 방향안정성이 좋아진다.
㉰ 가로 및 방향진동이 결합된 옆놀이 및 빗놀이의 주기 진동을 더치롤(Dutch roll)이라 한다.
㉱ 단면이 유선형인 동체는 일반적으로 무게중심이 동체의 1/4 지점 후방에 위치하면 방향안정성이 좋다.

12. 일반적으로 비행기가 실속에 가까워지면 흐름의 박리에 의해 발생된 후류가 날개나 기체 등을 진동시키는 현상을 무엇이라 하는가?

㉮ 버즈(Buzz)
㉯ 실속(Stall)
㉰ 버핏(Buffet)
㉱ 항력발산(Drag divergence)

13. 항공기의 속도를 V 라 할 때 항력은 속도와 어떤 관계를 갖는가?

㉮ V에 비례
㉯ V^2에 비례
㉰ $\sqrt{V}$에 비례
㉱ $\sqrt{V}$에 반비례

▶ $D = C_d \frac{1}{2} \rho V^2 S$

14. 다음의 제원 및 성능을 가진 프로펠러 비행기의 항속거리는 약 몇 km 인가?

- 프로펠러 효율 : 0.7
- 연료무게 : 5000kg
- 양항비 : 7.0
- 이륙무게 : 11300kg
- 연료소비율 : 0.25kg/HP·h

㉮ 2502 ㉯ 3007
㉰ 3514 ㉱ 4005

▶ $R = \frac{540 \cdot \eta}{c} \cdot \frac{C_L}{C_d} \cdot \frac{W_1 - W_2}{W_1 + W_2} (km)$
$= \frac{540 \cdot 0.7}{0.25} \cdot 7 \cdot \frac{11300 - 6300}{11300 + 6300}$

15. 다음 중 헬리콥터의 비행시 발생할 수 있는 현상이 아닌 것은?

㉮ 턱언더 ㉯ 코리오리스 효과
㉰ 지면효과 ㉱ 자이로 세차운동

16. 등가대기속도(V_e)와 진대기속도(V)에 대 설명으로 옳은 것은?

(단, 밀도비 $\sigma = \frac{\rho}{\rho_o}$, P_t : 전압, P_s : 정압, ρ_o : 해면고도 밀도, ρ : 현재고도 밀도이다.)

㉮ 표준대기의 대류권에서 고도가 증가할수록 진대기속도가 등가대기속도보다 빠르다.
㉯ 등가대기속도는 고도에 따른 온도변화를 고려한 속도이다.
㉰ 등가대기속도와 진대기속도의 관계는 $V_e = \sqrt{\frac{V}{\sigma}}$ 이다.
㉱ 베르누이의 정리를 이용하여 등가대기속도를 나타내면 $V_e = \sqrt{\frac{(P_t - P_s)}{\rho_o}}$ 이다.

▶ $V = V_e \sqrt{\frac{\rho_0}{\rho}} = \frac{V_e}{\sqrt{\sigma}}$, $V_e = \sqrt{\frac{2(P_t - P_e)}{\rho_0}}$

17. 항공기가 이륙 후 비행방향에 대해서 양력과 중력이 같고 추력과 항력이 동일하다면 항공기의 운동은?

㉮ 공중에 정지한다.
㉯ 수평 가속비행을 한다.
㉰ 수평 등속비행을 한다.
㉱ 등속 상승비행을 한다.

18. 헬리콥터는 제자리비행시 균형을 맞추기 위해서 주회전날개 회전면이 회전 방향에 따라 동체의 좌측이나 우측으로 기울게 되는데, 이는 어떤 성분의 역학적 평형을 맞추기 위해서인가? (단, x, y, z는 기체축(동체축) 정의를 따른다.)

㉮ x축 모멘트의 평형
㉯ x축 힘의 평형
㉰ y축 모멘트의 평형
㉱ y축 힘의 평형

19. 항공기의 이착륙 성능에 대한 설명으로 틀린 것은?

㉮ 일반적으로 이륙속도는 실속속도(power-off 시)의 1.2배로 한다.
㉯ 항공기가 이륙할 때 정풍(Head wind)을 받으면 이륙거리와 이륙시간이 짧아진다.

㉰ 항공기가 착륙할 때 항공기가 장애물고도 위치에서 접지할 때까지의 수평거리를 착륙공중거리라 한다.
㉱ 항공기가 이륙할 때 항공기의 이륙거리는 지상활주거리를 말한다.

▶ 이륙거리＝지상활주거리＋상승거리

20. 항공기 속도와 소리 속도의 비를 나타낸 무차원 수는?

㉮ 마하수 ㉯ 프루드수
㉰ 웨버수 ㉱ 레이놀즈수

1	2	3	4	5	6	7	8	9	10
㉮	㉰	㉰	㉰	㉱	㉯	㉯	㉱	㉰	㉯
11	12	13	14	15	16	17	18	19	20
㉱	㉰	㉯	㉯	㉮	㉮	㉰	㉱	㉱	㉮

2012년도 산업기사  1회 항공역학

1. 제트류는 일정한 방향과 속도로 부는데, 지구 북반구의 경우 제트류가 발생하는 대기층, 방향, 평균속도로 옳은 것은?

   ㉮ 성층권, 동에서 서로, 약 37m/s
   ㉯ 성층권, 서에서 동으로, 약 37m/s
   ㉰ 대류권, 서에서 동으로, 약 60m/s
   ㉱ 성층권, 서에서 동으로, 약 60m/s

2. 그림과 같은 하강하는 항공기의 힘이 성분 (A)에 옳은 것은?

   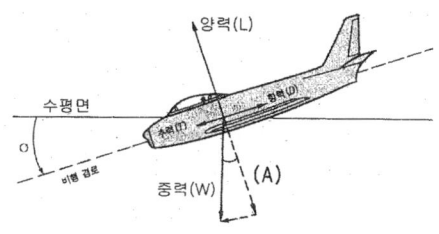

   ㉮ $W\sin\emptyset$
   ㉯ $W\cos\emptyset$
   ㉰ $W\tan\emptyset$
   ㉱ $\dfrac{W}{\sin\theta}$

   ▶ 하강 비행시 힘의 관계식
   $T = D - W\sin\emptyset$, $L = W\cos\emptyset$

3. 비행기의 무게가 5000kgf이고 기관출력이 400HP이다. 프로펠러 효율 0.85로 등속 수평 비행을 한다면 이때 비행기의 이용마력은 몇HP 인가?

   ㉮ 340   ㉯ 370
   ㉰ 415   ㉱ 460

   ▶ $P_a = \eta_p \times BHP$

4. 비행기의 속도가 2배가 되면 필요한 조종력은 처음의 얼마가 필요한가?

   ㉮ 1/2   ㉯ 1배
   ㉰ 2배   ㉱ 4배

   ▶ $F = K \cdot He = K \cdot C_h \dfrac{1}{2}\rho V^2 S \cdot C$

5. 고정 날개 항공기의 자전운동(autorotation)과 연관된 특수 비행 성능은?

   ㉮ 선회 운동
   ㉯ 스핀(Spin) 운동
   ㉰ 키돌이(Loop) 운동
   ㉱ 온 파이런(On pylon) 운동

6. 항공기의 총 중량 24000kgf의 75%가 주(제동)바퀴에 작용한다면 마찰계수 0.7일 때 주바퀴의 최소 제동력은 몇kgf 이어야 하는가?

   ㉮ 5250   ㉯ 6300
   ㉰ 12600   ㉱ 25200

7. 선회 비행시 외측으로 슬립(Slip)하는 가장 큰 이유는?

   ㉮ 경사각이 작고 구심력이 원심력보다 클 때
   ㉯ 경사각이 크고 구심력이 원심력보다 작을 때

㉰ 경사각이 크고 원심력이 구심력보다 작을 때
㉱ 경사각이 작고 원심력이 구심력보다 클 때

8. 프로펠러의 추력에 대한 설명으로 옳은 것은?

㉮ 프로펠러의 추력은 공기밀도에 비례하고 회전면의 넓이에 반비례한다.
㉯ 프로펠러의 추력은 회전면의 넓이에 비례하고 깃의 선속도 제곱에 반비례 한다.
㉰ 프로펠러의 추력은 공기밀도에 반비례하고 회전면의 넓이에 비례한다.
㉱ 프로펠러의 추력은 회전면의 넓이에 비례하고 깃의 선속도 제곱에 비례한다.

▶ $T = C_t \rho n^2 D^4,\ Q = C_q \rho n^2 D^5,\ P = C_p \rho n^3 D^5$

9. 비행기가 1500m 상공에서 양항비 10인 상태로 활공한다면 최대 수평 활공 거리는 몇 m인가?

㉮ 1500　　㉯ 2000
㉰ 15000　　㉱ 20000

▶ $\tan\theta = \dfrac{고도}{수평활공거리} = \dfrac{1}{양항비}$

10. 다음 중 비행기의 가로안정성에 가장 적은 영향을 주는 것은?

㉮ 쳐든각　　㉯ 동체
㉰ 프로펠러　　㉱ 수직꼬리날개

11. 헬리콥터에서 발생되는 지면효과의 장점이 아닌 것은?

㉮ 양력의 크기가 증가한다.
㉯ 많은 중량을 지탱 할 수 있다.
㉰ 회전 날개깃의 받음각이 증가한다.
㉱ 기체의 흔들림이나 추력 변화가 감소한다.

12. 날개의 가로세로비가 8, 시위의 길이 0.5m 인 직사각형 날개를 장착한 무게 200kgf의 항공기가 해발고도로 등속수평비행하고 있다. 최대양력계수가 1.4일 때 비행 가능한 최소 속도는 몇 m/s인가?

(단, 밀도는 1.225kg/㎥이다.)

㉮ 5.40　　㉯ 16.90
㉰ 23.90　　㉱ 33.81

▶ $V_s = \sqrt{\dfrac{2W}{\rho S C_{Lmax}}} = \sqrt{\dfrac{2 \times 200}{0.125 \times 2 \times 1.4}}$
$(AR = \dfrac{b}{c},\ \therefore b = AR \times c = 8 \times 0.5,$
$S = b \times c = 4 \times 0.5 = 2)$
$\rho = 1.225 kg_m/m^3 = 0.125 kg_f \cdot \sec^2/m^4)$

13. 항공기에서 발생하는 항력 중 아음속 비행시 발생하지 않는 것은?

㉮ 유도항력　　㉯ 마찰항력
㉰ 형상항력　　㉱ 조파항력

14. 정상수평 비행에서 평형상태의 피칭모멘트계수 C_{Mcg}의 값은?

㉮ -1　　㉯ 0
㉰ 1　　㉱ 2

15. 다음 중 일반적으로 단면 형태가 다른 것은?

㉮ 도움날개　　㉯ 방향키
㉰ 피토튜브　　㉱ 프로펠러깃

16. 프로펠러 항공기의 추력과 속도와의 관계로 틀린 것은?

㉮ 저속에서 프로펠러 후류의 영향은 없다.
㉯ 비행속도가 감소하면 이용추력은 증가한다.
㉰ 추력이 증가하면 프로펠러 후류 속도가 증가한다.
㉱ 비행속도가 실속속도부근에서는 후류 영향이 최대값이 된다.

17. 17°로 상승하는 항공기 날개의 붙임각이 3°이고 받음각이 3°일 때 항공기의 수평선과 날개의 시위선이 이루는 각도는 몇 도인가?

㉮ 17   ㉯ 20
㉰ 23   ㉱ 26

18. 날개의 시위 길이 2m, 대기 속도 300km/h, 공기의 동점성계수가 0.15cm²/s 일때 레이놀즈 수는 얼마인가?

㉮ 1.1×10^7 ㉯ 1.4×10^7
㉰ 1.1×10^6 ㉱ 1.4×10^6

19. 다음 중 프로펠러의 효율(η)을 표현한 식으로 틀린 것은?

(단, T : 추력, D : 지름, V : 비행속도 J : 진행률, n : 회전수, P : 동력, C_P : 동력계수, C_T : 추력계수이다.)

㉮ $\eta = \dfrac{P}{TV}$ ㉯ $\eta = \dfrac{C_T}{C_P} \dfrac{V}{nD}$

㉰ $\eta = \dfrac{C_T}{C_P} J$ ㉱ $\eta < 1$

● $\eta_p = \dfrac{TV}{P} = \dfrac{C_T \rho n^2 D^4 V}{C_P \rho n^3 D^5} = \dfrac{C_P}{C_T} \dfrac{V}{nD} = \dfrac{C_P}{C_T} J$

20. 날개골 (Airfoil)의 정의로 옳은 것은?

㉮ 날개의 단면
㉯ 날개가 굽은 정도
㉰ 최대두께를 연결한 선
㉱ 앞전과 뒷전을 연결한 선

1	2	3	4	5	6	7	8	9	10
㉯	㉯	㉮	㉱	㉯	㉰	㉱	㉱	㉰	㉰
11	12	13	14	15	16	17	18	19	20
㉱	㉱	㉱	㉯	㉰	㉮	㉯	㉮	㉮	㉮

2012년도 산업기사 2회 항공역학

1. 다음 중 비행기의 안정성과 조종성에 관한 설명으로 가장 옳은 것은?

   ㉮ 안정성과 조종성은 상호간에 정비례한다.
   ㉯ 정적 안정성이 증가하면 조종성도 증가된다.
   ㉰ 비행기의 안정성은 크면 클수록 바람직하다.
   ㉱ 안정성과 조종성은 서로 상반되는 성질을 나타낸다.

2. 비행기 날개에 작용하는 양력과 공기의 유속과의 관계를 옳게 설명한 것은?

   ㉮ 공기의 유속과는 관계없다.
   ㉯ 공기의 유속에 반비례한다.
   ㉰ 공기의 유속의 제곱에 비례한다.
   ㉱ 공기의 유속의 3제곱에 비례한다.

3. 100 lbs의 항력을 받으며 200 mph로 비행하는 비행기가 같은 자세로 400 mph로 비행시 작용하는 항력은 약 몇 lbs인가?

   ㉮ 225   ㉯ 300
   ㉰ 325   ㉱ 400

   ● 양력과 항력은 유속의 제곱에 비례한다.

4. 저속으로 비행기가 키돌이(loop) 비행을 시작하기 위한 조작으로 가장 적합한 것은?

   ㉮ 조종간을 당겨 비행기를 상승시켜 속도를 증가시킨다.
   ㉯ 조종간을 당겨 비행기를 상승시켜 속도를 감소시킨다.
   ㉰ 조종간을 밀어 비행기를 하강시켜 속도를 증가시킨다.
   ㉱ 조종간을 밀어 비행기를 하강시켜 속도를 감소시킨다.

   ● 키돌이(loop)는 기수를 조절하여 완전한 360도 회전을 하는 기동술이다. 저속에서 기수를 들어주는 루프 기동은 불가능하다.

5. 항공기에 장착된 도살핀(dorsal fin)이 손상되었다면 다음 중 가장 큰 영향을 받는 것은?

   ㉮ 가로 안정   ㉯ 동적 세로 안정
   ㉰ 방향 안정   ㉱ 정적 세로 안정

6. 국제 표준 대기에서 평균 해발 고도에서 특성값을 틀리게 짝지은 것은?

   ㉮ 온도 : 20 ℃
   ㉯ 압력 : 1013 hpa
   ㉰ 밀도 : 1.225 kg/m3
   ㉱ 중력가속도 : 9.8066 m/s2

7. 중량 3200 kgf 인 비행기가 경사각 30℃로 정상 선회를 하고 있을 때 이 비행기의 원심력은 약 몇 kgf 인가?

㉮ 1600 ㉯ 1847
㉰ 2771 ㉱ 3200

▶ $\tan\theta = \dfrac{CF}{W}$, $\therefore CF = W \cdot \tan\theta$

8. 다음 중 항력 발산 마하수를 높게 하기 위한 날개를 설계할 때 옳은 것은?

㉮ 쳐든 각을 크게 한다.
㉯ 날개에 뒤젖힘각을 준다.
㉰ 두꺼운 날개를 사용한다.
㉱ 가로세로비가 큰 날개를 사용한다.

▶ 항력발산마하수(Drag divergence Mach number) : 임계 마하수보다 조금 큰 마하수로서, 날개의 항력이 갑자기 증가하기 시작할 때의 마하수

9. 항공기에서 피토관(pitot tube)을 이용하여 속도 측정을 할 때 이용되는 공기압은?

㉮ 정압, 전압   ㉯ 대기압, 정압
㉰ 정압, 동압   ㉱ 동압, 대기압

▶ 전압, 정압 이용 계기: 속도계
정압만 이용 계기: 고도계, 승강계

10. 헬리콥터에서 양력 불균형 현상이 일어나지 않도록 주회전 날개 깃의 플래핑 작용의 결과로 나타내는 현상은?

㉮ 사이클릭 페더링
㉯ 원추 현상
㉰ 후진 블레이드 실속
㉱ 블로우 백

11. 헬리콥터가 지상 가까이에 있을 경우 회전 날개를 지난 흐름이 지면에 부딪혀 헬리콥터와 지면 사이에 존재하는 공기를 압축시켜 추력이 증가하는 현상을 무엇이라 하는가?

㉮ 지면 효과   ㉯ 페더링 효과
㉰ 플래핑 효과 ㉱ 정지비행 효과

12. 비행기가 옆 미끄럼 상태에 들어갔을 때의 설명으로 옳은 것은?

㉮ 수직 꼬리 날개의 받음각에는 변화가 없다.
㉯ 수평 꼬리 날개의 옆 미끄럼 힘이 발생한다.
㉰ 무게중심에 대한 빗놀이 모멘트가 발생한다.
㉱ 비행기의 기수를 상대풍과 반대방향으로 이동시키려는 힘이 발생한다.

13. 제트 비행기의 장애물 고도는 약 몇 ft 인가?

㉮ 10   ㉯ 15
㉰ 35   ㉱ 50

14. 프로펠러의 직경이 2m, 회전속도 2400 rpm, 비행속도 720 km/h 일 때 진행율은 얼마인가?

㉮ 1.5   ㉯ 2.5
㉰ 3.5   ㉱ 4.5

▶ $J = \dfrac{V}{nD} = \dfrac{\frac{720}{3.6}}{\frac{2400}{60} \cdot 2}$

15. 다음 중 제트항공기가 최대항속시간으로 비행하기 위한 조건으로 옳은 것은?

㉮ $\left(\dfrac{C_L}{C_D}\right)$ 최대   ㉯ $\left(\dfrac{C_L}{C_D}\right)$ 최소

㉰ $(\frac{C_L}{C_D^{\frac{1}{2}}})$ 최대   ㉱ $(\frac{C_L}{C_D^{\frac{1}{2}}})$ 최소

● Prop기의 최대항속시간 비행조건: $(\frac{C_L^{\frac{3}{2}}}{C_D})$

16. 프로펠러의 비틀림 응력 중 원심력에 의한 비틀림은 깃을 어느 방향으로 비트는가?

㉮ 원주 방향
㉯ 피치를 적게 하는 방향
㉰ 허브 중심 방향
㉱ 피치를 크게 하는 방향

● 공기력 비틀림 모멘트: 피치를 크게 하는 방향으로 작용

17. 항공기의 압력중심(Center of pressure)j에 대한 설명으로 틀린 것은?

㉮ 받음각에 따라 위치가 이동되지 않는다.
㉯ 항공기 날개에 발생하는 합성력의 작용점이다.
㉰ 받음각이 커짐에 따라 위치가 앞으로 변화한다.
㉱ 받음각이 작아짐에 따라 위치가 뒤로 이동한다.

18. 비행속도가 300m/s 인 항공기가 상승각 30°로 상승비행시 상승률은 몇 m/s 인가?

㉮ 100   ㉯ 150
㉰ $150\sqrt{3}$ ㉱ 200

19. 압축성 유체에서 연속의 법칙을 옳게 나타낸 식은? (단, S, V, ρ는 각각 단면적, 유속, 밀도를 나타내고, 첨자 1,2는 각 단면의 위치를 나타낸다.)

㉮ $\rho_1 V_1 = \rho_2 V_2$
㉯ $S_1 \rho_1 = S_2 \rho_2$
㉰ $S_1 V_1 = S_2 V_2$
㉱ $S_1 V_1 \rho_1 = S_2 V_2 \rho_2$

20. 직사각 날개의 가로세로비를 나타내는 것으로 틀린 것은? (단, c : 날개의 코드, b : 날개의 스팬, S : 날개 면적)

㉮ $\frac{b}{c}$ ㉯ $\frac{b^2}{S}$
㉰ $\frac{S}{c^2}$ ㉱ $\frac{S^2}{bc}$

1	2	3	4	5	6	7	8	9	10
㉱	㉰	㉱	㉰	㉮	㉯	㉯	㉮		㉱
11	12	13	14	15	16	17	18	19	20
㉮	㉰	㉰	㉯	㉮	㉯	㉮	㉯	㉱	㉱

2012년도 산업기사 4회 항공역학

1. 공기 중에서 음파의 전파 속도를 나타낸 식으로 틀린 것은 ? (단, p : 압력, ρ : 밀도, R : 기체상수, T : 온도, k : 공기의 비열비이다.)

㉮ $\sqrt{pT}$　　㉯ $\sqrt{\dfrac{dp}{d\rho}}$

㉰ $\sqrt{\dfrac{kp}{\rho}}$　　㉱ $\sqrt{kRT}$

2. 다음 중 정적으로 안정된 항공기에 해당하는 것은?

(단, C_M : 피칭 모멘트 계수, α : 받음각이다.)

㉮ C_M 이 α 에 대한 기울기가 + 값일 경우
㉯ C_M 이 α 에 대한 기울기가 - 값일 경우
㉰ C_M 이 α 에 대한 기울기가 0 값일 경우
㉱ C_M 이 α 에 대한 기울기가 1 값일 경우

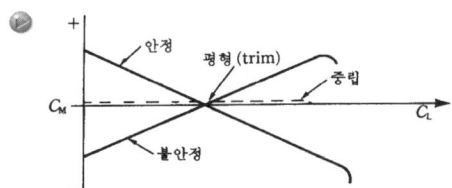

3. 4자 계열 날개골 NACA 2315는 최대캠버가 앞전에서부터 시위길이의 몇 % 정도에 위치한 날개골인가 ?

㉮ 10　　㉯ 20
㉰ 30　　㉱ 40

4. 성층권 아래층의 기온은 높이에 관계없이 대체로 일정하지만 위층에서는 높아지는데 그 이유로 옳은 것은 ?

㉮ 구름이 없기 때문
㉯ 대기에 불순물이 있기 때문
㉰ 밀도가 높고 질소의 양이 많기 때문
㉱ 오존층이 있어 자외선을 흡수하기 때문

5. 항공기의 항속거리가 3600km 이고, 항속시간이 2시간이며, 비행 중 연료소비량이 4000kgf 이라면, 이 항공기의 비항속거리(Specific range)는 몇 m/kgf 인가 ?

㉮ 900　　㉯ 1200
㉰ 1800　　㉱ 1600

▶ $\dfrac{3600 \times 1000}{4000}$ (m/kgf)

6. 중량이 일정한 항공기가 등속도 수평 비행을 할 경우 항공기의 추력과 양항비(Lift-drag range)와의 관계를 가장 옳게 설명한 것은 ?

㉮ 추력은 양항비에 비례한다.
㉯ 추력은 양항비에 반비례한다.
㉰ 추력은 양항비의 제곱에 비례한다.
㉱ 추력은 양항비의 제곱에 반비례한다.

▶ $T = W \cdot \dfrac{C_d}{C_L}$

7. 프로펠러에 작용하는 토크(torque)의 크기를 옳게 나타낸 것은 ? (단, ρ : 공기밀도, n : 프

로펠러 회전수, C_q : 토크계수, D : 프로펠러의 지름이다.)

㉮ $C_q \rho n^2 D^5$ ㉯ $C_q \rho n D$
㉰ $\dfrac{C_q D^2}{\rho n}$ ㉱ $\dfrac{\rho n}{C_q D^2}$

● $T = C_t \rho n^2 D^4,\ Q = C_q \rho n^2 D^5,\ P = C_p \rho n^3 D^5$

8. 비행 중 저피치와 고피치 사이의 무한한 피치를 선택할 수 있어 비행속도나 기관출력의 변화에 관계없이 프로펠러의 회전속도를 항상 일정하게 유지하여 가장 좋은 효율을 유지하는 프로펠러의 종류는?

㉮ 고정피치 프로펠러
㉯ 정속 프로펠러
㉰ 조정피치 프로펠러
㉱ 2단 가변피치 프로펠러

9. 비행기의 조종간에 걸리는 힘을 작게 하기 위해서 힌지 모멘트를 조절하기 위한 장치로 가장 부적합한 것은?

㉮ 스포일러(Spoiler)
㉯ 서보 탭(Servo tab)
㉰ 혼 밸런스(Horn balance)
㉱ 앞전 밸런스(Leading edge balance)

10. 헬리콥터 전진비행성능에 가장 영향을 적게 주는 요소는?

㉮ 밀도고도
㉯ 바람의 속도
㉰ 지면효과
㉱ 헬리콥터의 총 중량

11. 전진 비행하는 헬리콥터의 주회전날개에서 플래핑운동에 대한 설명으로 틀린 것은?

㉮ 전진 블레이드와 후진 블레이드의 받음각을 변화 시킨다.
㉯ 전진 블레이드와 후진 블레이드의 상대속도차 이에 의해 양력차이가 발생한다.
㉰ 전진 블레이드와 후진 블레이드의 양력차이를 해소한다.
㉱ 전진 블레이드와 후진 블레이드의 회전수 차에 의해 발생한다.

12. 공기가 아음속으로 관내를 흐를 때 관의 단면적이 점차로 증가 한다면 이때 전압(Total pressure)은?

㉮ 일정하다.
㉯ 점차 증가한다.
㉰ 감소하다가 증가한다.
㉱ 점차 감소한다.

● $P + \dfrac{1}{2}\rho V^2 = P_t = constant$

13. 비행기가 230km/h로 수평비행 할 때 비행기의 상승률이 10m/s라고 하면, 이 비행기 상승각은 약 몇 °인가?

㉮ 4.8 ㉯ 7.2
㉰ 9.0 ㉱ 12.0

● $\sin\theta = \dfrac{\text{상승률}(RC)}{\text{항공기속도}},\ \therefore \theta = \sin^{-1}\left(\dfrac{10}{\dfrac{230}{3.6}}\right)$

14. 다음 중 수평선회에 대한 설명으로 틀린 것은?

㉮ 선회반경은 속도가 클수록 커진다.
㉯ 경사각이 크면 선회반경은 작아진다.

㉰ 경사각이 클수록 하중배수는 커진다.
㉱ 선회시 실속속도는 수평비행 실속속도 보다 작다.

● 선회시의 실속속도, $V_{st} = \dfrac{V_S}{\sqrt{\cos\theta}}$

15. 수직 꼬리날개가 실속하는 큰 옆미끄럼각에서도 방향 안정성을 유지하기 위하여 사용되는 장치는?

㉮ 플랩(flap)   ㉯ 도살핀(dosal pin)
㉰ 러더(rudder) ㉱ 스포일러(spoiler)

16. 날개의 면적을 유지하면서 가로세로비만 4배로 증가시켰을 때 이 비행기의 유도항력계수는 어떻게 되는가?

㉮ 4배 증가한다.
㉯ 1/2 로 감소한다.
㉰ 1/4 로 감소한다.
㉱ 1/16 로 감소한다.

● 유도항력 계수, $C_{di} = \dfrac{C_L^2}{\pi e AR}$

17. 다음 중 이륙 시 활주거리를 줄일 수 있는 조건으로 틀린 것은?

㉮ 추력을 최대로 한다.
㉯ 날개하중을 작게 한다.
㉰ 고양력 장치를 사용한다.
㉱ 고도가 높은 비행장에서 이륙한다.

● 밀도는 양력과 비례하고 고도와 반비례한다.

18. 원통의 회전에 의해 생긴 순환이 선형흐름과 조합될 경우 양력이 발생하게 되는데 이러한 효과를 무엇이라 하는가?

㉮ 마그너스 효과   ㉯ 마찰 효과
㉰ 실속 효과   ㉱ 점성 효과

● (Magnus effect) Kutta-Joukowsky 양력,
$L = \rho V \Gamma$ (Γ는 vortex의 세기)

19. 공기 유동이 날개의 표면을 따라 흐르다가 날개의 표면에서 떨어지는 것을 무엇이라 하는가?

㉮ 천이(Transition)
㉯ 박리(Separation)
㉰ 난류(Turbulent)
㉱ 간섭(Interference)

20. 받음각이 실속각보다 클 경우에 날개에 가벼운 옆놀이 운동이나 교란을 주면 날개는 회전을 시작하고 회전은 점점 빨라져서 일정 회전수로 회전을 하게 되는데 고정익 항공기에서는 스핀이라고도 하는 현상은?

㉮ 자전 현상   ㉯ 공전 현상
㉰ 실속 현상   ㉱ 키놀이 현상

1	2	3	4	5	6	7	8	9	10
㉮	㉯	㉰	㉱	㉮	㉯	㉰	㉯	㉮	㉰
11	12	13	14	15	16	17	18	19	20
㉱	㉮	㉰	㉯	㉰	㉱	㉱	㉮	㉯	㉮

2013년도 산업기사 1회 항공역학

1. 유체의 연속방정식에 관한 설명으로 틀린 것은?

㉮ 압축성의 영향을 무시하면 밀도 변화는 없다.
㉯ 단면적을 통과하는 단위시간당 유체의 질량을 질량유량 이라고 한다.
㉰ 아음속의 일정한 유체흐름에서 단면적이 작아지면 유체속도는 감소한다.
㉱ 관내 흐름이 정상흐름이면 동일관내 임의의 두 단면에서 각각의 질량유량은 동일하다.

2. 제트기가 최대 항속거리를 비행하기 위한 항공기의 비행 상태는? (단, CL 은 력계수, CD 는 항력계수)

㉮ CL/CD이 최소의 상태
㉯ CL/CD이 최대의 상태
㉰ CL1.5/CD이 최대의 상태
㉱ $C_L^{\frac{1}{2}}$/CD 이 최대의 상태

▶

	프로펠러기	제트기
항속 거리(range)를 최대로 하는 조건	$\left(\dfrac{C_L}{C_D}\right)_{max}$	$\left(\dfrac{C_L^{\frac{1}{2}}}{C_D}\right)_{max}$

3. 그림과 같은 날개의 단면에서 시위선은?

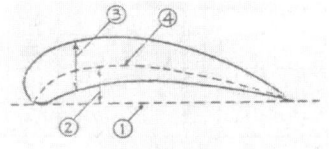

㉮ 1   ㉯ 2
㉰ 3   ㉱ 4

▶ 2-캠버(camber), 3-두께(thickness), 4-평균 캠버선(mean camber line)

4. 다음 중 프로펠러의 추력을 계산하는 식으로 옳은 것은? (단, Ct 는 추력계수, n 은 프로펠러 회전속도, D 는 프로펠러의 지름, ρ는 공기밀도를 나타낸다.)

㉮ $C_t\rho n^2 D^4$ ㉯ $C_t\rho n^2 D^3$
㉰ $C_t\rho n^3 D^4$ ㉱ $C_t\rho n^2 D^5$

▶ $T = ma = \rho A V^2 = \rho(\dfrac{\pi D^2}{4})(\pi D n)^2 = C_t\rho n^2 D^4$

5. 항공기의 세로 안정성(static longitudinal stability)을 좋게 하기 위한 방법으로 틀린 것은?

㉮ 꼬리날개 면적을 크게 한다.
㉯ 꼬리날개의 효율을 작게 한다.
㉰ 날개를 무게 중심보다 높은 위치에 둔다.
㉱ 무게 중심을 공기역학적 중심보다 전방에 위치시킨다.

6. 항공기를 오른쪽으로 선회시킬 경우 가해주어야 할 힘은? (단, 오른쪽 방향으로 양(+)으로 한다.)

㉮ 양(+)피칭 모멘트
㉯ 음(-)롤링 모멘트

㈐ 제로(0)롤링 모멘트
㈑ 양(+)롤링 모멘트

● 모멘트의 양(+)의 값 : 피칭 모멘트-기수 상향
 롤링 모멘트 : 동체 우측으로 회전
 요잉 모멘트 : 기수 우측으로 선회

7. 헬리콥터에서 직교하는 세 개의 X, Y, Z축에 대한 모든 힘과 모멘트 합이 각각 0 이 되는 상태를 무엇이라 하는가?

㈎ 전진상태   ㈏ 균형상태
㈐ 자전상태   ㈑ 회전상태

8. 다음 중 프로펠러 효율을 높이는 방법으로 가장 옳은 것은?

㈎ 저속과 고속에서 모두 큰 깃각을 사용한다.
㈏ 저속과 고속에서 모두 작은 깃각을 사용한다.
㈐ 저속에서는 작은 깃각을 사용하고 고속에서는 큰 깃각을 사용한다.
㈑ 저속에서는 큰 깃각을 사용하고 고속에서는 작은 깃각을 사용한다.

● 가변피치 프로펠러 (저피치: 저속시-이착륙시, 고피치: 고속시-순항시)

9. 비행기의 무게가 1500kgf 이고, 날개면적이 40㎡, 최대 양력계수가 1.5 일 때 착륙속도는 몇 m/s 인가? (단, 공기밀도는 0.125kgf·s²/m⁴ 이고, 착륙속도는 실속속도의 1.2배로 한다.)

㈎ 10   ㈏ 16
㈐ 20   ㈑ 24

● $V = 1.2 V_s = 1.2 \times \sqrt{\dfrac{2W}{\rho S C_{Lmax}}}$

 $= 1.2 \times \sqrt{\dfrac{2 \cdot 1500}{0.125 \cdot 40 \cdot 1.5}}$

10. 다음 중 가장 큰 조종력이 필요한 경우는?

㈎ 비행속도가 느리고 조종면의 크기가 큰 경우
㈏ 비행속도가 느리고 조종면의 크기가 작은 경우
㈐ 비행속도가 빠르고 조종면의 크기가 큰 경우
㈑ 비행속도가 빠르고 조종면의 크기가 작은 경우

● $F = K \cdot H = K \cdot C_h \dfrac{1}{2} \rho V^2 S \cdot c$, 즉 조종력은 비행 속도에 가장 큰 영향을 받는다.

11. 헬리콥터의 원판하중(Disk loading : DL)을 옳게 나타낸 것은? (단, W는 헬리콥터 무게, R 은 주회전날개의 반지름이다.)

㈎ $\dfrac{W}{2\pi R}$ ㈏ $\dfrac{W}{2\pi R^2}$
㈐ $\dfrac{W}{\pi R}$ ㈑ $\dfrac{W}{\pi R^2}$

12. 다음 중 항공기의 상승률과 하강율에 가장 큰 영향을 주는 것은?

㈎ 받음각   ㈏ 잉여마력
㈐ 가로세로비   ㈑ 비행자세

● RC(상승률) $= \dfrac{75(Pa - Pr)}{W} = \dfrac{75 \cdot Pe}{W}$

13. 무게가 3000kgf 인 항공기가 경사각 30°,

150km/h 의 속도로 정상선회를 하고 있을 때 선회반지름은 약 몇 m인가?

㉮ 218 ㉯ 307
㉰ 436 ㉱ 604

● $R = \dfrac{V^2}{g \cdot \tan\phi} = \dfrac{(\frac{150}{3.6})^2}{9.8 \cdot \tan 30}$

14. 항공기 무게 5000kgf, 날개면적 40m², 속도 100m/s, 밀도 1/2 kgf·s²/m⁴, 양력계수 0.5 일 때 양력은 몇 kgf 인가?

㉮ 40000 ㉯ 45000
㉰ 50000 ㉱ 60000

● $L = C_L \dfrac{1}{2}\rho V^2 S = 0.5 \cdot \dfrac{1}{2} \cdot \dfrac{1}{2} \cdot 100^2 \cdot 40$

15. 대기의 특성 중 음속에 가장 직접적인 영향을 주는 물리적 요소는?

㉮ 온도   ㉯ 밀도
㉰ 기압   ㉱ 습도

16. 초음속 전투기는 큰 관성커플링을 일으켜 받음각과 옆미끄럼각을 계속 증가시켜 발산하게 되는데 이를 무엇이라 하는가?

㉮ 키놀이 커플링   ㉯ 공력 커플링
㉰ 빗놀이 커플링   ㉱ 옆놀이 커플링

17. 해면상 표준대기에서의 정압(Static pressure)의 값으로 틀린 것은?

㉮ 0 kg/m²   ㉯ 2116.21695lb/ft²
㉰ 29.92in·Hg   ㉱ 1013mbar

18. 이륙중량이 1500kgf, 기관출력이 200hp 인 비행기가 5000m 고도를 50% 의 출력으로 270km/h 등속도 순항비행 하고 있을 때 양항비는 얼마인가?

㉮ 5   ㉯ 10
㉰ 15 ㉱ 20

● $T = W \cdot \dfrac{1}{양항비}$,

∴ 양항비 $= \dfrac{W}{T} = \dfrac{W}{\dfrac{75 \cdot P_a}{V}} = \dfrac{1500}{\dfrac{75 \cdot 200 \cdot 0.5}{\frac{270}{3.6}}}$

19. 날개의 항력발산(Drag divergence)마하수를 높이기 위한 적절한 방법이 아닌 것은?

㉮ 날개를 워시 인(Wash in) 해준다.
㉯ 가로세로비가 작은 날개를 사용한다.
㉰ 날개에 후퇴각(Sweep back angle)을 준다.
㉱ 얇은 날개를 사용하여 표면에서의 속도 증가를 줄인다.

20. 항공기가 A 지점에서 정지 상태로부터 일정한 가속도로 이륙을 시작하여 30초 후에 900m 떨어진 B 지점을 통과하며 이륙했다고 할 때, 이 항공기의 평균이륙속도는 몇 m/s인가?

㉮ 50 ㉯ 60
㉰ 70 ㉱ 90

● $S = \dfrac{1}{2}at^2$, $a = \dfrac{2S}{t^2} = \dfrac{2 \cdot 900}{30^2} = 2$,

∴ $V = at = 2 \times 30$

1	2	3	4	5	6	7	8	9	10
㉰	㉱	㉮	㉯	㉱	㉯	㉰	㉯	㉱	㉰
11	12	13	14	15	16	17	18	19	20
㉱	㉯	㉯	㉰	㉮	㉱	㉮	㉰	㉮	㉯

2013년도 산업기사 2회 항공역학

1. 고정익 항공기의 실속속도(Stall speed)를 증가시키는 방법이 아닌 것은?

㉮ 날개 하중의 증가
㉯ 비행 고도의 증가
㉰ 선회반경의 증가
㉱ 최대 양력계수의 감소

● V_s(실속속도) $= \sqrt{\dfrac{2W}{\rho S C_{Lmax}}}$, 날개하중 $= \dfrac{W}{S}$

2. 프로펠러의 진행비(Advance ratio)를 옳게 나타낸 것은? (단, n: 프로펠러 회전속도, D: 프로펠러 지름, V: 속도이다.)

㉮ $\dfrac{V}{nD}$ ㉯ $\dfrac{nD}{V}$

㉰ $\dfrac{n}{VD}$ ㉱ $\dfrac{D}{Vn}$

3. 헬리콥터 주회전날개의 공력 및 회전 동역학 특성에 대한 설명으로 틀린 것은?

㉮ 전진비행 속도의 증가에 따라 역풍영역(Reverse flow zone)이 증가한다.
㉯ 주회전날개의 리드-래그 힌지(Lead-lag hinge)가 없으면 전진비행이 불가능하다.
㉰ 전진비행 속도의 증가에 따라 좌우측 주회전날개 회전면에서 공기속도의 불균형이 증가한다.
㉱ 주회전날개에 설치된 다양한 힌지 중 플래핑 힌지(Flapping hinge)가 헬리콥터 기동비행능력과 직접적인 연관이 있다.

● 전진 비행시 전진익과 후퇴익의 양력 불균형을 해소하는 것은 플래핑 힌지이며, 리드-래그 힌지는 기하학적 불평형을 해소하는 것이다.

4. 활공비행의 한 종류인 급강하 비행시(활공각 90°) 비행기에 작용하는 힘을 나타낸 식으로 옳은 것은? (단, L=양력, D=항력, W=항공기 무게이다.)

㉮ L=D   ㉯ D=0
㉰ D=W   ㉱ D+W=0

● L=W 수평비행, T=D 등속 비행, D=W 급강하 비행

5. 항공기 중량이 900kgf, 날개면적이 10m2인 제트 항공기가 수평 등속도로 비행할 때 추력은 몇 kgf인가? (단, 양항비는 30이다.)

㉮ 300   ㉯ 250
㉰ 200   ㉱ 150

● $\therefore T = W \cdot \dfrac{C_D}{C_L} = W \cdot \dfrac{1}{양항비} = 900 \cdot \dfrac{1}{3}$

6. 다음 중 동압, 정압 및 전압과의 관계가 옳은 것은?

㉮ 동압=전압×정압
㉯ 전압=정압+동압

㉢ 정압=전압+동압
㉣ 정압=동압÷전압

7. 형상항력(Profile drag)으로만 짝지어진 것은?

㉮ 압력항력, 마찰항력
㉯ 압력항력, 유도항력
㉰ 마찰항력, 유도항력
㉱ 유해항력, 유도항력

8. 프로펠러의 역할을 옳게 설명한 것은?

㉮ 항공기의 전진속도에 의해 풍차회전을 일으킨다.
㉯ 기관으로부터 지시마력을 받아 양력을 발생시킨다.
㉰ 기관으로부터 제동마력을 받아 양력을 발생시킨다.
㉱ 기관으로부터 제동마력을 받아 추력을 발생시킨다.

9. 키놀이 진동시 속도와 고도는 변화하나 받음각이 일정하고 수직방향의 가속도는 거의 변하지 않는 주기 운동을 무엇이라 하는가?

㉮ 단주기 운동
㉯ 승강키 주기 운동
㉰ 장주기 운동
㉱ 도움날개 주기 운동

● 단주기 운동시에는 키놀이 자세, 고도와 비행 속도는 변하지 않고 수직 방향의 가속도와 받음각은 급격히 변한다.

10. 음속에 가까운 속도로 비행시 속도를 증가시킬수록 기수가 오히려 내려가는 경향이 생겨 조종간을 당겨야 하는 현상은?

㉮ 더치롤(Dutch roll)
㉯ 턱언더(Tuck under)
㉰ 내리흐름(Down wash)
㉱ 나선불안정((Spiral divergence)

11. 라이트형제는 인류 최초의 유인동력비행을 성공하던 날 최고기록으로 59초 동안 이륙 지점에서 260m 지점까지 비행하였다. 당시 측정된 43km/h의 정풍을 고려한다면 대기속도는 약 몇 km/h인가?

㉮ 20
㉯ 40
㉰ 60
㉱ 80

● $V = \frac{S}{t} = \frac{260}{59} = 4.4 m/s$, 단위를 시속으로 환산하면 $4.4 \times 3.6 = 15.86 km/h$ 정풍을 고려하면 $15.86 + 43 \ (km/h)$

12. 수평스핀과 수직스핀의 낙하속도와 회전각속도 크기를 옳게 나타낸 것은?

㉮ 수평스핀 낙하속도>수핀스핀 낙하속도, 수평스핀 회전각속도>수직스핀 회전각속도
㉯ 수평스핀 낙하속도<수핀스핀 낙하속도, 수평스핀 회전각속도<수직스핀 회전각속도
㉰ 수평스핀 낙하속도>수핀스핀 낙하속도, 수평스핀 회전각속도<수직스핀 회전각속도
㉱ 수평스핀 낙하속도<수핀스핀 낙하속도, 수평스핀 회전각속도>수직스핀 회전각속도

● 수평 스핀은 낙하 속도는 수직 스핀보다 작지만

회전 각속도는 커서, 회전 속도가 빨라지고 회전 반지름이 작아지므로 회복이 불가능 상태에 이르게 된다.

13. 공기의 동점성계수 단위로 옳은 것은?

㉮ stokes   ㉯ poise
㉰ cm/s   ㉱ g/cm-s

● • poise : 점성계수의 cgs 단위
  (1poise=1dyn·sec/cm² =1g/cm·sec)
  • stokes : 동점성계수의 cgs 단위
  (1stokes=1cm²/sec)

14. 일정 고도에서 정상 수평비행시 그림과 같은 마력곡선을 갖는 비행기에 대한 설명으로 옳은 것은?

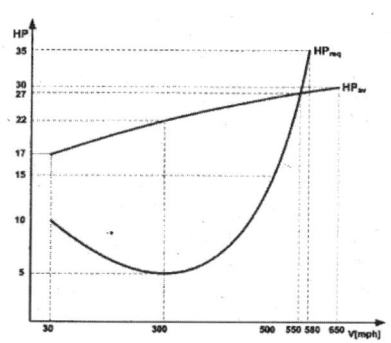

㉮ 실속속도는 300mph이다.
㉯ 최대속도는 550mph이다.
㉰ 300mph에서 잉여마력은 22hp이다.
㉱ 제트비행기의 전형적인 마력곡선이다.

● 프로펠러 비행기의 마력곡선으로서 실속속도는 30mph, 최대속도는 550mph, 300mph에서 잉여마력(여유마력)은 17HP이다.

15. 헬리콥터의 코리오리스 효과를 주는 코리오리스 가속도를 옳게 나타낸 것은? (단, R: 헬리콥터 깃의 반지름, Vr: 법선 방향의 속도, ω: 각속도이다.)

㉮ $\dfrac{d\omega}{dt}$ ㉯ $r\dfrac{d\omega}{dt}$
㉰ $r\omega$ ㉱ $2Vr\omega$

16. 직사각형 날개의 가로세로비를 나타낸 식으로 틀린 것은? (단, b: 날개의 길이, c: 날개의 시위, s: 날개의 면적이다.)

㉮ $\dfrac{b}{c}$ ㉯ $\dfrac{b^2}{s}$
㉰ $\dfrac{s}{c^2}$ ㉱ $\dfrac{c^2}{s}$

● $AR(가로세로비) = \dfrac{b}{c} = \dfrac{b^2}{S} = \dfrac{S}{c^2}$

17. 플랩 앞전이 시일(Seal)로 밀폐되어 있어서 플랩 상,하면의 압력차에 의해서 오버행밸런스(Overhang balance)와 같은 역할을 하는 것은?

㉮ 탭 밸런스(Tab balance)
㉯ 혼 밸런스(Horn balance)
㉰ 프리즈 밸런스(Frise balance)
㉱ 인터널 밸런스(Internal balance)

● 인터널 밸런스(internal balance) = 내부 밸런스

18. 비행기의 세로안정과 관련된 꼬리날개 부피(Tail volume)를 옳게 표현한 것은?

㉮ 수평꼬리날개의 면적×수평꼬리날개의 두께
㉯ 수평꼬리날개의 길이×날개의 공기역학적 중심에서 수평꼬리날개의 압력중심까지의 거리

㉰ 수평꼬리날개의 면적×무게중심에서 수평꼬리날개의 압력중심까지의 거리

㉱ 수평꼬리날개의 길이×무게중심에서 수평꼬리날개의 압력중심까지의 거리

● 꼬리날개부피 = $S_t \cdot l$, 이 값이 클수록 세로 안정성이 좋다.

19. 비압축성 유체에 대한 설명으로 옳은 것은?

㉮ 밀도의 변화를 무시할 수 있다.

㉯ 비압축성 유체에서 음속의 크기는 영이다.

㉰ 초음속 영역에서의 유체는 비압축성으로 가정해도 된다.

㉱ 큰 배관에서 발생하는 수격현상은 대표적인 비압축성 유동의 예이다.

20. 항공기의 임계 마하수(Critical mach number)에 대한 설명으로 옳은 것은?

㉮ 모든 비행기의 임계 마하수는 0.8이다.

㉯ 비행기가 비행할 때 최초로 충격파가 발생될 때의 마하수이다.

㉰ 일반적으로 임계 마하수는 항력발산 마하수보다 값이 크다.

㉱ 저속 프로펠러 비행기에서 아주 중요한 설계 요소이다.

1	2	3	4	5	6	7	8	9	10
㉰	㉮	㉯	㉰	㉮	㉯	㉮	㉱	㉱	㉯
11	12	13	14	15	16	17	18	19	20
㉰	㉱	㉮	㉯	㉱	㉱	㉱	㉰	㉮	㉯

2013년도 산업기사 4회 항공역학

1. 레이놀즈 수(Reynolds Number)에 대한 설명으로 옳은 것은?

㉮ 관성력과 중력의 비이다.
㉯ 관성력과 점성력의 비이다.
㉰ 관성력과 유체 탄성의 비이다.
㉱ 유체의 동압과 정압의 비이다.

▶ 레이놀즈수 = $\dfrac{\text{관성력}}{\text{점성력}} = \dfrac{\rho VL}{\mu} = \dfrac{VL}{\nu}$

2. 유체흐름과 관련된 용어의 설명으로 옳은 것은?

㉮ 박리 : 층류에서 난류로 변하는 현상
㉯ 층류 : 유체가 진동을 하면서 흐르는 흐름
㉰ 난류 : 유체 유동 특성이 시간에 대해 일정한 정상류
㉱ 경계층 : 벽면에 가깝고 점성이 작용하는 유체의 층

▶ ㉮ 천이, ㉯ 난류, ㉰ 층류

3. 정상선회비행 상태의 항공기에 작용하는 힘의 관계로 옳은 것은?

㉮ 원심력>구심력   ㉯ 중 력≤원심력
㉰ 원심력=구심력   ㉱ 원심력<구심력

▶ ㉮ skid, ㉱ slip

4. 날개 면적이 96m² 이고 날개 길이가 32m 일 때 가로세로비는 약 얼마인가?

㉮ 2.1   ㉯ 3.0
㉰ 9.0   ㉱ 10.7

▶ $AR = \dfrac{b}{c} = \dfrac{S}{c^2} = \dfrac{b^2}{S} = \dfrac{32^2}{96}$

5. 비행기가 트림(trim) 상태의 비행은 비행기 무게 중심 주위의 모멘트가 어떤 상태인가?

㉮ "부(-)"인 경우
㉯ "정(+)"인 경우
㉰ "영(0)"인 경우
㉱ "정" 과 "영"인 경우

6. 물체에 작용하는 공기력에 대한 설명으로 옳은 것은?

㉮ 공기력은 공기의 밀도와 속도의 제곱에 비례하고 면적에 반비례한다.
㉯ 공기력은 공기의 밀도와 속도의 제곱에 반비례하고 면적에 반비례한다.
㉰ 공기력은 속도의 제곱에 비례하고 공기 밀도와 면적에 비례한다.
㉱ 공기력은 공기의 밀도와 속도의 제곱에 반비례하고 면적에 비례한다.

▶ $F = ma = (\rho VS)\Delta V$, 즉 $F \propto \rho V^2 S$

7. 날개하중이 30kgf/m² 이고, 무게가 1000 kgf 인 비행기가 7000m 상공에서 급강하 하고 있을 때 항력계수가 0.1 이라면 급강하 속도는

몇 m/s 인가? (단, 밀도는 0.06 kgf · s²/m⁴ 이다.)

㉮ 100 ㉯ 100√3
㉰ 200 ㉱ 100√5

● V_t(급강하속도, 종극속도) $= \sqrt{\dfrac{2W}{\rho S C_d}}$
$= \sqrt{(\dfrac{W}{S})\dfrac{2}{\rho C_d}} = \sqrt{\dfrac{30 \times 2}{0.06 \times 0.1}}$

8. 항공기의 비항속거리(Specific range)와 비항속시간(Specific endurance)을 옳게 나타낸 것은? (단, dt: 비행시간, ds: dt 동안 비행거리, dQ: 비행 중 dt 동안 소비한 연료량이다.)

㉮ 비항속거리 : $\dfrac{dQ}{ds}$, 비항속시간 : $\dfrac{dQ}{dt}$

㉯ 비항속거리 : $\dfrac{ds}{dQ}$, 비항속시간 : $\dfrac{dQ}{dt}$

㉰ 비항속거리 : $\dfrac{ds}{dQ}$, 비항속시간 : $\dfrac{dt}{dQ}$

㉱ 비항속거리 : $\dfrac{dQ}{ds}$, 비항속시간: $\dfrac{dt}{dQ}$

● 비항속거리와 비항속시간 : 단위 연료 소비량당 비행 거리와 비행 시간

9. 비행기에 작용하는 모든 힘의 합이 영(0)이며, 키놀이, 옆놀이 및 빗놀이 모멘트의 합도 영(0)인 경우의 상태는?

㉮ 정렬 상태 ㉯ 평형 상태
㉰ 안정 상태 ㉱ 고정 상태

10. 지름이 6.7ft인 프로펠러가 2800rpm으로 회전하면서 80mph로 비행하고 있다면 이 프로펠러의 진행률은 약 얼마인가?

㉮ 0.23 ㉯ 0.37

㉰ 0.62 ㉱ 0.76

● $J = \dfrac{V}{nD} = \dfrac{80 \times \dfrac{5280}{3600}}{\dfrac{2800}{60} \cdot 6.7}$,

(1mile=5280ft, 1hour=3600sec, 1min=60sec)

11. NACA 0018 날개골을 받음각 1°의 상태로 공기의 흐름에 놓았을 때 설명으로 틀린 것은?

㉮ 흐름 방향 아래로 추력이 발생
㉯ 흐름 방향의 수직으로 양력이 발생
㉰ 흐름 방향과 같은 방향으로 항력이 발생
㉱ 날개골의 윗면과 아래면의 압력에 차이가 발생

● NACA 0018 날개골은 대칭형 날개골이지만 받음각을 가지면 양력과 항력이 발생

12. 다음 중 비행기의 세로안정에 가장 큰 영향을 미치는 것은?

㉮ 수평꼬리날개 ㉯ 도살핀
㉰ 수직꼬리날개 ㉱ 도움날개

● 가로안정-주 날개, 방향안정-수직꼬리날개

13. 그림과 같은 초음속 흐름에 쐐기형 에어포일 주위에 충격파와 팽창파가 생성될 때 각각의 흐름의 마하수(M)와 압력(P)에 대한 설명으로 틀린 것은?

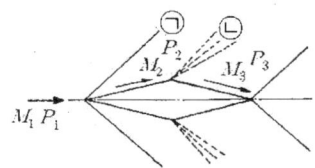

㉮ ㉠은 충격파이며 M1>M2, P1<P2이다.
㉯ ㉡은 팽창파이며 M2>M3, P1<P2이다.

㉰ ㉠은 충격파이며 M1>M2, P2>P3이다.
㉱ ㉡은 팽창파이며 M2<M3, P2>P3이다.

● 팽창파는 통로가 넓어지는 곳에서 발생하며, 팽창파를 통과한 공기는 속도가 증가한다. (충격파와 반대)

14. 헬리콥터의 수평 최대속도를 비행기와 같은 고속으로 비행할 수 없는 이유가 아닌 것은?

㉮ 전진하는 깃 끝의 충격실속 때문
㉯ 후퇴하는 깃의 날개 끝 실속 때문
㉰ 후퇴하는 깃 뿌리의 역풍범위가 커지기 때문
㉱ 회전날개(Rotor blades)의 강도상 문제 때문

15. 받음각이 클 때 기체 전체가 실속되고 그 결과 옆놀이와 빗놀이를 수반하여 나선을 그리면서 고도가 감소되는 비행 상태는?

㉮ 스핀(Spin) 상태
㉯ 더치 롤(Dutch roll) 상태
㉰ 크랩 방식(Crab method)에 의한 비행 상태
㉱ 윙다운 방식(Wing down method)에 의한 비행 상태

● ㉯ : 가로 불안정과 방향 불안정이 결합된 형태, ㉰ 과 ㉱ : 측풍 발생시의 비행 경로 유지 방법

16. 프로펠러 동력 계수를 옳게 나타낸 것은?
(단, P: 동력, n: 초당 회전수, D: 직경, ρ: 밀도)

㉮ $\dfrac{P}{n^3 D^4}$ ㉯ $\dfrac{P}{\rho n^3 D^4}$

㉰ $\dfrac{P}{n^3 D^5}$ ㉱ $\dfrac{P}{\rho n^3 D^5}$

● $P = C_p \rho n^3 D^5$

17. 프로펠러 비행기의 항속거리를 나타내는 식은? (단, B : 연료탑재량, V : 순항속도, P : 순항중의 기관의 출력, D : 직경, t : 항속시간, C : 마력당 1시간에 소비하는 연료량이다.)

㉮ $\dfrac{V}{t}$ ㉯ $\dfrac{C \cdot P}{V \cdot B}$

㉰ $\dfrac{V \cdot B}{C \cdot P}$ ㉱ $\dfrac{P \cdot B}{C \cdot V}$

● $S = V \times t = V \times \dfrac{B}{P \cdot C}$

18. 필요마력에 대한 설명으로 옳은 것은?

㉮ 속도가 작을수록 필요마력은 크다.
㉯ 항력이 작을수록 필요마력은 작다.
㉰ 날개하중이 작을수록 필요마력은 커진다.
㉱ 고도가 높을수록 밀도가 증가하여 필요마력은 커진다.

● $P_r = D \cdot V = C_d \dfrac{1}{2} \rho V^2 S \cdot V = C_d \dfrac{1}{2} \rho V^3 S$, (항력과 필요마력은 비례)

19. 비행기의 이륙활주거리가 겨울에 비해 여름철이 더 긴 주된 이유는?

㉮ 활주로 온도가 증가함에 따라 밀도 감소
㉯ 활주로 노면의 습도 증가로 인한 항력 증가
㉰ 활주로 온도가 증가함에 따라 지면 마찰력 감소
㉱ 온도 증가에 따라 동체가 팽창하여 형상항력 증가

◈ 온도가 증가하면 흡입 공기의 밀도 감소로 인하여 기관의 출력이 감소한다.

20. 일반적인 헬리콥터 비행 중 주회전날개에 의한 필요마력의 요인으로 보기 어려운 것은?
㉮ 유도속도에 의한 유도항력
㉯ 공기의 점성에 의한 마찰력
㉰ 공기의 박리에 의한 압력항력
㉱ 경사충격파 발생에 따른 조파항력

◈ 헬리콥터는 초음속 비행이 불가능하므로 조파항력은 존재할 수 없다.

1	2	3	4	5	6	7	8	9	10
㉯	㉱	㉰	㉱	㉰	㉮	㉰	㉯	㉯	㉯
11	12	13	14	15	16	17	18	19	20
㉮	㉮	㉯	㉱	㉮	㉱	㉰	㉯	㉮	㉱

항공산업기사 - 항공역학

개정증보판 1쇄 발행 / 2014년 2월 15일

엮 은 이 / 항공산업기사 검정연구회
펴 낸 이 / 이정수
펴 낸 곳 / 연경문화사
등   록 / 1-995호
주   소 / 서울시 강서구 양천로 551-24
           한화비즈메트로 2차 807호
대표전화 / (02)332-3923
팩시밀리 / (02)332-3928
저작권자 ⓒ 연경문화사

값 9,000원
ISBN 978-89-8298-159-3   13550
ISBN 978-89-8298-158-6   세트

※ 본서의 무단 복제 행위를 금하며, 잘못된 책은 바꿔 드립니다.